配网系统员工入职培训手册

电缆部分

国网上海市电力公司市区供电公司◎编

中国电力出版社
CHINA ELECTRIC POWER PRESS

内 容 提 要

本书围绕电缆运维工种应掌握的知识和技能展开，针对电网企业新入职员工的需要，系统介绍电缆运维的内容、方法、相关设备及注意事项。

本书共分为15章。第1章介绍了电力电缆基本知识，第2章介绍了电缆的应用，第3章介绍了电力电缆专业知识、绘图，第4章介绍了电缆设备运行维护基础，第5章介绍了电缆设备巡视，第6章介绍了电缆安全防护，第7章介绍了电缆状态评价，第8章介绍了电缆故障测寻及处理，第9章介绍了电缆防火，第10章介绍了电缆施工，第11章介绍了电缆敷设，第12章介绍了电缆在线监测，第13章介绍了电缆交接、预防性试验，第14章介绍了电缆工程验收，第15章介绍了大数据与电缆运维。

本书适用于电网企业新入职员工。

图书在版编目（CIP）数据

配网系统员工入职培训手册. 电缆部分 / 国网上海市电力公司市区供电公司编. —北京：中国电力出版社，2020.1

ISBN 978-7-5198-4280-2

Ⅰ. ①配… Ⅱ. ①国… Ⅲ. ①配电系统–职业培训–技术手册②电力电缆–职业培训–技术手册 Ⅳ. ①TM7-62②TM247-62

中国版本图书馆CIP数据核字（2020）第023325号

出版发行：中国电力出版社
地　　址：北京市东城区北京站西街19号（邮政编码100005）
网　　址：http://www.cepp.sgcc.com.cn
责任编辑：吴　冰（010-63412356）
责任校对：黄　蓓　常燕昆
装帧设计：张俊霞
责任印制：石　雷

印　　刷：三河市百盛印装有限公司
版　　次：2020年1月第一版
印　　次：2020年1月北京第一次印刷
开　　本：787毫米×1092毫米　16开本
印　　张：13.5
字　　数：309千字
印　　数：0001—2000册
定　　价：50.00元

本书编委会

本书编写组

主　编　俞瑾华　金　琪　胡海敏

副主编　冯文俊　杨振睿　李佳文　唐　轶　刘凤仪　徐　剑
冯　璇　解　蕾　施　俊　尤智文　何正宇　周圣栋

编写组成员

国网上海市电力公司市区供电公司

王　闻　张　弛　张　杰　蔡　斌　沈晓杜　钟筱怡　樊晓波
蔡振飞　陈　赟　陈　震　苗伟杰　潘　年　庞莉萍　沈佳祯
石英超　王　斌　吴佳珉　吴　琼　袁心怡　张　嵩　周　鑫
朱淑敏　郭　峰　杨嘉骏　徐　刚　沙　征　汪传毅　卞　瑾

王　迪　黄　凡　张吉盛　朱毅强　顾劲睿　杨宇恒　赵晨宇
吴　帆　高梵清　黄翔云

国网上海市电力公司

魏　为　陈　震　楼俊尚　陈婷玮　黄小龙

国网上海市电力公司市北供电公司

姚　明　吴　昊

国网上海市电力公司培训中心

李晓莉

上海久隆企业管理咨询有限公司

赵　涛　李　永

前　言

上海是中国电力工业的发源地和摇篮。1879 年 7 月 26 日，上海点亮了第一盏电灯（虹口区乍浦路仓库）；1882 年 7 月 26 日，南京路上华夏第一家发电厂正式发电，并在电厂转角围墙内竖起第一盏弧光灯杆，15 盏弧光灯照亮了南京路、外滩，从此中国进入了电力时代。

国网上海市电力公司市区供电公司承担着上海中心城区 119.84 平方千米、148.17 万客户的供用电服务业务和电网建设、规划、调度和运营工作，其服务特点表现为七个最，即“供电可靠性要求最高、电能质量要求最高、客户期望值最高、社会关注程度最高、优质服务压力最大、电网建设难度最大、承担社会责任最重”。为了肩负责任、不辱使命，国网上海市电力公司市区供电公司历来高度重视电缆运维员工的培养，尤其是新入职青年员工的培养。市区供电公司秉承以人为本、系统培养、稳扎稳打的理念，形成了一套较为成熟、完善的培训方案。

本书面向电网企业新入职员工，旨在帮助其熟悉电力工作的内容，掌握电力作业的相关内容。本书介绍了电缆的基本知识以及发展历程，涵盖了各工种、专业分类及电缆运维的主要工作内容，并详细介绍了电缆状态评价和大数据分析在电缆运维中的运用。本书所介绍的职责分工以及操作方法具有国网上海市电力公司市区供电公司的特殊性，读者在应用本书内容时需要结合本地区特点综合考量。

希望本书能对电网企业新员工提供一定的参考指引，从而早日成为建设坚强电网的中坚力量。限于编写水平，书中难免存在疏漏，欢迎广大读者批评指正。

编　者

2019 年 8 月

目　录

前言

1　**电力电缆基本知识** ······ 1

1.1　电力电缆的种类及命名 ······ 1
1.2　电缆的结构和性能 ······ 5
1.3　高压电缆绝缘击穿原理 ······ 7
1.4　电力电缆的载流量计算 ······ 11
1.5　高压电缆的机械特性 ······ 17
1.6　交联聚乙烯电力电缆绝缘老化机理 ······ 23
1.7　电缆主要电气参数及计算 ······ 24

2　**电缆的应用** ······ 29

2.1　油纸绝缘电缆应用 ······ 29
2.2　交联聚乙烯电缆应用 ······ 31

3　**电力电缆专业知识、绘图** ······ 34

3.1　电缆结构图 ······ 34
3.2　电气系统图 ······ 36
3.3　电气接线图 ······ 40
3.4　电气主接线 ······ 47
3.5　电缆附件安装图 ······ 55
3.6　电缆路径图 ······ 57

4 电缆设备运行维护基础……62
4.1 电缆线路运行维护的范围……62
4.2 电缆线路运行维护的要求……62
5 电缆设备巡视……68
5.1 电缆线路的巡查周期和内容……68
5.2 电缆特巡……76
6 电缆安全防护……78
6.1 电缆防护内容……78
6.2 电缆外力破坏防护……79
6.3 电缆现场监护……80
7 电缆状态评价……82
7.1 一般规定……82
7.2 评价办法……82
8 电缆故障测寻及处理……84
8.1 电缆线路常见故障诊断与分类……84
8.2 电缆线路的识别……86
8.3 常用电缆故障测寻方法……88
9 电缆防火……98
9.1 防火材料……98
9.2 消防设施……99
9.3 防范措施……102
9.4 防火配置……107

9.5 应急处置 ······110

10 电缆施工 ······112

10.1 施工方案的编制 ······112
10.2 电缆作业指导书的编制 ······119

11 电缆敷设 ······125

11.1 电缆的直埋敷设 ······125
11.2 电缆的排管敷设 ······132
11.3 电缆的沟道敷设 ······137
11.4 电缆敷设的一般要求 ······145

12 电缆在线监测 ······153

12.1 超低频试验 ······153
12.2 振荡波试验 ······157
12.3 主要工具图片 ······161

13 电缆交接、预防性试验 ······163

13.1 电缆交接试验的要求和内容 ······163
13.2 电缆预防性试验要求和内容 ······166
13.3 电力电缆试验操作 ······171

14 电缆工程验收 ······180

14.1 电缆到货验收 ······180
14.2 电缆中间验收 ······180
14.3 电缆竣工验收 ······180
14.4 电缆全过程质量管控流程 ······181

15 大数据与电缆运维 …… 186

15.1 课题简介 …… 186
15.2 管理成效 …… 188
15.3 技术成效 …… 188
15.4 案例 …… 189

附录 A 电缆工程项目开工联系单 …… 194

附录 B 电缆工程施工计划周报表 …… 195

附录 C 短信填写要求 …… 196

附录 D 电缆及附属设备中间验收单 …… 197

附录 E 电缆及附属设备竣工验收单 …… 198

附录 F 施工质量整改单 …… 199

附录 G 电缆工程项目设备验收清单 …… 200

附录 H 电缆线路和排管工程验收缺陷备案单 …… 201

附录 I 电缆导体最高允许温度 …… 202

附录 J 电缆敷设和运行时的最小弯曲半径 …… 203

附录 K 保电电缆资料 …… 204

附录 L 保电特巡记录单 …… 205

1 电力电缆基本知识

1.1 电力电缆的种类及命名

本节介绍电力电缆的种类及命名。通过概念描述、要点讲解，熟悉电力电缆的种类及命名规则，掌握常用电缆型号及规格的含义。

电力电缆品种规格很多，分类方法多种多样，通常按照绝缘材料、结构、电压等级和特殊用途等进行分类。

1.1.1 电力电缆的种类和特点

1.1.1.1 按电缆的绝缘材料分类

电力电缆按绝缘材料不同，可分为油纸绝缘电缆、挤包绝缘电缆和压力电缆三大类。

（1）油纸绝缘电缆。油纸绝缘电缆是绕包绝缘纸带后浸渍绝缘剂（油类）作为绝缘的电缆。

根据浸渍剂不同，油纸绝缘电缆可以分为黏性浸渍纸绝缘电缆和不滴流浸渍纸绝缘电缆两类。其二者结构完全一样，制造过程除浸渍工艺有所不同外，其他均相同。不滴流电缆的浸渍剂黏度大，在工作温度下不滴流，能满足高差较大的使用环境（如矿山、竖井等）要求。

按绝缘结构不同，油纸绝缘电缆主要分为统包绝缘电缆、分相屏蔽和分相铅包电缆。

1）统包绝缘电缆又称带绝缘电缆。统包绝缘电缆的结构特点，是在每相导体上分别绕包部分带绝缘后，加适当填料经绞合成缆，再绕包带绝缘，以补充其各相导体对地绝缘厚度，然后挤包金属护套。统包绝缘电缆结构紧凑，节约原材料，价格较低。缺点是内部电场分布很不均匀，电力线不是径向分布，具有沿着纸面的切向分量。所以这类电缆又叫非径向电场型电缆。由于油纸的切向绝缘强度只有径向绝缘强度的1/10～1/2，统包绝缘电缆容易产生移滑放电，因此这类电缆只能用于10kV及以下电压等级。

2）分相屏蔽电缆和分相铅包电缆。分相屏蔽电缆和分相铅包电缆的结构基本相同，这两种电缆都是在每相绝缘芯制好后，包覆屏蔽层或挤包铅套，然后再成缆。分相屏蔽电缆在成缆后挤包一个三相共用的金属护套，使各相间电场互不相关，从而消除了切向分量，其电力线沿着绝缘芯径向分布，所以这类电缆又叫径向电场型电缆。径向电场型电缆的绝缘击穿强度比非径向型要高得多，多用于 35kV 电压等级。

通过多年的技术改造，目前市区公司范围内仅小部分 10kV 油纸绝缘电缆仍处于运行状态。

（2）挤包绝缘电缆。挤包绝缘电缆又称固体挤压聚合电缆，它是以热塑性或热固性材料挤包形成绝缘的电缆。

目前，挤包绝缘电缆有聚氯乙烯（PVC）电缆、聚乙烯（PE）电缆、交联聚乙烯（XLPE）电缆和乙丙橡胶（EPR）电缆等，这些电缆使用在不同的电压等级。

交联聚乙烯电缆是 20 世纪 60 年代以后技术发展最快的电缆品种，与油纸绝缘电缆相比，它在加工制造和敷设应用方面有不少优点。其制造周期较短，效率较高，安装工艺较为简便，导体工作温度可达到 90℃。由于制造工艺的不断改进，如用干式交联取代早期的蒸汽交联，采用悬链式和立式生产线，使得 110～220kV 高压交联聚乙烯电缆产品具有优良的电气性能，能满足城市电网建设和改造的需要。目前在 220kV 及以下电压等级，交联聚乙烯电缆已逐步取代了油纸绝缘电缆。

目前，35kV 以及 10kV 交联聚乙烯电缆是市区公司使用的主要电缆类型。

（3）压力电缆。压力电缆是在电缆中充以能流动、并具有一定压力的绝缘油或气体的电缆。在制造和运行过程中，油纸绝缘电缆的纸层间不可避免地会产生气隙。气隙在电场强度较高时会出现游离放电，最终导致绝缘层击穿。压力电缆的绝缘处在一定压力（油压或气压）下，抑制了绝缘层中形成气隙，使电缆绝缘工作场强明显提高，可用于 63kV 及以上电压等级的电缆线路。

为了抑制气隙，用带压力的油或气体填充绝缘，这是压力电缆的结构特点。按填充介质及方法的不同，压力电缆可分为自容式充油电缆、充气电缆、钢管充油电缆和钢管充气电缆等品种。

1.1.1.2　按电缆的结构分类

电力电缆按照电缆芯线的数量不同，可以分为单芯电缆和多芯电缆。

单芯电缆指单独一相导体构成的电缆。一般大截面、高电压等级电缆多采用此种结构。

多芯电缆指由多相导体构成的电缆，有两芯、三芯、四芯、五芯等。该种结构一般在小截面、中低压电缆中使用较多。

1.1.1.3　按电压等级分类

电缆的额定电压以$U_0/U(U_m)$表示。其中，U_0表示电缆导体与金属屏蔽之间的额定电压；U表示电缆导体之间的额定电压；U_m是设计采用的电缆任何两导体之间可承受的最高系统电压的最大值。根据 IEC 标准推荐，电缆按照额定电压分为低压、中压、高压和超高压四类。

低压电缆：额定电压 U 小于 1kV，如 0.6/1kV。

中压电缆：额定电压 U 介于 6～35kV，如 6/6、6/10、8.7/10、21/35、26/35kV。

高压电缆：额定电压 U 介于 45～150kV，如 38/66、50/66、64/110、87/150kV。

超高压电缆：额定电压 U 介于 220～500kV，如 127/220、190/330、290/500kV。

1.1.1.4 按特殊需求分类

按对电力电缆的特殊需求，电缆主要分为输送大容量电能的电缆、防火电缆和光纤复合电力电缆等品种。

（1）输送大容量电能的电缆。

1）管道充气电缆。管道充气电缆（GIC）是以压缩的六氟化硫气体为绝缘的电缆，也称六氟化硫电缆。这种电缆相当于以六氟化硫气体为绝缘的封闭母线。这种电缆适用于电压等级在 400kV 及以上的超高压、传送容量 100 万 kVA 以上的大容量电站以及高落差和防火要求较高的场所。管道充气电缆由于安装技术要求较高、成本较高、对六氟化硫气体的纯度要求很严，仅用于电厂或变电站内短距离的电气联络线路。

2）低温有阻电缆。低温有阻电缆是采用高纯度的铜或铝作导体材料，将其放于液氮温度（77K）或者液氢温度（20.4K）状态下工作的电缆。在极低温度下，即在由导体材料热振动决定的特性温度（德拜温度）之下时，导体材料的电阻随绝对温度的 5 次方急剧变化。利用导体材料的这一性能，将电缆深度冷却，以满足传输大容量电力的需要。

超导电缆指以超导金属或超导合金为导体材料，将其处于临界温度、临界磁场强度和临界电流密度条件下工作的电缆。在超导状态下，导体的直流电阻为零，可以提高电缆的传输容量。

（2）防火电缆。防火电缆是具有防火性能电缆的总称，包括阻燃电缆和耐火电缆两类。

1）阻燃电缆指能够阻滞、延缓火焰沿着其外表蔓延，使火灾不扩大的电缆。在电缆比较密集的隧道、竖井或电缆夹层中，为防止电缆着火酿成严重事故，35kV 及以下电缆应选用阻燃电缆。有条件时应选用低烟无卤或低烟低卤护套的阻燃电缆。

2）耐火电缆是当受到外部火焰以一定高温和时间作用期间，在施加额定电压状态下具有维持通电运行功能的电缆，主要用于防火要求特别高的场所。

（3）光纤复合电力电缆。将光纤组合在电力电缆的结构层中，使其同时具有电力传输和光纤通信功能的电缆，称之为光纤复合电力电缆。光纤复合电力电缆集两方面功能于一体，因而降低了工程建设投资和运行维护费用。

1.1.2 电力电缆的命名方法

电力电缆产品命名用型号、规格和标准编号表示，而电缆产品型号一般由绝缘、导体、护层的代号构成。电缆种类不同，型号的构成有所区别。规格由额定电压、芯数、标称截面积构成，以字母和数字为代号组合表示。

（1）额定电压 1（U_m=1.2kV）～35kV（U_m=40.5kV）挤包绝缘电力电缆命名方法。

产品型号的组成和排列顺序如图 1－1 所示。

各部分型号代号及含义见表 1－1。

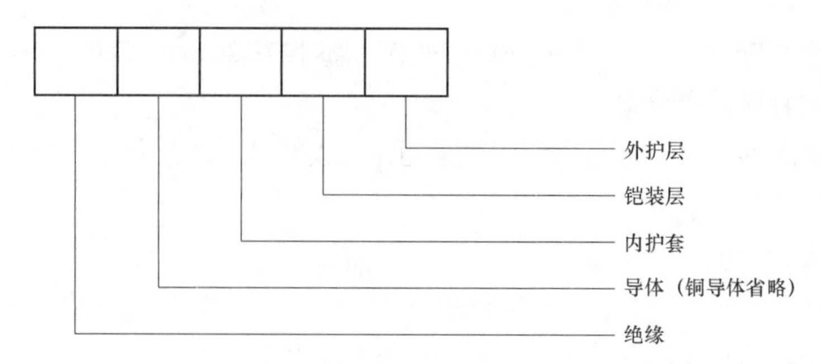

图 1－1　产品型号组成和排列顺序

表 1－1　　　　**产品型号代号及含义**

型号		代号
导体型号	铜导体	（T）省略
	铝导体	L
绝缘型号	聚氯乙烯绝缘	V
	交联聚乙烯绝缘	YJ
	乙丙橡胶绝缘	E
	硬乙丙橡胶绝缘	HE
护套型号	聚氯乙烯护套	V
	聚乙烯护套	Y
	弹性体护套	F
	挡潮层聚乙烯护套	A
	铅套	Q

型号		代号
铠装型号	双钢带铠装	2
	细圆钢丝铠装	3
	粗圆钢丝铠装	4
	双非磁性金属带铠装	6
	非磁性金属丝铠装	7
外护层型号	聚氯乙烯外护套	2
	聚乙烯外护套	3
	弹性体外护套	4

举例：铜芯交联聚乙烯绝缘聚乙烯护套电力电缆，额定电压为 26/35kV，单芯，标称截面积 400mm²，可以表示为 YJY－26/35×400。

（2）额定电压 110kV 及以上交联聚乙烯绝缘电力电缆命名方法。

产品型号依次由绝缘、导体、金属套、非金属外护套或通用外护层以及阻水结构的代号构成。

各部分产品型号代号及含义见表 1－2。

表 1－2　　　　**产品型号代号及含义**

型号		代号
导体型号	铜导体	（T）省略
	铝导体	L
绝缘型号	交联聚乙烯绝缘	YJ
金属护套型号	铅套	Q
	皱纹铝套	LW

型号		代号
非金属外护套型号	聚氯乙烯外护套	02
	聚乙烯外护套	03
阻水结构型号	纵向阻水结构	Z

举例：① 额定电压，单芯，铜导体标称截面积 630mm²，交联聚乙烯绝缘皱纹铝套聚氯乙烯护套电力电缆，表示为 YJLW0264/1101×630。

② 额定电压64/110kV，单芯，铜导体标称截面积800mm²，交联聚乙烯绝缘铅套聚乙烯护套纵向阻水电力电缆，表示为：YJQ03－Z64/1101×800。

【思考与练习】

1. 电力电缆按绝缘材料和结构分类，有哪几类？

2. 按挤包材质不同，挤包电缆分哪几种？

3. 举例说明额定电压1（U_m=1.2kV）～35kV（U_m=40.5kV）挤包绝缘电力电缆的型号是怎样编制的。

4. 电力电缆按电压等级分为哪几类？

1.2 电缆的结构和性能

本节介绍电力电缆的结构和性能。通过要点介绍，掌握电缆导体、屏蔽层、绝缘层的结构及性能，熟悉电缆护层的结构及作用。

电力电缆的基本结构一般由导体、绝缘层、护层三部分组成，6kV及以上电缆导体外和绝缘层外还增加了屏蔽层。

1.2.1 电缆导体材料的性能及结构

导体的作用是传输电流，电缆导体（线芯）大都采用高电导系数的金属铜或铝制造。铜的电导率大，机械强度高，易于进行压延、拉丝和焊接等加工。

铜是电缆导体最常用的材料，其主要性能如下：20℃时的密度8.89g/cm³；20℃时的电阻率$1.724\times10^{-8}\Omega\cdot m$；电阻温度系数0.003 93℃；抗拉强度200～210N/mm²。

铝也是用作电缆导体比较理想的材料，其主要性能如下：20℃时的密度2.70g/cm³；电阻率$2.80\times10^{-8}\Omega\cdot m$；电阻温度系数0.004 07℃；抗拉强度70～95N/mm²。

为了满足电缆的柔软性和可曲性的要求，电缆导体一般由多根导线绞合而成。当导体沿某一半径弯曲时，导体中心线圆外部分被拉伸，中心线圆内部分被压缩，绞合导体中心线内外两部分可以相互滑动，使导体不发生塑性变形。

绞合导体外形有圆形、扇形、腰圆形和中空圆形等。

圆形绞合导体几何形状固定，稳定性好，表面电场比较均匀。20kV及以上油纸电缆及10kV及以上交联聚乙烯电缆一般都采用圆形绞合导体结构。

为了减小电缆直径，节约材料消耗，10kV及以下多芯油纸电缆和1kV及以下多芯塑料电缆采用扇形或腰圆形导体结构。

中空圆形导体用于自容式充油电缆，其圆形导体中央以硬铜带螺旋管支撑形成中心油道，或者以型线（Z形线和弓形线）组成中空圆形导体。

1.2.2 电缆屏蔽层的结构及性能

屏蔽是能够将电场控制在绝缘内部，同时能够使绝缘界面处表面光滑，并借此消除界面空隙的导电层。电缆导体由多根导线绞合而成，它与绝缘层之间易形成气隙，而导体表面不光滑会造成电场集中。在导体表面加一层半导电材料的屏蔽层，它与被屏蔽的导体等电位，并与绝缘层良好接触，从而可避免在导体与绝缘层之间发生局部放电。这层屏蔽又称为内屏蔽层。

在绝缘表面和护套接触处，也可能存在间隙。电缆弯曲时，油纸电缆绝缘表面易造成裂纹或褶皱，这些都是引起局部放电的因素。在绝缘层表面加一层半导电材料的屏蔽层，它与被屏蔽的绝缘层有良好接触，与金属护套等电位，从而可避免在绝缘层与护套之间发生局部放电。这层屏蔽又称为外屏蔽层。

屏蔽层的材料是半导电材料，其体积电阻率为 10^3～$10^6\Omega \cdot m$。油纸电缆的屏蔽层为半导电纸。半导电纸有吸附离子的作用，有利于改善绝缘电气性能。挤包绝缘电缆的屏蔽层材料是加入碳黑粒子的聚合物。没有金属护套的挤包绝缘电缆，除半导电屏蔽层外，还要增加用铜带或铜丝绕包的金属屏蔽层，其作用是在正常运行时通过电容电流，当系统发生短路时作为短路电流的通道，同时也起到屏蔽电场的作用。在电缆结构设计中，要根据系统短路电流的大小，采用相应截面的金属屏蔽层。

1.2.3　电缆绝缘层的结构及性能

电缆绝缘层具有承受电网电压的功能。电缆运行时绝缘层应具有稳定的特性、较高的绝缘电阻和击穿强度、优良的耐树枝放电和局部放电性能。电缆绝缘有挤包绝缘、油纸绝缘、压力电缆绝缘三种。

（1）挤包绝缘。挤包绝缘材料主要是各类塑料、橡胶。它具有耐受电网电压的功能，为高分子聚合物，经挤包工艺一次成型，紧密地挤包在电缆导体上。塑料和橡胶属于均匀介质，这与油浸纸的夹层结构完全不同。聚氯乙烯、聚乙烯、交联聚乙烯和乙丙橡胶的主要性能如下：

1）聚氯乙烯以聚氯乙烯树脂为主要原料，加入适量配合剂、增塑剂、稳定剂、填充剂、着色剂等经混合塑化而制成。聚氯乙烯具有较好的电气性能和较高的机械强度，具有耐酸、耐碱、耐油性，工艺性能也比较好；缺点是耐热性能较低，绝缘电阻率较小，介质损耗较大，因此仅用于 6kV 及以下的电缆绝缘。

2）聚乙烯具有优良的电气性能，介电常数小、介质损耗小、加工方便；缺点是耐热性差、机械强度低、耐电晕性能差，容易产生环境应力开裂。

3）交联聚乙烯是聚乙烯经过交联反应后的产物。采用交联的方法，将线形结构的聚乙烯加工成网状结构的交联聚乙烯，从而改善了材料的电气性能、耐热性能和机械性能。

4）聚乙烯交联反应的基本机理是利用物理的方法（如用高能粒子射线辐照）或者化学的方法（如加入过氧化物化学交联剂或用硅烷接枝等）来夺取聚乙烯中的氢原子，使其成为带有活性基的聚乙烯分子，而后带有活性基的聚乙烯分子之间交联成三度空间结构的大分子。

5）乙丙橡胶是一种合成橡胶。用作电缆绝缘的乙丙橡胶是由乙烯、丙烯和少量第三单体共聚而成。乙丙橡胶具有良好的电气性能、耐热性能、耐臭氧和耐气候性能；缺点是不耐油，可以燃烧。

（2）油纸绝缘。油纸绝缘电缆的绝缘层采用窄条电缆纸带，绕包在电缆导体上，经过真空干燥后浸渍矿物油或合成油而形成。纸带的绕包方式，除仅靠导体和绝缘层最外面的几层外，均采用间隙式（又称负搭盖式）绕包，这使电缆在弯曲时，在纸带层间可以相互移动，在沿半径为电缆本身半径的 12～25 倍的圆弧弯曲时不至于损伤绝缘。电缆纸是木纤维纸。

（3）压力电缆绝缘。在我国，压力电缆的生产和应用基本上是单一品种，即充油电缆。充油电缆是利用补充浸渍剂原理来消除气隙，以提高电缆工作场强的一种电缆。按充油通道不同，充油电缆分为自容式充油电缆和钢管充油电缆两类。我国生产应用自容式充油电缆已有近 50 年的历史，而钢管充油电缆尚未付诸工业应用。运行经验表明，自容式充油电缆具有电气性能稳定、使用寿命较长的优点。自容式充油电缆油道位于导体中央，油道与补充浸渍油的设备（供油箱）相连，当温度升高时，多余的浸渍油流进油箱中，以借助油箱降低电缆中产生的过高压力；当温度降低时，油箱中浸渍油流进电缆中，以填补电缆中因负压而产生的空隙。充油电缆中浸渍剂的压力必须始终高于大气压。保证一定的压力不仅使电缆工作场强提高，而且可以有效防止护套破裂，避免潮气浸入绝缘层。

1.2.4 电缆护层的结构及作用

电缆护层是覆盖在电缆绝缘层外面的保护层。典型的护层结构包括内护套和外护层。内护套贴紧绝缘层，是绝缘的直接保护层。包覆在内护套外面的是外护层。通常，外护层又由内衬层、铠装层和外被层组成。外护层的三个组成部分以同心圆形式层层相叠，成为一个整体。

护层的作用是保证电缆能够适应各种使用环境的要求，使电缆绝缘层在敷设和运行过程中免受机械或各种环境因素损坏，以长期保持稳定的电气性能。内护套的作用是阻止水分、潮气及其他有害物质侵入绝缘层，以确保绝缘层性能不变。内衬层的作用是保护内护套不被铠装扎伤。铠装层使电缆具备必需的机械强度。外被层主要用于保护铠装层或金属护套，使其免受化学腐蚀及其他环境损害。

【思考与练习】

1. 电力电缆的基本结构一般由哪几部分组成？
2. 电缆屏蔽层有何作用？

1.3 高压电缆绝缘击穿原理

本节介绍高压电缆绝缘击穿原理和高压电缆绝缘厚度的确定。通过概念讲解和要点介绍，了解高压电缆绝缘击穿机理，熟悉影响高压电缆绝缘厚度的因素，掌握电缆绝缘厚度的计算方法。

1.3.1 高压电缆绝缘击穿原理

1.3.1.1 固体绝缘击穿特性的划分

固体绝缘的击穿形式有电击穿、热击穿和电化学击穿。这几种击穿形式都与电压的作用时间密切相关。

（1）电击穿。电击穿理论是建立在固体绝缘介质中发生碰撞电离的基础上的。固体介质中存在的少量传导电子，在电场加速下与晶格结点上的原子碰撞，从而击穿。电击穿理论本身又分为两种解释，即固有击穿理论与电子崩击穿理论。

电击穿的特点是电压作用时间短，击穿电压高，击穿电压和绝缘介质温度、散热条件、介质厚度、频率等因素都无关，但和电场的均匀程度关系极大。此外和绝缘介质特性也有很大关系，如果绝缘介质内有气孔或其他缺陷，会使电场发生畸变，导致绝缘介质击穿电压降低。在极不均匀电场及冲击电压作用下，绝缘介质有明显的不完全击穿现象。不完全击穿导致绝缘性能逐渐下降的效应称为累积效应。绝缘介质击穿电压会随冲击电压施加次数的增多而下降。

（2）热击穿。由于绝缘介质损耗的存在，固体绝缘介质在电场中会逐渐发热升温，温度的升高又会导致固体绝缘介质电阻下降，使电流进一步增大，损耗发热也随之增大。在绝缘介质不断发热升温的同时，也存在一个通过电极及其他介质向外不断散热的过程。当发热较散热快时，介质温度会不断升高，以致引起绝缘介质分解炭化，最终击穿。这一过程即为绝缘介质的热击穿过程。

（3）电化学击穿（电老化）。在电场的长期作用下逐渐使绝缘介质的物理、化学性能发生不可逆的劣化，最终导致击穿，这种过程称电化学击穿。电化学击穿的类型有电离性击穿（电离性老化）、电导性击穿（电导性老化）和电解性击穿（电解性老化）。前两种主要在交流电场下发生，后一种主要在直流电场下发生。有机绝缘介质表面绝缘性能破坏的表现，还有表面漏电起痕。

1）电离性老化。如果绝缘介质夹层或内部存在气隙或气泡，在交变电场下气隙或气泡内的场强会比邻近绝缘介质内的场强大得多，但气体的起始电离场强又比固体介质低得多，所以在该气隙或气泡内很容易发生电离。

此种电离对固体介质的绝缘有许多不良后果。例如，气泡体积膨胀使介质开裂、分层，并使该部分绝缘的电导和介质损耗增大。电离的作用还可使有机绝缘物分解，新分解出的气体又会加入到新的电离过程中，还会产生对绝缘材料或金属有腐蚀作用的气体，造成电场的局部畸变，使局部介质承受过高的电压，对电离的进一步发展起促进作用。

气隙或气泡的电离，通过上述综合效应会造成邻近绝缘物的分解、破坏（表现为变酥、炭化等形式），并沿电场方向逐渐向绝缘层深处发展。在有机绝缘材料中，放电发展通道会呈树枝状，称为电树枝。这种电离性老化过程和局部放电密切相关。

2）电导性老化。如果在两极之间的绝缘层中存在水分，则当该处场强超过某定值时，水分会沿电场方向逐渐深入绝缘层中，形成近似树枝状的痕迹，称为水树枝。水树枝呈绒毛状的一片或多片，有扇状、羽毛状、蝴蝶状等多种形式。

产生和发展水树枝所需的场强比产生和发展电树枝所需的场强低得多。产生水树枝的原因是水或其他电解液中离子在交变电场下反复冲击绝缘物，使其发生疲劳损坏和化学分解，电解液便随之逐渐渗透、扩散到绝缘深处。

3）电解性老化。在直流电压的长期作用下，即使所加电压远低于局部放电的起始电压，由于绝缘介质内部进行着电化学过程，绝缘介质也会逐渐老化，导致击穿。当有潮气侵入绝缘介质时，水分子本身就会离解出 H^+和 O_2^-，从而加速电解性老化。

4）表面漏电起痕及电蚀损。这是有机绝缘介质表面的一种电老化问题。在潮湿、污脏的绝缘介质表面会流过泄漏电流，在电流密度较大处会先形成干燥带，电压分布随之不均匀，在干燥带上分担较高电压，从而形成放电小火花或小电弧。此种放电现象会使绝缘体表面过热，局部炭化、烧蚀，形成漏电痕迹，漏电痕迹的持续发展可能逐渐形成沿绝缘体表面贯通两端电极的放电通道。

1.3.1.2 油纸绝缘的击穿特性

油纸电缆的优点主要是优良的电气性能，干纸的耐电强度仅为 10～13kV/mm，纯油的耐电强度也仅为 10～20kV/mm。二者组合以后，由于油填充了纸中薄弱点的空气隙，纸在油中又起到了屏蔽作用，从而使总体耐电强度提高很多。油纸绝缘工频短时耐电强度可达 50～120kV/mm。

油纸绝缘的击穿过程如同一般固体绝缘介质那样，可分为短时电压作用下的电击穿、稍长时间电压作用下的热击穿及更长时间电压作用下的电化学击穿。

油纸绝缘的短时电气强度很高，但在不同介质的交界处，或层与层、带与带交接处等，都容易出现气隙，因而容易产生局部放电。局部放电对油纸绝缘的长期电气强度是很大的威胁，它对油浸纸有着电、热、化学等腐蚀作用。

油纸绝缘在直流电压下的击穿电压常为工频电压（幅值）下的 2 倍以上，这是因为工频电压下局部放电、损耗等都比直流电压下严重得多。

1.3.2 设计电缆绝缘厚度应考虑的因素

（1）制造工艺允许的最小厚度。根据制造工艺的可能性，绝缘层必须有一个最小厚度。例如，黏性纸绝缘的层数不得少于 10～50 层，聚氯乙烯最小厚度是 0.25mm。1kV 及以下电缆的绝缘厚度基本上是按工艺上规定的最小厚度来确定的。如果按照材料的平均电场强度的公式来计算低压电缆的绝缘厚度则太薄。例如 500V 的聚氯乙烯电缆，按聚氯乙烯击穿场强是 10kV/mm 计，安全系数取 1.7，则绝缘厚度只有 0.085mm，这样小的厚度是无法生产的。

（2）电缆在制造和使用过程中承受的机械力。电缆在制造和使用过程中，要受到拉伸、剪切、压、弯、扭等机械力的作用。1kV 及以下的电缆在确定绝缘厚度时，必须考虑其可能承受的各种机械力。大截面低压电缆比小截面低压电缆的绝缘厚度要大一些，原因就是前者所受的机械力比后者大，满足了所承受的机械力的绝缘厚度，其绝缘击穿强度的安全裕度是足够的。

（3）电缆在电力系统中所承受的电压因素。在 6kV 及以上电压等级电缆绝缘厚度的主要决定因素是绝缘材料的击穿强度。在讨论这个问题的时候，首先要搞清楚电力系统中电缆所承受的电压情况。

电缆在电力系统中要承受工频电压 U_0。U_0 是电缆设计导体对地或金属屏蔽之间的额定电压。在进行电缆绝缘厚度计算时，取电缆的长期工频试验电压，它是（2.5～3.0）U_0。

电缆在电力系统中还要承受脉冲性质的大气过电压和内部过电压。大气过电压即雷电过电压。电缆线路一般不会受到直击雷，雷电过电压只能从连接的架空线侵入。装设避雷器能使电缆线路得到有效保护。因此电缆所承受的雷电过电压取决于避雷器的保护水平 U_p（U_p 是避雷器的冲击放电电压和残压两者之中数值较大者）。通常取（120%～130%）U_p 为线路基本绝缘水平（Base Insulate Level，*BIL*），即电缆雷电冲击耐受电压。电力电缆雷电冲击耐受电压见表 1–3。

表 1–3　　电力电缆雷电冲击耐受电压

项　　目	值					
额定电压（U_0/U）	3.6/6	6/6	8.7/10，8.7/15	12/20	21/35	26/35
雷电冲击耐受电压（*BIL*）	60	75	95	125	200	250
额定电压（U_0/U）	38/66	50/66	64/110	127/220	190/330	290/500
雷电冲击耐受电压（*BIL*）	325	450	550	950	1175	1550
				1050	1300	1675

确定电缆绝缘厚度，应按 *BIL* 值进行计算，因为内部过电压（即操作过电压）的幅值一般低于雷电过电压的幅值。

1.3.3　电缆绝缘厚度的确定

综上所述，确定电缆绝缘厚度要同时依据长期工频试验电压和线路基本绝缘水平 *BIL* 来计算，然后取其厚者。在具体设计中，一般采用最大场强和平均场强两种计算方法。

（1）用最大场强公式计算。

在电缆绝缘层中，靠近导体表面的绝缘层所承受的场强最大，若电缆绝缘材料的击穿强度大于最大场强，则

$$\frac{G}{m} \geqslant E_{\max} = \frac{U}{r_c \ln \frac{R}{r_c}}$$

其中，G 为绝缘材料击穿强度，kV/mm；m 为安全裕度，一般取 1.2～1.6；$E_{\max}$ 为绝缘层最大场强，kV/mm；U 为工频试验电压或雷电冲击耐受电压，kV；r_c 为导体半径，mm；R 为绝缘外半径，mm。

经数学推导得出，绝缘外半径可用以 e 为底的指数函数表达，即 $R = r_c \exp \frac{mU}{G r_c}$。则绝缘厚度为 $\Delta = R - r_c = r_c \left(\exp \frac{mU}{G r_c} - 1 \right)$。

其中，G 应取试验电压值，即长期工频试验电压（2.5～3.0）U_0 或取雷电冲击耐受电压，见表 1–4。

绝缘材料的击穿强度按不同的材料取值，严格地讲，材料的击穿强度应根据材料性质经试验确定，而且还与材料本身的厚度、导体半径等因素有关。表 1–4 列出了几种绝缘材料的击穿强度值。

表 1-4　　绝缘材料的击穿强度　　kV/mm

电压（kV）	工频击穿强度			冲击击穿强度		
	黏性油没纸	充油	交联聚乙烯	黏性油没纸	充油	交联聚乙烯
35 及以下	10	—	10～15	100	—	40～50
110～220	—	40	20～30	—	100	50～60

（2）以平均场强公式计算。

挤包绝缘电缆的绝缘厚度习惯上采用平均强度的公式进行计算。这是因为挤包绝缘电缆的击穿强度受导体半径等几何尺寸的影响较大。以平均场强公式计算时，也需按工频电压和冲击电压两种情况分别进行计算，然后取其厚者。

在长期工频电压下绝缘厚度为　$\Delta=\dfrac{U_{om}}{G}k_1k_2k_3$

在冲击电压下绝缘厚度为　$\Delta=\dfrac{BIL}{G'}k_1'k_2'k_3'$

其中，BIL 为基本绝缘水平（见表 1-3），kV；U_{om} 为最大设计电压，kV；G 和 G' 分别为工频、冲击电压下绝缘材料击穿强度，参见表 1-3，kV/mm；k_1 和 k_1' 分别为工频、冲击电压下击穿强度的温度系数，是室温下与导体最高温下击穿强度的比值，对于交联聚乙烯电缆，$k_1=1.1$，$k_1'=1.13\sim1.2$；k_2 和 k_2' 分别为工频、冲击电压下的老化系数，根据各种电缆的寿命曲线得出，对于交联聚乙烯电缆，$k_2=4$ 和 $k_2'=1.1$；k_3 和 k_3' 分别为工频、冲击电压下不定因素影响引入的安全系数，一般均取 1.1。

【思考与练习】

1. 固体绝缘有几种击穿形式？
2. 热击穿的原理是什么？
3. 设计电缆绝缘厚度应考虑哪些因素？

1.4　电力电缆的载流量计算

本节包含电力电缆的载流量和最高允许工作温度的基本概念、影响载流量的因素和载流量的简单计算。通过概念解释和要点讲解，了解电力电缆的载流量计算方法。

1.4.1　电力电缆载流量和最高允许工作温度

（1）电缆载流量概念。在一个确定的适用条件下，当电缆导体流过的电流在电缆各部分所产生的热量能够及时向周围媒质散发，使绝缘层温度不超过长期最高允许工作温度，这时电缆导体上所流过的电流值称为电缆载流量。电缆载流量是电缆在最高允许工作温度下，电缆导体允许通过的最大电流。

（2）最高允许工作温度。在电缆工作时，电缆各部分损耗所产生的热量以及外界因素的影响使电缆工作温度发生变化，电缆工作温度过高，将加速绝缘老化，缩短电缆使用寿命，因此必须规定电缆最高允许工作温度。电缆的最高允许工作温度主要取决于所用绝缘材料热老化性能。各种型式电缆的长期和短时最高允许工作温度见表 1－5。一般不超过表中的规定值，电缆可在设计寿命年限内安全运行。反之，工作温度过高，绝缘老化加速，电缆寿命会缩短。

表 1－5　　各种型式电缆的长期和短时最高允许工作温度

电缆型式		最高允许工作温度（℃）	
		持续工作	短路暂态（最长持续 5s）
黏性浸渍纸绝缘电力电缆	3kV 及以下	80	220
	6kV	65	220
	10kV	60	220
	20～35kV	50	220
	不滴流电缆	65	175
充油电缆	普通牛皮纸	80	160
	半合成纸	85	160
充气电缆		75	220
聚乙烯绝缘电缆		70	140
交联聚乙烯绝缘电缆		90	250
聚氯乙烯绝缘电缆		70	160
橡皮绝缘电缆		65	150
丁基橡皮电缆		80	220
乙丙橡胶电缆		90	220

1.4.2　影响电力电缆载流量的主要因素

1.4.2.1　电缆本体材料的影响

（1）导体材料的影响。导体的电阻率越大，电缆的载流量越小。在其他情况都相同时，电缆载流量与导体材料电阻的平方根成反比。铝芯电缆载流量为相同截面铜芯电缆载流量的 78%，即铜芯电缆载流量约比相同截面铝芯电缆的载流量大 27%。因此，选用高电导率的材料有利于提高电缆的传输容量。

导体截面越大，载流量越大。电缆载流量与导体材料截面积的平方根成正比（未考虑集肤效应），已知电缆的截面积及其他条件，可以计算出电缆载流量。反之，已知对电缆载流量的要求，也可按要求选择相应的电缆。

导体结构的影响。同样截面的导体，采用分割导体的载流量大，尤其对于大截面导体（800mm^2）而言更是如此。

（2）绝缘材料对载流量的影响。绝缘材料耐热性能好，电缆允许最高工作温度越高，载流量越大。交联聚乙烯绝缘电缆比油纸绝缘允许最高工作温度高。所以，同一电压等级、相同截面的电缆，交联聚乙烯绝缘电缆比油纸绝缘传输容量大。

绝缘材料热阻也是影响载流量的重要因素。选用热阻系数低、击穿强度高的绝缘材料，能降低绝缘层热阻，提高电缆载流量。

介质损耗越大，电力电缆载流量越小。绝缘材料的介质损耗与电压的平方成正比。计算表明，在 35kV 及以下电压等级，介质损耗可以忽略不计，但随着工作电压的提高，介质损耗的影响就较显著。例如，110kV 电缆介质损耗是导体损耗的 11%，220kV 电缆介质损耗是导体损耗的 34%，330kV 电缆介质损耗是导体损耗的 105%。因此，对于高压和超高压电缆，必须严格控制绝缘材料的介质损耗角正切值。

1.4.2.2 电缆周围环境的影响

（1）周围媒质温度越高，电力电缆载流量越小。电缆线路附近有热源，如与热力管道平行、交叉或周围敷设有电缆等，使周围媒质温度变化，会对电缆载流量造成影响。电缆线路与热力管道交叉或平行时，周围土壤温度会受到热力管道散热的影响，只有任何时间该地段土壤与其他地方同样深度土壤的温升不超过10℃，电缆载流量才可以认为不受影响，否则必须降低电缆负荷。对于同沟敷设的电缆，由于多条电缆相互影响，电缆负荷应降低，否则对电缆寿命有影响。

（2）周围媒质热阻越大，电力电缆载流量越小。电缆直接埋设于地下，当埋设深度确定后，土壤热阻取决于土壤热阻系数。土壤热阻系数与土壤的组成、物理状态和含水量有关。比较潮湿紧密的土壤热阻系数约为 0.8m • K/W，一般土壤热阻系数约为 1.0m • K/W，比较干燥的土壤热阻系数约为 1.2m • K/W，含砂石而且特别干燥的土壤热阻系数约为 1.7m • K/W。降低土壤热阻系数能够有效地提高电缆载流量。

电缆敷设在管道中，其载流量比直接埋设在地下要小。管道敷设的周围媒质热阻，实际上是三部分热阻之和，即电缆表面到管道内壁的热阻、管道热阻和管道的外部热阻，因此热阻增大。

1.4.3 电缆及其周围介质热阻

在热稳定状态下，电缆中的热流（包括导体电流损耗、介质损耗、金属护层损耗）和电缆各部分热阻（含周围媒质热阻）在导体和周围媒质之间形成的热流场，根据发热方程，可知电缆及其周围的介质热阻由绝缘热阻、内衬层热阻、外护套热阻及土壤和管路热阻等组成。

（1）绝缘热阻 T_1 为

$$T_1 = \frac{\rho_{T1}}{2\pi}\ln\left(1+\frac{2t_1}{D_c}\right) = \frac{\rho_{T1}}{2\pi}G = \frac{\rho_{T1}}{2\pi n}G_1F_1$$

其中，ρ_{T1} 为绝缘热阻率（见表 1－6），K • m/W；t_1 为绝缘厚度，m；D_c 为导体外径，m；G 为单芯电缆的几何因数；G_1 为多芯电缆的几何因数；n 为电缆芯数；F_1 为屏蔽层影响因数，一般金属带屏蔽降低率取 0.6。

电缆本体各种材料的热阻率见表 1－6。

表 1-6　各种材料的热阻率

材料名称		热阻率（K·m/W）
XLPE		3.50
内衬及保护层	PE	3.50
	PVC	7.00
金属材料	铜	0.27×10^{-2}
	铝	0.48×10^{-2}
	铅	0.90×10^{-2}
	铁	2.00×10^{-2}
	钢	2.00×10^{-2}

（2）敷设于空气中的热阻 T_4 为

$$T_4 = \frac{100}{\pi d_e h}$$

其中，d_e 为电缆外径，m；h 为散热系数，一般取 7～10W/（m^2·K）。

（3）敷设于管道中的热阻 T_5 为

$$T_5 = \frac{100A}{1+(B+C\theta_m)d_e}$$

其中，d_e 为电缆外径，m；θ_m 为电缆管道中空气的平均温度值，一般可假设 $\theta_m = 50$℃后校正；A、B、C 分别为与电缆敗设条件有关的常数，见表 1-7。

表 1-7　*A*、*B*、*C* 的取值

敷设条件	*A*	*B*	*C*
在金属管道中	5.2	1.4	0.011
在纤维水泥管中	5.2	0.91	0.010
在陶土管道中	1.87	0.28	0.003 6

1.4.4　电缆额定载流量计算

电缆载流量计算有两个假设条件：① 假定电缆导体中通过的电流是连续的恒定负载（即 100%负载率）；② 假定在一定的敷设环境和运行状态下，电缆处于热稳定状态。

（1）电缆敷设环境温度的选择。为了在计算电缆载流量时有一个基准，对于不同敷设方式，规定有不同基准环境温度：如管道敷设时为 25℃；直埋敷设时为 25℃；空气或沟道敷设时为 40℃；室内敷设时为 30℃。

（2）电缆额定载流量。根据热流场概念，由热流场富氏定律可导出热流与温升、热阻的关系，即热流与温升成正比、与热阻成反比。

推导可得出

$$I=\sqrt{\frac{\theta_{c}-\theta_{0}-nW_{i}\times\frac{1}{2}(T_{1}+T_{2}+T_{3}+T_{4})}{nR[T_{1}+(1+\lambda_{1})T_{2}+(1+\lambda_{1}+\lambda_{2})(T_{3}+T_{4})]}}$$

式中，I 为电缆连续额定载流量，A；θ_c 为电缆导体允许最高温度，取决于电缆绝缘材料、电缆型式和电压等级，℃；θ_0 为周围媒质温度，℃；R 为单位长度导体在 θ_c 温度时的电阻，Ω；T_1、T_2、T_3、T_4 分别为单位长度电缆的绝缘层、内衬层、外被层、周围媒质热阻，m·K/W；λ_1、λ_2 分别为护套损耗系数和铠装损耗系数；n 为在一个护套内的电缆芯数；W_i 为电缆绝缘介质损耗，W/m。

单芯电缆绝缘介质损耗计算公式为：

$$W_{i}=\omega CU_{0}\tan\delta 2\pi fCU_{0}^{2}\tan\delta$$

多芯电缆绝缘介质损耗计算公式为

$$W_{i}=\frac{2\pi fC_{n}U^{2}}{2\tan\delta\times10^{5}}$$

式中，ω 为电源角频率，$\omega=2\pi f$，工频户 f=50Hz；U_0 为电缆所在系统的相电压，kV；U 为电缆所在系统的线电压，kV；tanδ 为电缆绝缘材料的介质损耗角正切值；C 为单位长度电缆的单相电容，F/m；C_n 为单位长度电缆的多相电容，F/m。

环境温度变化时，载流量校正系数见表1－8。

表1－8　　载流量校正系数

长期允许工作温度 θ_c（℃）	环境温度 θ_0（℃）	实际使用温度（℃）											
		5	10	15	20	25	30	35	40	45	50	0	－5
80	25	1.17	1.13	1.04	1.05	1.00	0.96	0.91	0.85	0.80	0.74	—	1.25
	40	—	—	1.27	1.23	1.18	1.12	1.07	1.00	0.94	0.87	—	1.46
90	25	—	—	1.04	1.10	0.96	0.96	0.92	0.88	0.83	0.78	1.18	1.21
	40	—	—	1.18	1.14	1.09	1.09	1.05	1.00	0.95	0.90	1.34	1.38

电缆在电缆沟、管道中和架空敷设时，由于周围介质热阻不同，散热条件不同，可对载流量进行校正。而对直埋电缆，因土壤条件不同，如泥土、沙地、水池附近、建筑物附近等的土壤条件存在较大差异，也要根据实际条件进行载流量校正。

（3）10kV及以上XLPE电力电缆载流量校正系数。电力电缆由于敷设状态等因素不同，实际的载流量也有所不同，必须以一定条件为基准点，而代表这些基准点的参数为：电缆导体最高允许工作温度为90℃，短路温度为25℃，敷设环境温度为40℃（空气中）、25℃（土壤中）；直埋1.0m时土壤热阻率为1.0m·K/W，绝缘热阻率为4.0m·K/W，护套热阻率为7.0m·K/W。各种校正系数见表1－9～表1－13。

电缆载流量计算公式为

$$I_{总} = nk_1k_2k_3k_4k_5I$$

其中，为$I_{总}$长期允许载流量总和；I为电缆载流量；n为电缆并列条数；k_1为环境温度校正系数；k_2为并列电缆架上敷设校正系数；k_3为土壤热阻率的校正系数；k_4为敷设深度校正系数；k_5为土壤热阻的校正系数。

表 1-9　　环境温度校正系数

空气温度（℃）	25	30	35	40	45
校正系数	1.14	1.09	1.05	1.0	0.95
土壤温度（℃）	20	25	30	35	
校正系数	1.04	1.0	0.98	0.92	

表 1-10　　并列电缆架上敷设校正系数

敷设根数	敷设方式	$S=d$	$S=2d$	$S=3d$
1	并排平行	1.00	1.00	1.00
2	并排平行	0.85	0.95	1.00
3	并排平行	0.80	0.95	1.00
4	并排平行	0.70	0.90	0.95

表 1-11　　土壤热阻率的校正系数

土壤热阻率（m·K/W）	0.6	0.8	1.0	1.2	1.4	1.6	2.0
校正系数	1.17	1.08	1.00	0.94	0.89	0.84	0.77

表 1-12　　敷设深度校正系数

敷设深度（m）	0.8	1.0	1.2	1.4
校正系数	1.017	1.0	0.985	0.972

表 1-13　　各种土壤热阻的校正系数

土壤类别	土壤热阻（Ω·m）	校正系数
湿度在 4%以下沙地，多石的土壤	300	0.75
湿度在 4%～7%沙地，湿度在 8%～12%多沙黏土	200	0.87
标准土壤，湿度在 7%～9%沙地，湿度在 12%～14%多沙黏土	120	1.0
湿度在 9%以上沙区，湿度在 14%以上黏土	80	1.05

【思考与练习】

1. 为什么不能只根据电缆导体的最高允许温度来确定电缆线路的载流量？
2. 电缆额定电流计算时有哪些假定条件？

1.5 高压电缆的机械特性

本节包含高压电缆的机械特性。通过概念解释和要点讲解，了解电缆制造过程及敷设施工时产生的各种机械力，熟悉运行中电缆承受的机械应力，掌握电缆的机械力产生及分析知识。

高压电缆的机械特性是指电缆在制造过程产生、敷设安装作用及长期运行承受所反映出来的各种机械应力性能，要求构成电缆的材料和电缆本体具有一定的机械强度性能，以及安装时能增强运行承受各种机械应力的强度。

下面着重讲解分析电缆的一般机械性能和热机械性能。

1.5.1 电缆的一般机械性能

1.5.1.1 构成电缆的金属材料机械性能

（1）铜。铜是广泛应用的一种导体材料，具有优良的导电性能，较高的机械强度，良好的延展性，并且易于熔接、焊接和压接。其主要物理性能见表 1－14。

表 1－14 铜的主要物理性能

物理性能	数值	物理性能	数值
密度（g/cm^3）	8.89	电阻温度系数（1/℃）	0.003 93
线膨胀系数（1/℃）	16.6×10^{-6}（20～100℃范围内）	熔点（℃）	1084
20℃时电阻率（Ω·m）	1.724×10^{-8}	抗拉强度（N/mm^2）	200～210

（2）铝。铝具有良好的、仅次于铜的导电性能和导热性能，另外铝的机械强度高，密度小。铝可作电缆的导体和金属护套，铝合金还可作电缆铠装。其主要物理性能见表 1－15，特点如下：

表 1－15 铝的主要物理性能

物理性能	数值	物理性能	数值
密度（g/cm^3）	2.70	电阻温度系数（1/℃）	0.004 07
线膨胀系数（1/℃）	23×10^{-6}（20～100℃范围内）	熔点（℃）	658
20℃时电阻率（Ω·m）	2.8×10^{-8}	抗拉强度（N/mm^2）	70～95

1）机械强度较高。在电缆的运行温度下，铝是较稳定的，不像铅会产生再结晶。铝的机械强度也较高，一般采用铝作护套的电缆承受内压力的能力较高，不需再加径向加固。同时由于其硬度较高，抵抗外部机械作用的能力较高，因此一般不需要再加铠装。

2）弯曲性能较差。铝的机械强度高，其弯曲性能比铅差。因此敷设安装较大截面的电缆大多采用皱纹铝护套，就是为了提高电缆的柔软性。

3）耐腐性能较差。铝的化学性质活泼，作为电缆护套，埋设在土壤中易遭酸、碱腐蚀性矿物质侵蚀。

（3）铅。用铅或铅合金制成电缆的金属护套历史悠久，其优点是：密封性能好，可防止水分或潮气进入电缆绝缘；熔点低，可在较低的温度下挤压到电缆外层，不会对电缆绝缘造成过热损坏；耐腐蚀性比一般金属好；性质柔软，使电缆易于弯曲。其主要物理性能见表1－16，特点如下：

表1－16　　　　铅的主要物理性能

物理性能	数值	物理性能	数值
密度（g/cm^3）	2.70	电阻温度系数（1/℃）	0.004 07
线膨胀系数（1/℃）	23×10^{-6}（20～100℃范围内）	熔点（℃）	658
20℃时电阻率（Ω·m）	2.8×10^{-8}	抗拉强度（N/mm^2）	70～95

1）由于铅结晶经过压铅机时会受到很大压力，出压铅机后迅速冷却，温度再回升，致使其结晶细粗结构有变化，存在蠕变性能，所以其机械强度不高。

2）铅耐振性能不高，在交变力作用下易产生机械振动，会损坏电缆铅护套。可以用铅的疲劳极限来表征其耐振性能的好坏。

3）为提高铅护套的机械强度，改善蠕变性能和抗震特性，可采用铅合金来替代纯铅作电缆的金属护套。

（4）钢。钢作为电缆的铠装，可增加电缆抗压、抗拉机械强度，使电缆护套免遭机械损伤。铠装层的材料为钢带或钢丝。钢带铠装能承受压力，适用于地下直埋敷设。钢丝铠装能承受拉力，适用于垂直和水底敷设。钢带或钢丝的主要物理性能见表1－17和表1－18。

表1－17　　　　铠装用钢带的机械性能

牌号/名称	标称直径（mm）	抗张强度σ_b（MPa）	伸长率σ_s（%）
50W450/钢带	0.5	400	14
50W600/钢带	0.5	450	14

表1－18　　　　铠装用钢丝的机械性能

牌号/名称	标称直径（mm）	抗张强度σ_b（MPa）	伸长率σ_s（%）
Q215/镀锌钢丝	8	540	12
Q195/镀锌钢丝	6	500	12

1）当需要承受较大拉力时，采用圆形钢丝作铠装层，钢丝的直径和根数根据电缆承受的机械力和电缆尺寸确定；

2）在高落差的竖井垂直敷设电缆，承受的拉力不是太大时，也可采用弓形截面的扁钢丝作错装层；

3）在水底电缆会受到磨损的环境中，可采用双层钢丝铠装；

4）为了平衡两层钢丝的扭转力矩，其外层钢丝直径应比内层小些，制造中两层钢丝绞制方向应相反。

1.5.1.2 电缆上产生、作用及承受的机械力

（1）在电缆制造过程中产生的机械力。

1）导体。在制造结构上，电缆导体多股分为若干层绞制，绞制方向相反，各层的退扭力矩得到部分抵消，但还潜存着一定的扭矩应力。

2）绝缘。浸渍剂纸绝缘电缆的浸渍剂的体积膨胀系数为电缆其他固体材料的 10～20 倍。当电缆温度上升时，由于浸渍剂的膨胀系数大，铅护套必然受到浸渍剂的膨胀压力而胀大。但当温度下降时，由于铅护套的塑性不可逆变形，在铅护套内部和绝缘层中必然形成气隙。

浸渍剂纸绝缘电缆制造采用的几种材料的体积膨胀系数见表 1－19。

表 1－19　制造电缆采用的几种材料的体积膨胀系数

材料名称	铜	铝	电缆纸	浸渍剂	铅
体积膨胀系数（1/℃）	51×10^{-6}	72×10^{-6}	90×10^{-6}	$(800～1000)\times10^{-6}$	60×10^{-6}

而目前广泛使用的交联聚乙烯绝缘电缆，虽然全部采用固体材料制造，但绝缘材料膨胀系数与导体相差 10～30 倍，聚乙烯绝缘较容易回缩。

钢带铠装一般采用双层，在制造中其绞制方向相同，潜存着扭矩应力。当敷设展放采用网套牵引电缆时，潜在着的扭矩应力会释放，即电缆牵引时发生的退扭现象。

3）钢丝铠装采用单层或双层。单层钢丝无论绞制顺逆方向，都潜在一定的扭矩应力。两层钢丝为了平衡扭转力矩，内层钢丝比外层钢丝直径小，制造中两层钢丝绞制方向相反，两层的退扭力矩得到部分抵消，但还是潜存着扭矩应力。钢带或钢丝作为电缆保护层中的铠装层，在电缆生产制造过程中会产生旋转机械力。

同规格，其绞制节距一般为电缆铠装直径 8～12 倍。

（2）安装作用。在敷设安装施工时，作用在电缆上的机械力有牵引力、侧压力和扭力三种。

1）牵引力。牵引力是作用在电缆被牵引力方向的拉力。电缆端部安装上牵引端时，牵引力主要作用在金属导体上，部分作用在金属护套和铠装上。但垂直方向敷设的电缆（如竖井电缆和水底电缆），其牵引力主要作用在铠装上。

作用在电缆导体的允许牵引应力，一般取导体材料抗拉强度的 1/4 左右。铜导体抗张强度约为 240NW，允许最大牵引强度约为 $70N/mm^2$；铝导体抗张强度约为 $160N/mm^2$，允许最大牵引强度为 $40N/mm^2$；对有中心油道的空心导体，要求不能使油道发生变形的最大牵引力约为 27 000N。

作用在电缆绝缘层及外护层的允许牵引力，一般采用牵引网套来牵引电缆，这时牵引力集中在绝缘层和外护层上。交联聚乙烯绝缘电缆外通常还有一层聚氯乙烯护层，它的抗张强度约为 $25N/mm^2$，允许最大牵引强度约为 $7N/mm^2$。

作用在金属护套的允许牵引力集中在金属护套上。虽然铅合金的抗张强度较低，但它

有加强带加固，所以允许最大牵引强度约为 $10N/mm^2$；而铝护套的抗张强度虽高，但为了防止皱纹变形，所以允许最大牵引强度约为 $20N/mm^2$。

2）侧压力。作用在电缆上与其导体呈垂直方向的压力称为侧压力。侧压力主要发生在牵引电缆时的弯曲部分。电缆线路在转角处的滚轮、弧形滑槽或敷设水底电缆用的入水槽等处的电缆上，要受到侧压力。盘装电缆横置平放，或用桶装、圈装的电缆，下层电缆要受到上层电缆的压力，也是侧压力。

电缆的允许侧压力与电缆的结构、构成电缆的材料、其金属和非金属类的允许抗张强度等有很大关系。

3）扭力。扭力是作用在电缆上的旋转机械力。直线状态的电缆转变为圈形状态时，因电缆自身逐渐旋转产生的旋转机械力称为扭转力，即潜在退扭力。圈形状态的电缆转变为直线状态时，释放电缆在制造中潜在的扭转力而产生的旋转机械力称为退扭力。

在敷设施工时，圈形状态的电缆转变为直线状态释放潜存的扭转力，产生了退扭力，如盘装电缆展放、圈装的水底电缆展放入水等。直线状态的电缆转变为圈形状态时，因电缆自身逐渐旋转产生的旋转机械力，如盘装电缆展放成直线，再绕成圈状；水底电缆制成后圈形盘入船舱等。在高落差环境敷设电缆时，电缆扭转的机械特性非常明显。尤其是高压单芯充油电缆的导电线芯、径向铜带加强层和轴向铜带加强层（或钢丝铠装）在生产绞制过程中潜存的扭转力，其决定着电缆绕轴心自转的大小和方向。采用单层纵向铜带铠装时，纵向铠装扭矩应力对扭转起着主导作用。

（3）电缆在长期运行中承受的各种机械应力：直埋敷设的运行电缆线路上堆置重物产生的机械压力；其他设施施工与电缆线路交叉时，挖掘施工电缆暴露后，电缆下面土层被挖空产生的临时性悬吊机械力；地面的不均匀沉降产生的机械拉力。

桥梁上的运行电缆线路不可避免受到环境机械力影响，如桥梁因温度变化引起的热胀冷缩机械力，两端桥墩产生的振动、沉降机械力。

构筑物内及支架上的运行电缆线路，电缆在构筑物内、支架上承受的支点和支点距离机械力及固定力矩机械力。

水底电缆线路运行受到水域水流及河床环境影响造成的机械力。

1.5.2 电缆的热机械性能

（1）热机械概念。随着输电容量的飞速增长，高压电力电缆的截面也越来越大，对于大截面电缆而言，在运行状态下因负荷电流变化和环境温差造成导体温度变化，引起导体热胀冷缩而产生的电缆内部的机械力称为热机械力。

（2）热机械特性。热机械力使导体形成一种推力，且这种机械力是十分巨大的。该推力一部分在电缆线路上为各种摩擦阻力所阻止，在电缆线路末端，该推力可以使导体和绝缘层之间产生一定位移。

（3）电缆线路热机械力分析：

1）作用在电缆导体上的摩擦力。电缆敷设在地下土壤里，被回填土包围，整条电缆的纵向和横向运动均被回填土阻止，唯一可能产生的热机械力移动是导体相对于金属护套的位移。但当导体被负荷电流加热变化在金属护套内膨胀而位移时，将受到与绝缘之间的摩擦力和其他机械力的约束，因而有一部分膨胀被这些约束力所阻止。在直埋电缆长线路上，中间部分的电缆导体处于平衡状态，即存在不发生位移的静止区，而膨胀位移发生在约束力不能全部阻止线芯膨胀的电缆线路的两个末端。

在某一直埋电缆长线路上的电缆受热机械力影响时，中间部分静止区的电缆导体仍处于平衡状态，其平衡条件为 $N\mathrm{d}x-\mathrm{d}F=0$。

其中，N 为单位长度导体的摩擦力，kg/cm；dx 为单位长度导体，m；dF 为长的导体在膨胀时受到压缩力的增量，kg。

该热机械力产生的推力作用的大小与导体单位长度 e%（膨胀率）、导体发热膨胀受到约束力后产生的 ε（应变率）、单位长度导体的 N（摩擦力）有密切关系。

2）电缆末端导体自由膨胀位移。采用铜芯、电压 275kV、分裂导体、截面为 2000mm^2 单芯自容式充油电缆，弹性模量为 0.45×10^6kg/cm^2，作下面两个试验：

第一，电缆末端沿电缆长度的导体位移。电缆末端沿电缆长度发生导体位移的状态分析，从图 1-2 中可以看到，当导体温升至 $\Delta\theta=65$℃ 时，在离自由端不同长度处（即电缆线路中间部分）的距离超过 45m 后，导体受到摩擦力的约束而不发生位移。由此得出：受热机械力影响具有导体相对位移趋势的电缆长度一般在距离电缆线路两个端部 45m 以内。

第二，电缆末端导体自由膨胀位移与导体温升的关系。电缆末端导体自由膨胀时的位移与温升之间存在一定关系。而且导体末端自由膨胀位移时，导体呈一连串很小的不连续的跃变。如图 1-3 所示，从中可以得到推论：温度上升越高，导体末端自由端位移越大。

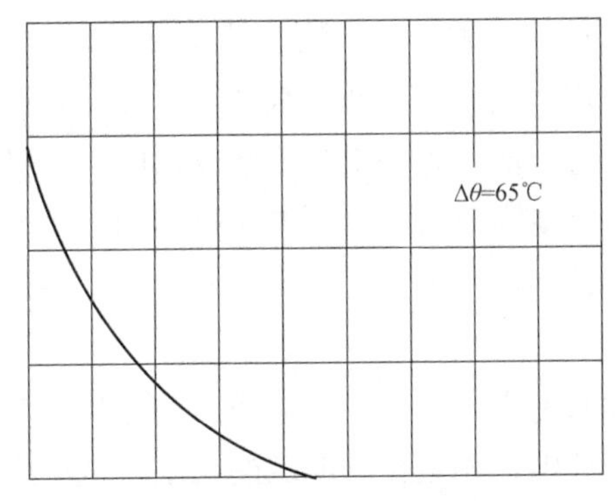

图 1-2　电缆末端沿电缆长度的导体位移图

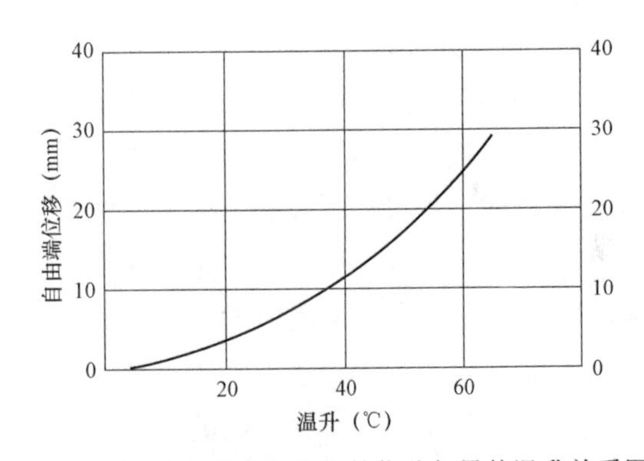

图 1-3　导体末端自由膨胀的位移与导体温升关系图

3）电缆末端导体位移和推力。如上所述，在直埋电缆长线路上，当电缆敷设成直线时，电缆线路中间是不发生位移的静止区，而在电缆末端产生的推力为最大。

为了减小热机械力在电缆末端的推力影响，电缆在接近终端头处敷设成蛇形状态。实验证明：电缆的末端推力 F_0 与导体末端位移距离 ΔL 之间的关系会发生变化；导体发生膨胀的长度 X_0 与导体末端位移距离 ΔL 之间的关系也会发生变化。

图 1-4 所示为铜芯、电压 275kV、分裂导体 2000mm^2、单芯自容式充油电缆实验图。

从图 1-4 电缆末端推力 F_0 与导体位移距离 ΔL 之间的变化曲线图中可以看出，当电缆敷设成蛇形状态时，电缆末端推力 F_0 值随导体位移距离 ΔL 的增加而下降的速度比电缆敷设成直线状态要快得多。

从图 1－5 中导体发生膨胀的长度 X_0 与导体位移 ΔL 之间的变化曲线图中可以看出，当电缆敷设成蛇形状态时，导体发生膨胀的长度 X_0 及导体位移距离 ΔL 均比电缆敷设成直线状态要小得多。

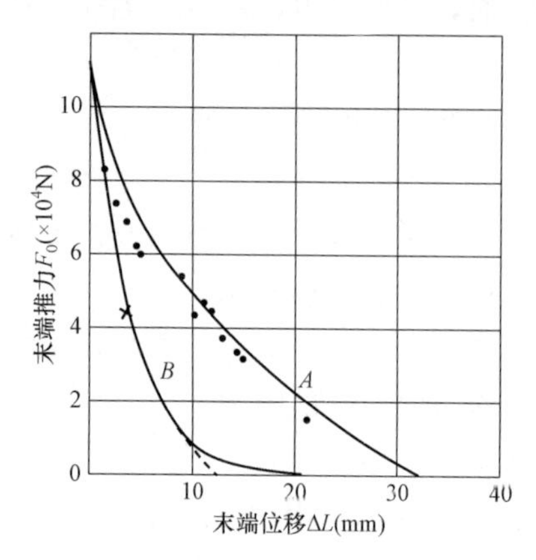

图 1－4　电缆末端推力与导体位移距离之间的变化曲线图

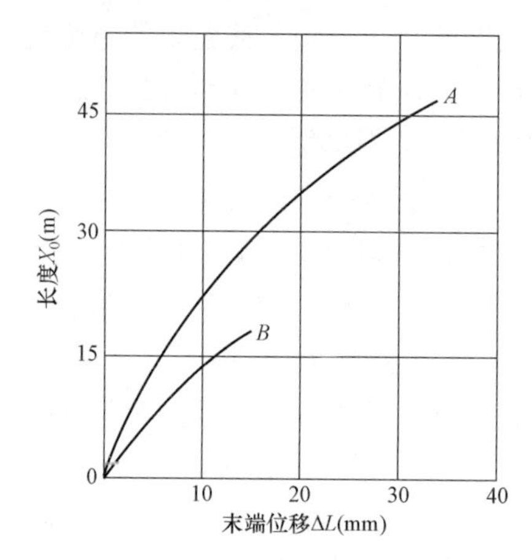

图 1－5　导体发生膨胀的长度（X_0）与导体位移（ΔL）之间的变化曲线图

A—电缆敷设成直线；*B*—电缆敷设成蛇形

由此可见，将高电压、大截面电力电缆线路敷设成水平蛇形或垂直蛇形状态，对降低热机械力影响所产生的推力是有利的。

4）竖井电缆线路。随着大型水电站、地下变电站的建设和电缆线路穿越江河湖海，高电压、大截面、长距离电力电缆的应用，线路通道采用“隧道＋竖井”来敷设电缆是设计首选。竖井内敷设电缆有挠性固定和刚性固定两种方式。前者允许电缆在受热后膨胀，对产生的热机械力加以妥善控制，使电缆发生膨胀位移时电缆金属护套不产生过度的应变而缩短寿命，后者将电缆用夹具固定从而不产生横向位移，与电缆直埋在土壤里一样，导体的膨胀全部被阻止而转变为内部压缩应力。

第一，在竖井内垂直敷设高压电缆时，采用挠性固定方式较多。将电缆在两个相邻夹具之间以垂线为基准作交替方向的偏置，成垂直蛇形，电缆在运行时产生的膨胀将被电缆的初始曲率（能容纳电缆膨胀量）所吸收，因此不会使金属护套产生危险的疲劳应力。

两个相邻夹具的间距（节距）和电缆横向偏置（幅值）设定取决于电缆的重量和刚度。一般采用的节距为 4～6m，幅值为节距的 5%为宜，夹具的轴线与垂线成约 11° 夹角。

第二，当竖井中的空间有限，不能作较大的挠性敷设时，电缆截面如果不大也可采用刚性固定。固定时要求在热机械力的作用下，相邻两个夹具之间的电缆不产生纵弯曲现象，避免在金属护套上产生严重的局部应力。

对于铅护套或皱纹铝护套电缆，在热膨胀时产生的推力的主要部分是导体，而电缆的其余部分（特别是对于大截面电缆）可以忽略不计。但是，如果是平铝护套电缆，除了导体外，还必须考虑铝护套上热膨胀时产生的推力。

在采用刚性固定的垂直敷设的电缆线路上，与直埋电缆一样必须考虑在垂直部分末端的导体上产生的总推力。特别是当导体与金属护套之间较松时，在自重作用下导体与金属护套之间还会产生相对运动，这时在竖井底部邻近的电缆附件会受到很大的热机械力作用。

【思考与练习】

1. 试述高压电缆的机械特性的概念。
2. 在安装施工中作用电缆上有哪些机械应力？
3. 电缆在长期运行中应承受哪些机械应力？
4. 热机械特性有哪些？在竖井电缆线路如何凸显？

1.6 交联聚乙烯电力电缆绝缘老化机理

本节包含交联聚乙烯电力电缆绝缘老化机理的基本知识。通过概念解释和要点讲解，了解影响交联聚乙烯电力电缆绝缘性能变化的因素，熟悉交联聚乙烯电力电缆绝缘老化原因及形态，掌握交联聚乙烯电力电缆绝缘老化机理。

绝缘材料的绝缘性能随时间的增加发生不可逆下降的现象称为绝缘老化。其表现形式主要有击穿强度降低、介质损耗增加、机械性能或其他性能下降等。

1.6.1 影响交联聚乙烯电力电缆绝缘性能的因素

（1）制造工艺和绝缘原材料。制造厂家所用绝缘材料或制造过程中侵入水分及其他杂质，都将引起绝缘性能的降低。

制造工艺落后（如湿法交联）导致交联绝缘层中遗留下水分、起泡或致屏蔽层不能均匀紧贴在主绝缘上，产生微小的气隙，都将降低交联电缆的绝缘性能。

（2）运行条件：

1）运行电压不正常，电压越高，击穿电压越低。电压作用时间足够长时，则易引起热击穿或电老化，使电缆绝缘击穿，电压急剧下降。

2）超负荷运行，电缆过热，当温度高至一定值时，绝缘的击穿电压将大幅度下降。

3）电压性质对电缆绝缘也有影响：冲击击穿电压较工频击穿电压高；直流电压下，介质损耗小，击穿电压较工频击穿电压高；高频下局部放电严重，发热严重，其击穿电压最低。

4）交联绝缘是固体绝缘，其累计效应也不容忽视。多次施加同样幅值的电压，每次产生一定程度的绝缘损伤，而不像油渍类绝缘有一定的自愈能力，因此其损伤可逐步积累，最后导致交联绝缘彻底击穿。

5）任何外力破坏、机械应力损伤都将使电缆的整体结构受到破坏而导致水分及其他有害杂质侵入，可迅速降低交联绝缘的击穿强度。

1.6.2 交联聚乙烯电缆绝缘老化原因及形态

交联聚乙烯电缆绝缘老化原因及形态见表 1－20。

表 1-20　　交联聚乙烯电缆绝缘老化原因及形态

引起老化的主要原因	老化形态
电气的原因（工作电压、过电压、负荷冲击、直流分量等）	局部放电老化、电树枝老化、水树枝老化
热的原因（温度异常、热胀冷缩等）	热老化、热机械引起的变形、损伤
化学的取因（油、化学物品等）	化学腐蚀、化学树枝
机械的原因（外伤、冲击、挤压等）	机械损伤、变形及电机械复合老化
生物的原因（动物的吞食、成孔等）	蚁害、鼠害

【思考与练习】

1. 制造工艺和所用绝缘原材对电缆绝缘有何影响？
2. 电缆线路投运后，运行条件对电缆绝缘有何影响？
3. 简述交联聚乙烯电缆绝缘老化的机理。

1.7　电缆主要电气参数及计算

本节包含电力电缆的一次主要电气参数及计算。通过概念解释、要点讲解和示例介绍，掌握电缆线芯电阻、电感、电容等一次主要电气参数的简单计算。

电缆的电气参数分为一次参数和二次参数，一次参数主要包括线芯的直流电阻、有效电阻（交流电阻）、电感、绝缘电阻和工作电容等参数。二次参数则是指电缆的波阻抗、衰减常数、相移常数。二次参数是由一次参数计算而得的。这些参数决定电缆的传输能力。本节主要介绍一次参数。

1.7.1　电缆线芯电阻

（1）直流电阻。

单位长度电缆线芯的直流电阻用下式表示

$$R=\frac{\rho_{20}}{A}[1+\alpha(\theta-20)]k_1k_2k_3k_4k_5$$

式中，R 为单位长度线芯 θ（℃）温度下的直流电阻，Ω/m；A 为线芯截面积，mm^2；ρ_{20} 为线芯在 20℃时材料的电阻率，其中标准软铜 $\rho_{20}=0.017\,241\times10^{-6}\Omega\cdot m$，标准硬铝 $\alpha=0.028\,64\times10^{-6}\Omega\cdot m$；$\alpha$ 为线芯电阻温度系数，其中标准软铜 $\alpha=0.003\,93/℃$，标准硬铝 $\alpha=0.004\,03/℃$；θ 为线芯工作温度，℃；k_1 为单根导体加工过程引起金属电阻率增加的系数，按 JB 647-77、JB 648-77 的规定：铜导体直径 $d\leqslant1.0mm$，$k_1<0.017\,48\times10^{-6}\Omega\cdot m$，$d>1.0mm$，$k_1<0.017\,9\times10^{-6}\Omega\cdot m$，铝导体 $k_1<0.029\,0\times10^{-6}\Omega\cdot m$；$k_2$ 为绞合电缆时，使单线长度增加的系数，其中，固定敷设电缆紧压多根绞合线芯 $k_2=1.02$（$200mm^2$）～1.03（$250mm^2$），不紧压绞合线芯或软电缆线芯 $k_2=1.03$（4 层以下）～1.04（5 层以上）；k_3 为紧压过程引入系数，$k_3\approx1.01$；k_4 为成缆引入系数，$k_4\approx1.01$；k_5 为公差引入系数，对于非紧压型 $k_5=[d(d-e)]^2$（d 为导体直径，e 为公差），对于紧压型 $k_5\approx1.01$。

（2）交流有效电阻。

在交流电压下，线芯电阻将由于集肤效应、邻近效应而增大，这种情况下的电阻称为有效电阻或交流电阻。

电缆线芯的有效电阻的计算，国内一般均采用 IEC 287 推荐的公式，即 $R=R'(1+Y_S+Y_P)$。

其中，R 为最高工作温度下交流有效电阻，Ω/m；R' 为最高工作温度下直流电阻，Ω/m；Y_S 为集肤效应系数；Y_P 为邻近效应系数。

如果 R' 取 20℃时线芯的直流电阻，上式可改写为 $R=R'_{20}k_1k_2k_3$。式中 k_1 为最高允许温度时直流电阻与 20℃时直流电阻之比；k_2 为最高允许温度下交流电阻与直流电阻之比。

根据 IEC 287 推荐计算 Y_P 和 Y_S 的公式，计算集肤效应和邻近效应，得到

$$Y_S=X_S^4/(192+0.8X_S^4)，\quad X_S^4=(8\pi f/R'\times10^{-7}k_S)^2；$$

$$Y_P=X_P^4/(192+0.8X_P^4)(D_c/S)^2\{0.312(D_c/S)^2+1.18/[X_P^4/(192+0.8X_P^4)+0.27]\}$$

$$X_P^4=(8\pi f/R'\times10^{-7}k_P)^2$$

其中，X_S^4 为集肤效应中频率与导体结构影响作用；X_P^4 为邻近效应中导体相互间产生的交变磁场影响作用；f 为频率，50Hz；R' 为单位长度线芯直流电阻，Ω/m；D_c 为导体外径，mm；S 为导体中心轴间距离，mm；k_S 为导体的结构常数，分割导体 k_S=0.435，其他导体 k_S=1.0；k_P 为导体的结构系数，分割导体 k_P=0.37，其他导体 k_P=0.8～1.0。

对于使用磁性材料制作的铠装或护套电缆，k_P 和 k_S 应比计算值大 70%，即 $R=R'[1+1.17(Y_P+Y_S)]$（Ω/m）。

1.7.2 电缆电感

中低压电缆均为三相屏蔽型，而高压电缆多为单芯电缆。电缆每一相的磁通分为线芯内部和外部两部分，由此而产生内感和外感。而电缆每相电感应为互感（L_e）和自感（L_i）之和。

（1）自感。

设线芯电流均匀分布，距线芯中心 X 处任一点的磁场强度为 $H_i=\dfrac{I}{2\pi x}\dfrac{x^2}{(D_c/2)^2}$。其中 I 为线芯电流；D_c 为线芯直径。在线芯 x 处，厚度为 dx，长度为 L 的圆柱体内储能为 $\mathrm{d}W=L\mu_0I^2x^3\mathrm{d}x/[4\pi(D_c/2)^4]$。

得到总储能：$W=\int_0^{D_c/2}\mathrm{d}W=\int_0^{D_c/2}\dfrac{L\mu_0I^2x^3\mathrm{d}x}{4\pi(D_c/2)^4}=\dfrac{\mu_0I^2L}{16\pi}$。

从而单位长度线芯自感为 $L_i=2W/(I^2L)=\mu_0/(8\pi)=0.5\times10^{-7}$。

而一般计算取 $L_i=0.5\times10^{-7}$ H/m，误差不大。

（2）中低压三相电缆电感。

中低压三相电缆三芯排列为品字形。

根据理论计算

$$M_{12}=M_{21}=M_{13}=M_{31}=M_{23}=M_{32}=M=2\ln(1/S)\times10^{-7}\text{（H/m）}$$

$$L_{11}=L_{22}=L_{33}=L_i+2\ln[1/(D_o/2)]\times10^{-7}\text{（H/m）}$$

其中，M_{12}、M_{21}、M_{13}、M_{31}、M_{23}、M_{32}为互感；L_{11}、L_{22}、L_{33}为各相自感。

根据电磁场理论，各相工作电感为

$$L_1=L_2=L_3=L=\frac{M(I_2+I_3)+L_{11}I_1}{I_1}=\frac{M(-I_1)+L_{11}I_1}{I_1}=L_{11}-M$$

$$L=L_i+2\ln(2S/D_c)\times10^{-7}\text{（H/m）}$$

其中，S为线芯间距离，m；D_c为导线直径，m。

（3）高压及单芯敷设电缆电感。

对于高压电缆，一般为单芯电缆，若敷设在同一平面内（A、B、C三相从左至右排列，B相居中，线芯中心距为S），三相电路所形成的电感根据电磁理论计算如下：

对于中间B相

$$M_{12}=M_{32}=2\ln(1/S)\times10^{-7}\text{（H/m）}$$

$$L_{22}=L_i+2\ln[1/(D_c/2)]\times10^{-7}\text{（H/m）}$$

$$L_2=\frac{M_{12}(-I_2)+I_{22}I_2}{I_2}=L_{22}-M_{12}=L_1+2\ln(2S/D_c)\times10^{-7}\text{（H/m）}$$

对于A相

$$M_{21}=2\ln(1/S)\times10^{-7}\text{（H/m）}$$

$$M_{31}=2\ln(1/2S)\times10^{-7}\text{（H/m）}$$

$$L_{11}=L_i+2\ln[1/(D_c/2)]\times10^{-7}\text{（H/m）}$$

$$L_1=L_{11}+[M_{21}(I_2+I_3)-M_{21}I_3+M_{31}I_3]/I_i=L_i+2\ln\frac{2S}{D_c}\times10^{-7}-\alpha(2\ln2)\times10^{-7}$$

对于C项

$$L_3=L_i+2\ln[1/(D_c/2)]\times10^{-7}-\alpha^2(2\ln2)\times10^{-7}\text{（H/m）}$$

其中，$\alpha=(-1+\mathrm{j}\sqrt{3})/2$；$\alpha^2=(-1-\mathrm{j}\sqrt{3})/2$。

实际运行中，可近似认为

$$L_1=L_2=L_3=L_i+2\ln(2S/D_c)\times10^{-7}\text{（H/m）}$$

同时，经过交叉换位后，可采用三段电缆电感的平均值$L=(L_1+L_2+L_3)/3=L_i+2\ln[2(S_1S_2S_3)]^{1/3}/D_c\times10^{-7}=L_i+2\ln(2\times2^{1/3}S/D_c)\times10^{-7}$（H/m）。

对于多根电缆并列敷设，如果两电缆间距大于相间距离，可以忽略两电缆相互影响。

1.7.3 电缆内容

电缆电容是电缆线路中特有的一个重要参数，它决定着线路的输送容量。在超高压电缆线路中，电容电流可达到电缆的额定电流值，因此高压单芯电缆必须采取交叉互联以抵消电容电流和感应电压。同时，当设计一条电缆线路时，必须确定线路的工作电容。

在距电缆中心 X 处取厚度为 $\mathrm{d}X$ 的绝缘层，单位长度电容为

$$\Delta C = 2\pi\varepsilon_0\varepsilon X / \mathrm{d}X$$

$$\frac{1}{C} = \int_{D_i/2}^{D_c/2} \frac{\mathrm{d}X}{2\pi\varepsilon_0\varepsilon X} = \frac{1}{2}\pi\varepsilon_0\varepsilon \ln(D_i / D_c)$$

即单位长度电缆电容为 $C = 2\pi\varepsilon_0\varepsilon / \ln(D_i / D_c)$，$\varepsilon_0 = 8.86\times10^{-12}$（F/m）。其中，$D_c$ 为线芯直径，D_i 为绝缘外径，ε 为绝缘介质相对介电常数。

【例 1－1】 一条型号 YJW02－64/110－1X630 电缆，长度为 2300m，导体外径 D_c=30mm，绝缘外径 D_i=65mm，线芯在 20℃时导体电阻率 $\rho_{20} = 0.017\ 241\times10^{-6}\Omega\cdot\mathrm{m}$，线芯温度为 90℃，线芯电阻温度系数 α=0.003 93/℃，$k_1k_2k_3k_4k_5 \approx 1$，电缆间距 100mm，真空介电常数 $\varepsilon_0 = 8.86\times10^{-12}\mathrm{F/m}$，绝缘介质相对介电常数 $\varepsilon = 2.5$。计算该电缆的直流电阻，交流电阻、电容。

计算如下：

① 直流电阻，由公式 $R' = \frac{\rho_{20}}{A}[1+\alpha(\theta-20)]k_1k_2k_3k_4k_5$

得到单位长度直流电阻

$$R' = 0.017\ 241\times10^{-6}\times[1+0.003\ 93\times(90-20)]/(630\times10^{-6}) = 0.348\ 9\times10^{-4}\ (\Omega/\mathrm{m})$$

该电缆总电阻为

$$R = 0.348\ 9\times10^{-4}\times2300 = 0.080\ 25\ (\Omega)$$

② 交流电阻，由公式 $X_S^4 = (8\pi f / R'\times10^{-7}k_s)^2, Y_S = X_S^4 / (192+0.8X_S^4)$

得到 $$X_S^4 = 8\times3.14\times50 / 0.348\ 9\times10^{-4}\times10^{-14} = 12.96$$

$$Y_S = X_S^4 / (192+0.8X_S^4)$$

$$Y_P = \left(\frac{X_P^4}{192+0.8X_P^4}\right)\left(\frac{D_c}{S}\right)\left[0.312\left(\frac{D_c}{S}\right)^2 + \frac{1.18}{\frac{X_P^4}{192+0.8X_P^4}+0.27}\right]$$

$$= \left(\frac{12.96}{192+0.8\times12.96}\right)\left(\frac{30}{100}\right)^2\left[0.312\left(\frac{D_c}{S}\right)^2 + \frac{1.18}{\frac{12.96}{192+0.8\times12.96}+0.27}\right] = 0.02$$

单位长度交流电阻及

$$R = R'(1+Y_S+Y_P) = 0.348\ 9\times10^{-4}\times(1+0.064+0.02) = 0.378\times10^{-4}\ (\Omega/\mathrm{m})$$

该电缆交流电阻 $C = 0.378\times10^{-4}\times2300 = 0.869\ 9\ (\Omega)$

③ 电容。

由公式 $C = 2\pi\varepsilon_0\varepsilon / \ln(D_i / D_c)$，得到单位长度电容为

$$C_1 = 2\times3.14\times8.86\times10^{-12}\times2.5/\ln(65/30) = 0.179\times10^{-6}\text{（F/m）}$$

该电缆总电容为　$C = 0.179\times10^{-6}\times2300 = 0.412\times10^{-3}$（F/m）

【思考与练习】

1. 电缆的电气参数有哪些?

2. 电缆的有效电阻是怎样定义的?

电缆的应用

2.1 油纸绝缘电缆应用

本节介绍油纸绝缘电缆的应用发展，尤其是在国网上海市电力公司市区公司的发展和现状。

上海是全世界第三个使用电能的城市，比法国巴黎晚 7 年，比英国伦敦晚 4 个月，但比美国纽约早 4 个月。上海也是世界最早使用地下电缆的几座城市之一。

距离外滩首次亮起 15 盏弧光灯 15 年之后。1897 年（清光绪廿三年）3 月，一条 100V 直流低压路灯电力电缆从乍浦路发电厂入地敷设直至外滩输送电能，采用橡胶绝缘铅包工艺，全长 2.27km。这是上海，乃至华夏中国的第一根地下电缆。它的投运之夜，揭开了中国电力电缆应用史的首页。当时公共租界工部局对道路上架设架空线路限制极严，而地下电缆又价格昂贵，无论是采购、建设还是运维的成本都较高，因而城市电网建设推进十分缓慢。

随着人们对电力认识的加深、接受度逐渐增加，上海用电量上升。1903 年，一批长度为 35km 的 350V 低压电缆被敷设进南京路地下。电缆敷设于地下，不占用地面道路和行人车辆通行空间，且同一地下通道可以同时容纳多条回路，这些优势让地下电缆赖以发展，在车水马龙的上海地下悄悄延伸。

1911 年，坐落于斐伦路（今虹口区九龙路）30 号的新中央电站敷设引出第一条 6.6kV 地下电缆，全长 7.2km（见图 2－1）。此后，法商、华商、闸北和浦东等电气公司相继采用 5.5～6.6kV 电缆线路供电，并逐步建成环形配电网。1912 年又从杨树浦发电厂到九龙变电站一路敷设上龙 1、2、3、4 四根 23kV 统包型油纸绝缘电缆，每条长 8.6km，成为当时国内电压等级最高、线路最长的电缆线路。随后，陆续有杨厂、九龙、昌化、长寿、康定、长宁、黄河变电站等及山西等诸多配电站的投入运行，油纸绝缘电缆广泛地运用在了供电系统中。

图 2－1　公共租界敷设电缆

其中见证了上海蓬勃发展的、谱写了近

乎百年安全运行传奇的就是 H22。H22 退役前作为泵站的进线电缆持续稳定地供电了 99 年。H22 全长 920m，主要为 1915 年安装的西门子公司的 $95mm^2$ 油纸绝缘电缆。

1915 年 1 月，一条当时名为 B22 的电缆在上海投运。B22 作为变电站的进线电源运行了 20 年。1935—1964 年，它曾是上海市百一店的供电电源，而后又作为泵站进线电源，它稳稳妥妥地于黄河路附近的地下运行了 99 年，直至 2014 年 6 月才功成身退（在 20 世纪末，北京路近长沙路附近有个大型市政工程。H22 面临施工配合，根据绘制于 1915 年的图纸，电缆专业在位于地面以下 3m 的地方将 H22 找到并安全地进行了现场施工配合保护）。

沧海一粟，H22 仅是数以万计电缆设备中非常普通的一个，它的超长时间可靠安全运行也是我们市区公司运维管理力量雄厚的一个缩影，同时也是我们市区公司这一百年老店的最好见证。

经过数代电缆运维人员的悉心传承，近百年电缆资料都得以完好保存。历代的电缆测绘人员均会将已使用的破损的图纸进行翻版绘制，确保图纸清晰完整，现在更有电子版资料。这些超龄“高寿”电缆是运行重点关注的对象。

位于山西南路上的已于 2012 年退役的山西配电站投运于 1914 年 1 月 1 日，其出线电缆于 2018 年 8 月进行了大规模保护性挖掘。

经前期资料排摸和现场定位，锁定山西 61、山西 64、山西 71 这几回路电缆的 1–2、2–3、3–4、4–5 区间段于 1914 年 1 月 1 日敷设安装于山西南路地下，型号是 ZLQ02–3×130，原出自 10kV 山西配电站，自 2012 年 5 月山西站停运后，电缆才休止废弃。

山西南路宽 7m，为北向南单行道，东侧有临时停车位。国网上海市电力公司市区供电公司在得到政府相关部门支持下，于 2018 年 8 月 10 日一早设置围栏封闭东侧道路，先打样洞，勘测摸清电缆走向及深度后，沿电缆路径开挖。由于敷设年代久远，开挖沟槽入地深、宽度大，现场不仅需要做好防尘降噪各类文明施工措施，更要做好防塌方工作。8 月 10 日一天挖掘沟槽至电缆盖板，8 月 11 日整理沟槽并取出老旧电缆，8 月 12 日进行道路修复、开放交通。

2018 的盛夏艳阳下，这条沉睡地下休眠 6 年的百岁电缆终于重新呈现在世人眼前（见图 2–2～图 2–6）。

图 2–2　现场出土的电缆盖板

图 2–3　将成排电缆逐根分离清点

图 2-4　电缆切割前的停电确认

图 2-5　电缆切割

现场挖掘的山西 61 等油纸电缆是目前挖掘出土的中国最古老的地下电力电缆了，甚至在世界范围内也是比较罕见的老古董。经切割解剖，山西 61 电缆外表铅包完整，内部油纸油分充足，包裹电缆的油浸纸柔韧完好，没有水分潮气。经测试，这些百年电缆性能仍然达标，如果接线敷设，还可以继续投入运行。

由于技术的迭代，电缆专业也逐步从以油纸绝缘电缆为主发展到交联聚乙烯电缆，但对于仍存在于 10kV 电压等级的油纸电缆，也将继续从源头抓起，确保它们的可靠供电。

图 2-6　104 岁的油纸电缆

2.2　交联聚乙烯电缆应用

本节介绍交联聚乙烯电缆发展，尤其是在国网上海市电力公司市区公司的发展和现状。

1975 年第一条交联聚乙烯电缆 YJLV × $240mm^2$ 投入运行，开启了国网上海市电力公司市区公司电缆专业的新纪元。

伴随着上海电力的蓬勃发展，国网上海市电力公司市区公司电缆的运行千米数也从一百多年前的数千米发展到目前的 10 000 多千米。据 2019 年 7 月统计，上海电网 35kV 电缆化率达到 75.31%，10kV 电缆化率 68.85%。市区电网 35kV 电缆化率 99.49%，10kV 电缆化率 91.12%，这两项数据均为电力公司之冠。

从图 2-7～图 2-9 中可以清晰地看出交联聚乙烯电缆逐渐成为电缆的主流。在经历了始发于 1992 年的交联聚乙烯电缆建设高峰后，最早一批的交联聚乙烯电缆也进入了更新迭代阶段。

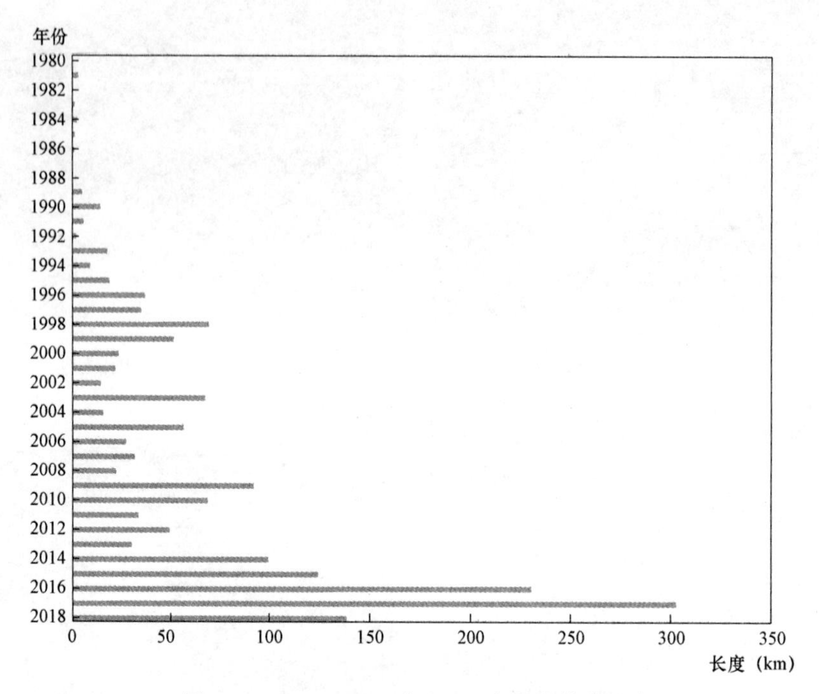

图 2－7　1980～2018 年 35kV 在用电缆总长度

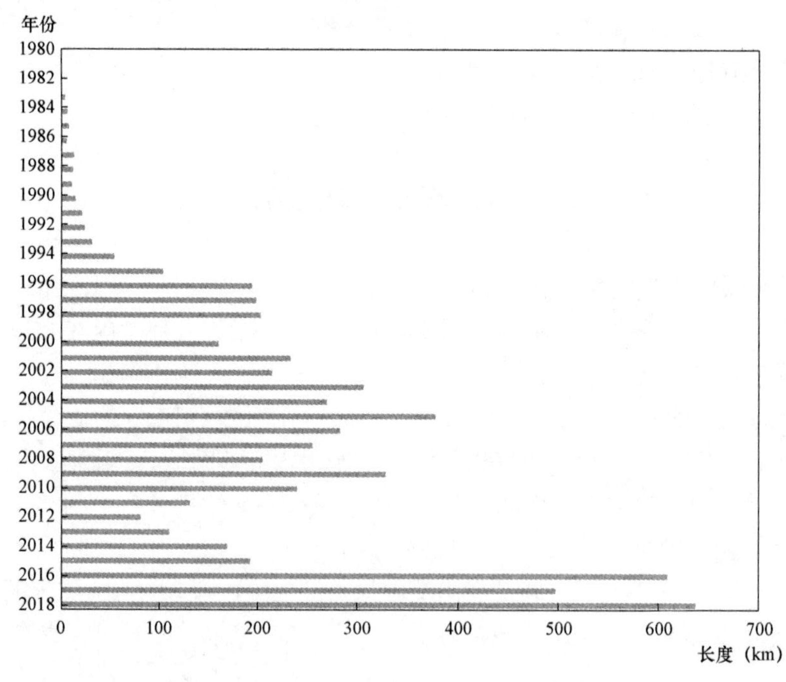

图 2－8　1980～2018 年 10kV 在用电缆总长度

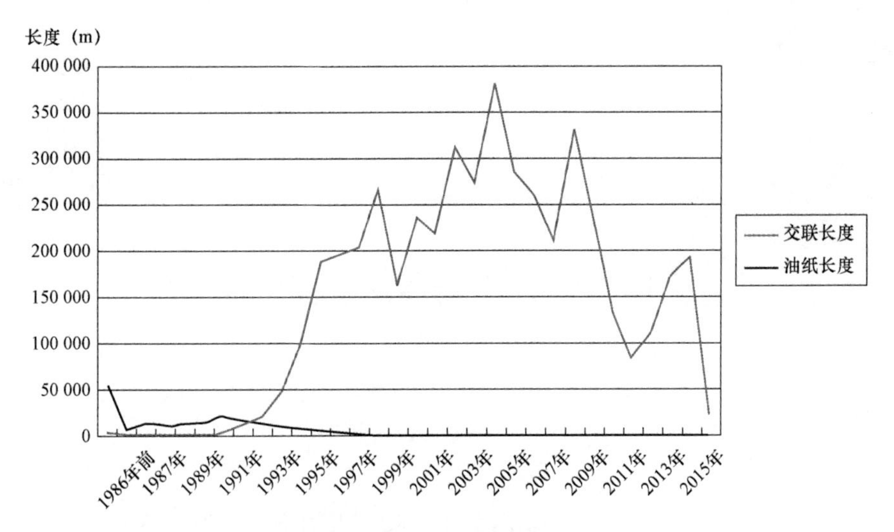

图 2－9　近 30 年电缆年增长长度

3 电力电缆专业知识、绘图

3.1 电缆结构图

本节介绍各种电缆结构图的识、绘图基本知识。通过要点讲解、图形示例，熟悉各类不同电压等级、不同型号的常用电力电缆结构，掌握常用各类电力电缆结构图的绘制方法。

3.1.1 概述

（1）电力电缆的结构。常用的电力电缆主要由导电线芯（多芯）、绝缘层和保护层三部分组成，其结构如图 3－1 所示。

（2）电力电缆结构图的特点。一般用纵向剖视图来表示电缆的基本结构，它概要地表示了电缆导电芯、绝缘层与保护层之间的位置、形状、尺寸及相互关系。

（3）电力电缆结构图的基本绘制。电力电缆结构图依据 GB/T 4728—2006《电气简图用图形符号》的一般规定，按一定的比例、以一组分层同心圆来表示电缆的截面剖视。用粗实线绘制，并用指引线标识和文字具体说明图示结构，如图 3－2 所示。

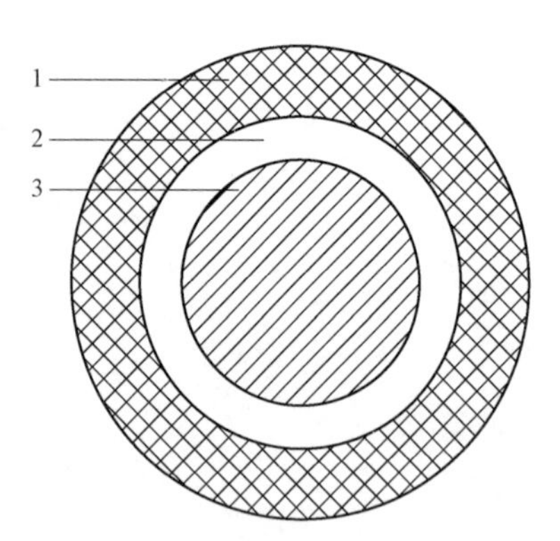

图 3－1　单芯交联聚乙烯电力电缆的基本结构绘制图

1—聚氯乙烯护套；2—交联聚乙烯绝缘层；3—导电线芯

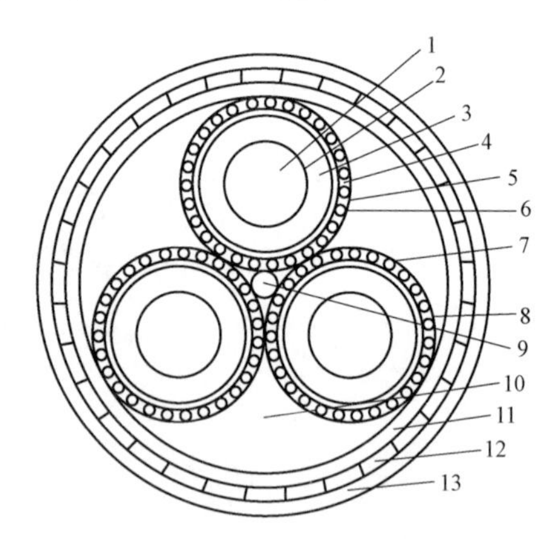

图 3－2　三芯交联聚乙烯电缆的结构绘制图

1—导体；2—内屏蔽；3—交联聚乙烯绝缘；4—外屏蔽；5—保护带；6—铜丝屏蔽；7—螺旋铜带；8—塑料带；9—中心填芯；10—填料；11—内护套；12—铠装层；13—外护层

3.1.2 常用电力电缆结构图

（1）YJV22－1kV 4 芯电力电缆结构断面示意图如图 3－3 所示。

（2）ZLQ22－10kV 三芯油纸绝缘电力电缆结构断面示意图如图 3－4 所示。

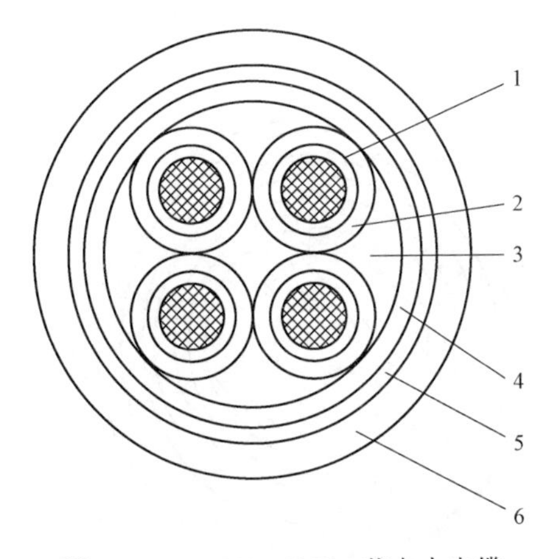

图 3－3 YJV22－1kV 4 芯电力电缆结构断面示意图

1—铜导体；2—聚乙烯绝缘；3—填充物；4—聚氯乙烯内护套；5—钢带铠装；6—聚氯乙烯外护套

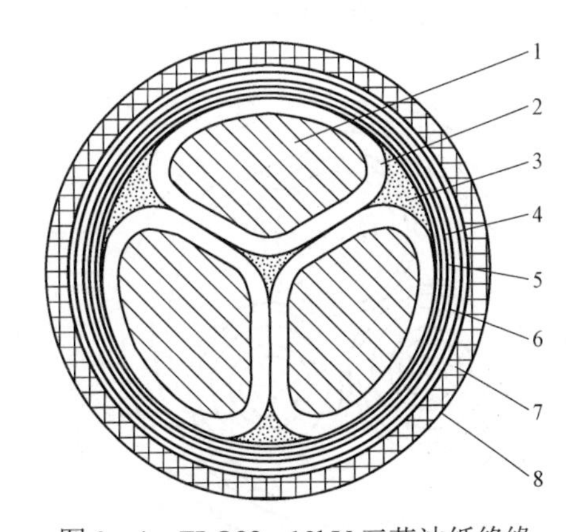

图 3－4 ZLQ22－10kV 三芯油纸绝缘电力电缆结构断面示意图

1—铝导体；2—芯绝线；3—填料；4—带绝线；5—铅套；6—内衬垫；7—钢带铠装；8—外护套

（3）CYZQ102－220kV 单芯充油电缆结构示意图如图 3－5 所示。

（4）XLPE－500kV 1×2500m² 交联电缆结构示意图如图 3－6 所示。

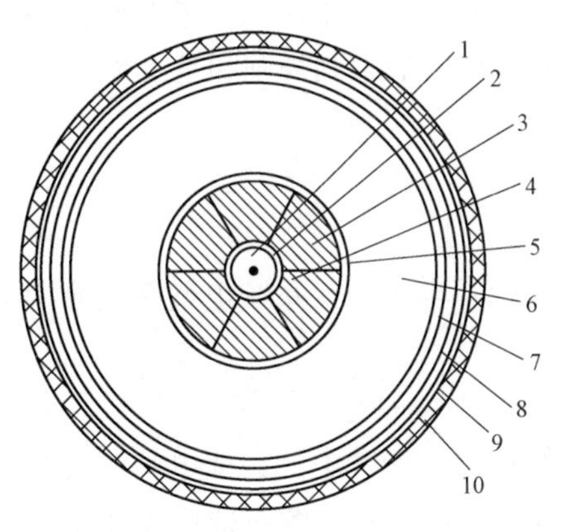

图 3－5 CYZQ102－220kV 单芯充油电缆结构图

1—油道；2—螺旋体；3—导体；4—分隔纸带；5—内屏蔽层；6—绝缘层；7—外屏蔽层；8—铅护套；9—加强带；10—外护套

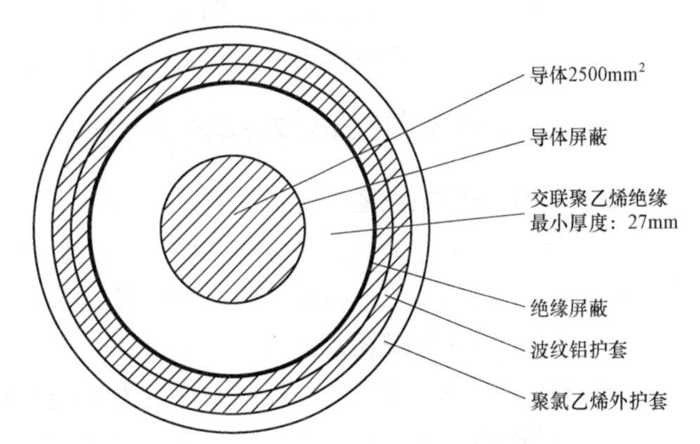

图 3－6 XLPE－500kV 1×2500m² 交联电缆结构示意图

【思考与练习】

1. 试述常用的适应直埋敷设的 10kV 三芯交联电缆和适应排管敷设的 110kV 单芯交联

聚乙烯绝缘电缆的基本结构由哪几部分组成？

2. 图 3－7 所示为 YJV22－10kV 三芯交联聚乙烯绝缘电缆的结构断面示意图，请指出其由哪些部分组成？

3. 图 3－8 所示为 CYZLW03－220kV 单芯皱纹铝护套充油电缆结构示意图，请指出其由哪些部分组成？

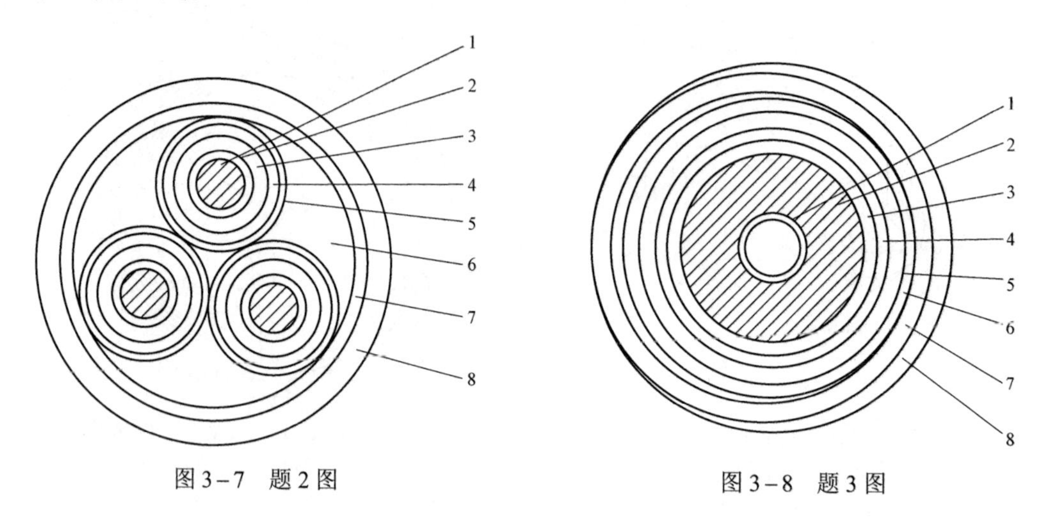

图 3－7　题 2 图　　图 3－8　题 3 图

3.2　电 气 系 统 图

本节介绍电气系统图的识、绘图基本知识。通过要点讲解、图形示例，熟悉电气系统图的分类及特点，掌握电气系统图的识读方法、电气系统图一般绘制规则和基本步骤。

3.2.1　电气系统图的识读基础

3.2.1.1　电气系统图的分类

电气系统图可分为一次系统电气图和二次系统电气图，电力一次系统电气图又分为电力系统的地理接线图和电力系统的电气接线图。

3.2.1.2　电气系统图的特点

通常电气系统接线图主要反映整个电力系统中系统特点，如发电厂、变电站的设置，相互之间的连接形式，正常运行方式等，常用地理接线图和电气接线图两种形式来表示。

电气系统地理接线图主要显示整个电力系统中发电厂、变电站的地理位置，电网的地理上连接、线路走向与路径的分布特点等；电力系统电气主接线图主要表示该系统中各电压等级的系统特点，发电机、变压器、母线和断路器等主要元器件之间的电气连接关系。

3.2.1.3　电气系统图的识读

（1）电力系统的地理接线图：

1）电力系统的地理平面接线图。在地理接线图的平面绘制中，选用特定图例来表示，详细绘制出电力系统内部各发电厂、变电站的相对地理位置，电缆、线路按地理的路径走向相连接，并按一定的比例来表示，但不反映各元件之间的电气联系，通常和电气接线图配合使用。

某电力系统地理接线图如图 3－9 所示。

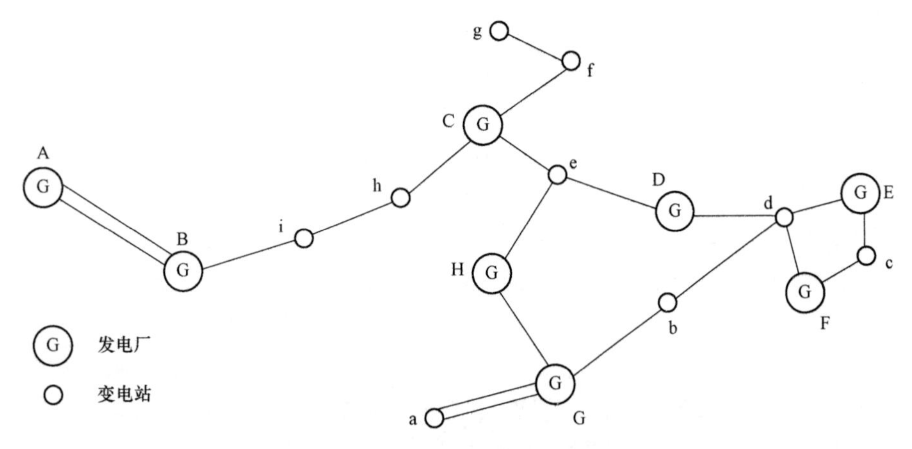

图 3－9　某电力系统地理接线图

2）电力系统地理接线图的特点。电力系统地理接线图分为无备用接线和有备用接线两种，特点如下：

a. 无备用接线以单回路放射式为主干线图形。图 3－9 中，发电厂 C—变电站 f—变电站 g 为无备用单回路放射线路。

b. 有备用接线图以双回路、环网接线和双电源供电网络的图形。图 3－9 中发电厂 A、B 之间的线路、发电厂 G 和变电站 a 之间的线路为有备用双回路接线；发电厂 D—变电站 d—变电站 b—发电厂 H—变电站 e—发电厂 D 构成的环网接线；发电厂 D—变电站 d—变电站 b—发电厂 G—发电厂 H—变电站 e—发电厂 D 构成的大环网接线；发电厂 H—变电站 b—发电厂 G—发电厂 H 构成的子环网接线；发电厂 E—变电站 c—发电厂 F—变电站 d—发电厂 E 构成的子环网接线；发电厂 B—变电站 i—变电站 h—发电厂 C 之间的线路为双电源供电网络。

c. 以单实线表示架空线，或单虚线表示电缆与发电厂与变电站节点连接。

d. 用文字说明连接特点和互相关系。

3）电力系统地理接线图的绘制与识读。

a. 地理接线图中图标的选定。可按 GB/T 4728 中的发电厂、枢纽变电站、地区变电站等图例正确选用，也可特定设置新未投运、在建规划的发电厂、变电站的图标、图例来绘制。

b. 根据区域地理图示，绘制出电力系统内部各发电厂、变电站的相对地理位置，以发电厂、变电站的在建地点设定图例进行标志。

c. 以实线表示架空线或虚线表示电缆，与发电厂与变电站进行节点连接，按电缆、线路的回路数、按出线的路径和走向正确绘制。

d. 在地理接线图中要设定比例、地理方向坐标、省市界线、江河岸线、铁路、桥梁等标志物及特定地理标高，完整表示出电厂与变电站的地理分布、系统接线和输变电网的架构。

e. 在大城市中心区域电网、全电缆地理接线图中，还要按电缆施工的要求，以规定图例清晰绘制出电缆敷设的隧道、排管、桥架、直埋、工井、区间泵房等相关设施和具体地理位置和分布走向，并用不同标色分色图示。

（2）电力系统的电气接线图：

1）电力系统的电气接线主要表示各电压等级的输变电网的基本特点，一次系统的电气设备（如发电机、变压器、母线和断路器等）主要元器件之间的电气连接关系。

2）电力系统电气接线图的识绘特点：

a. 电气接线图以平面形式，按一定的比例，运用发电机、主变压器、母线等元件符号，详细地表示各主要电气元件之间的电气联系，一般用单线图来绘制。

b. 选用特定图标来表示系统内各类发电厂、枢纽变电站、地区变电站，输配电网的基本架构和分布，并将各级电网也用单线连接来反映系统的正常运行状态。

c. 一次电气设备图标即 GB/T 4728 规定的电气设备用图形符号（见表 3－1）。通常是以表示发电机、变压器、断路器、隔离开关、母线等一次电气设备的概念图形、标记或字符。它由符号要素、一般符号、限定符号和方框符号组成，识绘时要正确选用和识读。

表 3－1　　部分电气设备符号图

符号	设备	符号	设备
G ~	发电机		双绕组变压器
CS	调相机		三绕组变压器
M ~	电动机		自耦变压器
	电灯		水轮机汽轮机

d. 电力系统电气主接线图是电力系统的一次系统的功能概略。

e. 采用 GB/T 4728 规定的电气符号或带注释的方框符号、单线表示等图示形式。

f. 概略表示系统、子系统、局部电网成套装置设备等各项目之间相互关系及其主要特征。

g. 采用单线法表示多线系统或多相系统之间信息流程、逻辑的主要关系。可作为编制详细的功能、电路、接线等图的依据。

3.2.2　电气系统图一般绘制规则

（1）根据 GB/T 6988—2008、GB/T 4728 等电气工程制图基本方法，电力电缆工程测绘、安装、敷设、运行、检修等工程实践特点，符合国家标准、行业、企业一般规则、规程和技术要求，并结合本地区、本单位的专业特点进行绘制。

（2）电气一次系统接线图的绘制通常为单线图，即用单实线描绘等值一相电路图来表示三相电路的系统连接。

（3）以正常运行状态绘制电气系统的主接线，运用标准的一次设备的图例，断路器和隔离开关的图形符号，一般以断开位置画出，也可以按系统的典型常用运行方式表示。如图 3－10 所示。

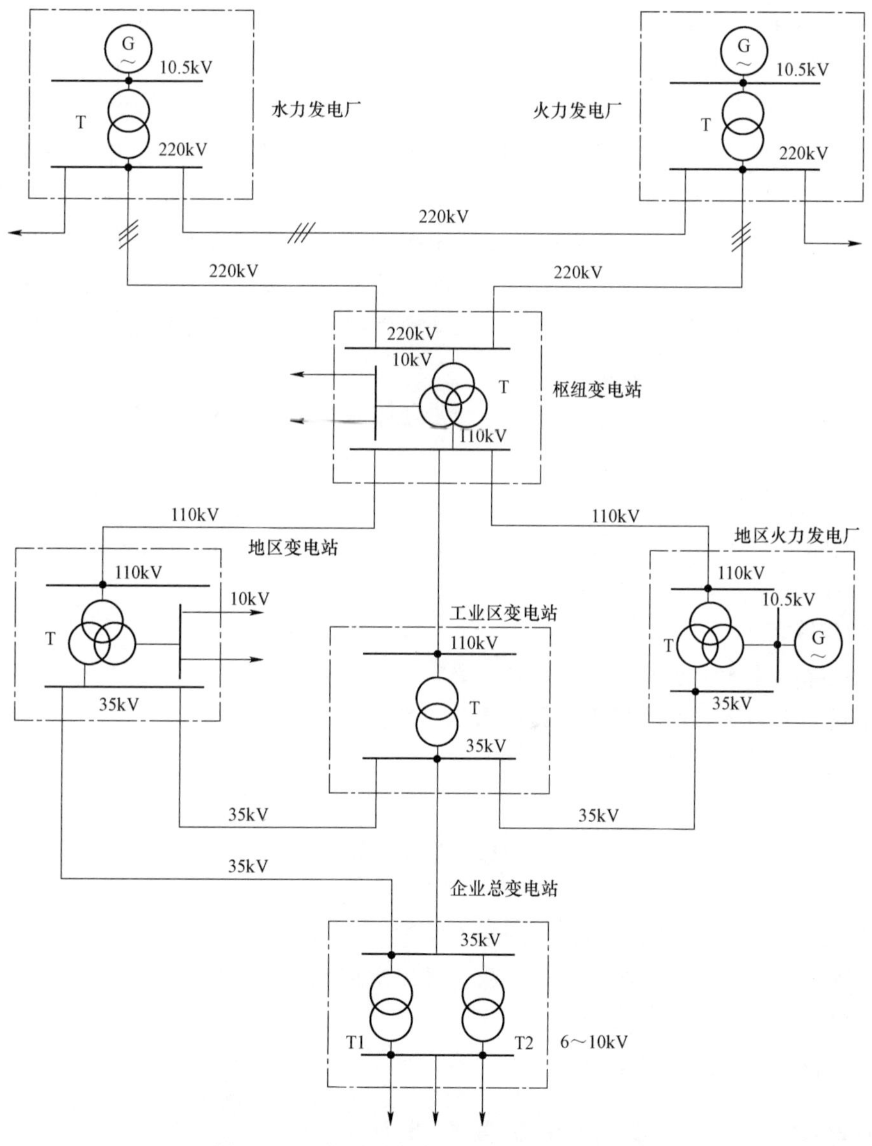

图 3－10　典型的电力系统一次电气系统图

3.2.3　电气系统图绘制的基本步骤

（1）根据需要绘制电气系统图的大小，按比例确定图纸幅面。

（2）按所绘的图形与实际元件几何尺寸的比值确定比例，地理平面图采用“方向标志”表示指北向，并确定地理标高。注意相对标高与敷设标高之间的关系，用地理标高线和数据表示。

（3）图幅的分区方法是以图纸相互垂直的两边各自等分，分区的数目以视图的复杂程度而定。一般按位置布局图面，按功能相关性合理分布，按电路原理接线顺序布局。为了阅读方便，电气系统图一般的规定是按上北下南布置，以细实线绘出的方格坐标对应。

（4）电气系统图确定绘制中常用的图线类别和粗细，并注重图线的虚、实线的运用；以实线表示架空线，以虚线表示电缆，并按规定标出电缆终端接头的图标。

（5）先按比例确定发电厂、变电站地理位置和母线，再与系统、发电厂、变电站主接线的母线进行连接，按电缆、线路的回路数、出线的路径和走向正确绘制；或者在图线上加限定符号表示用途，形成新的图线符号。

（6）发电厂、变电站主接线以电力电缆引出线并与架空线相连接时，电缆以变电站为起点，与架空线连接点为终点，应表示出电缆与架空线连接点的地理位置和距离，并特定标注，以便电缆线路需停役、检修时，可以从电气接线图上直接得知必须拉开的杆上隔离开关的名称、检修区域和具体位置。

（7）在全电缆系统的电气接线图中，通常还附录电缆图册表，补充表示了一次电气设备或装置的结构单元之间所敷设电缆的全部信息，包括电缆路径的隧道、排管、桥架等敷设信息，并加注电缆的项目代号。

（8）图面上的文字、字母及数字，书写必须端正、清楚，排列整齐，间隔均匀，外文标注应有译注。

【思考与练习】

1. 电气系统图的分类、基本特点是什么？
2. 请说明电力系统的地理平面接线图识读要点。
3. 电气系统图一般绘制规则有哪些？

3.3　电气接线图

本节介绍电气接线图的识图、绘图基本知识。通过要点讲解、图形示例，熟悉电气主接线图的特点、分类和基本形式、图形和符号，掌握电气主接线图识、绘图的一般规则、基本方法和步骤。

电压等级着色规范见表 3－2。

表 3－2　　电压等级着色规范

电压等级	颜色描述	带电运行颜色	失电颜色
500kV	褐黄色	——	——

续表

电压等级	颜色描述	带电运行颜色	失电颜色
220kV	宝蓝色		
110kV	大红色		
35kV	姜黄色		
10kV	翠绿色		
6kV	黄绿色		
0.4kV	湖蓝色		

发电厂、变电站图例见表3－3。

表3－3　　　　发电厂、变电站图例

序号	设备类型	调操内图形符号	图形符号	是否与调操存在差异	是否按电压等级着色	状态定义	备注
1	变电站	站名	站名	否	√		
2	发电厂		系统内无此图符	是	√		
3	110kV及以上使用用户站	用户名	用户名	否	√		
4	35kV及以下使用用户站	用户名称	用户名	是	√		
5	环网箱（站、柜）	铭牌名	铭牌名	否	√		
6	分支箱	××××	××××	否	√		××××指分支箱铭牌

线路图例见表3－4。

表3－4　　　　线　路　图　例

序号	设备类型	调操内图形符号	PMS系统内图形符号	是否与调操存在差异	是否按电压等级着色	状态定义	备注
1	架空线路			否	√		
2	电缆			否	√		
3	跨越			否	√		
4	跨接线拆断			否	√	开	
5	跨接线接通			否	√	合	

续表

序号	设备类型	调操内图形符号	PMS系统内图形符号	是否与调操存在差异	是否按电压等级着色	状态定义	备注
6	高供高量线路	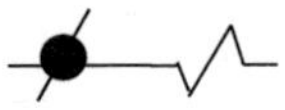	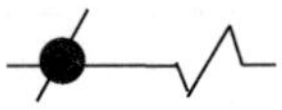	否	√	合	
7	高供低量线路	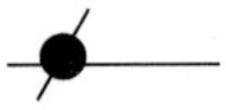	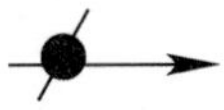	是	√	合	
8	高供高量电缆			否	√	合	
9	高供低量电缆			是	√	合	

变压器、电压互感器、电流互感器图例见表3-5。

表3-5　　变压器、电压互感器、电流互感器图例

序号	设备类型	调操内图形符号	PMS系统内图形符号	是否与调操存在差异	是否按电压等级着色	状态定义	备注
1	三绕组主变压器	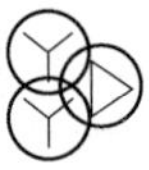	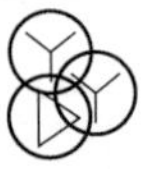	否	√		三绕组主变压器 110/35/6 Ydy
			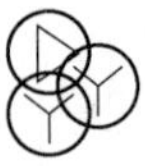	否	√		三绕组主变压器 220/110/35 Dyy
			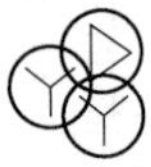	否	√		三绕组主变压器 220/110/35 Yyd
			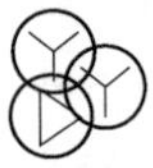	否	√		三绕组主变压器 220/110/35 Yyd
			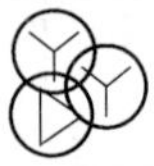	否	√		三绕组主变压器 220/110/35 Yyd
2	三绕组有载调压主变压器	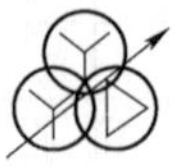	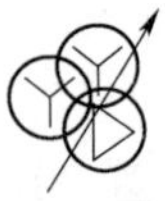	否	√		三绕组有载调压主变压器 220/110/35 Yyd
			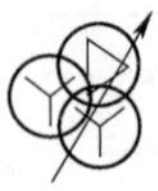	否	√		三绕组有载调压主变压器 10/35/10 Ydy
				否	√		三绕组有载调压主变压器 10/35/10 Ydy
			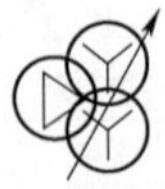	否	√		三绕组有载调压主变压器 110/35/10 Ydy

续表

序号	设备类型	调操内图形符号	PMS 系统内图形符号	是否与调操存在差异	是否按电压等级着色	状态定义	备注
2	三绕组有载调压主变压器	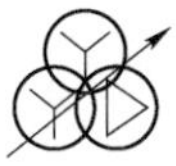		否	√		三绕组有载调压主变压器 110/35/10 Ydy
			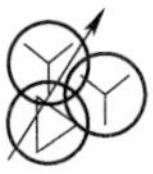	否	√		三绕组有载调压主变压器 110/35/10 Ydy
			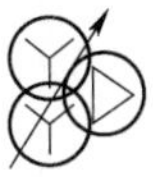	否	√		三绕组有载调压主变压器 10/10/6 Yyd
			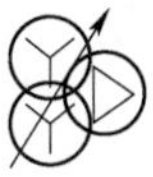	否	√		三绕组有载调压主变压器 110/35/10 Ydy
			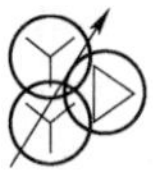	否	√		三绕组有载调压主变压器 110/10/6 Yyd
3	双绕组主变压器			否	√		双绕组主变压器 35/10 Yd
			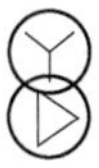	否	√		双绕组主变压器 110/35 Yd
			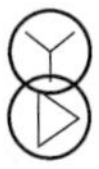	否	√		双绕组主变压器 220/35 Yd
			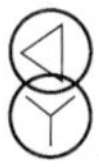	否	√		双绕组主变压器 50/35 Dy
			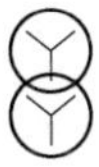	否			双绕组主变压器 110/10 Yy
4	双绕组有载调压主变压器	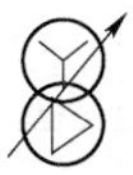		否	√		双绕组有载调压主变压器 35/10 Yd
			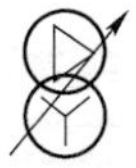	否	√		双绕组有载调压主变压器 35/10 Dy
			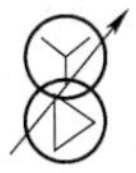	否	√		双绕组有载调压主变压器 110/35 Yd

续表

序号	设备类型	调操内图形符号	PMS 系统内图形符号	是否与调操存在差异	是否按电压等级着色	状态定义	备注
5	自耦主变压器			否	√		自耦主变压器 1
				否	√		自耦主变压器 2
6	单绕组有载调压自耦主变压器		系统中无此图符	是	√		
7	配电变压器	箱式变电站		否	√		配电变压器
				否	√		配电变压器
		环网箱式变电站		否	√		配电变压器
8	站用变压器			否	√		应改为
9	杆变压器			否	√		杆变压器
10	电流互感器			否	√		
11	接地变压器			否	√		
12	双绕组电压互感器			是	√		
13	三绕组电压互感器			是	√		

闸刀图例见表 3-6。

表 3-6 闸 刀 图 例

序号	名称	调操内图形符号	PMS 系统内图形符号	是否存在差异	是否按电压等级着色	状态定义	更改说明
1	隔离闸刀			否	√	开	
				否	√	合	

续表

序号	名称	调操内图形符号	PMS 系统内图形符号	是否存在差异	是否按电压等级着色	状态定义	更改说明
2	负荷隔离闸刀			否	√	开	
				否	√	合	
3	带熔丝的负荷隔离闸刀	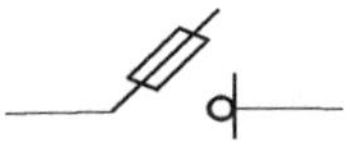	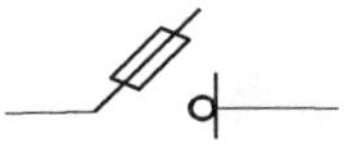	否	√	开	
		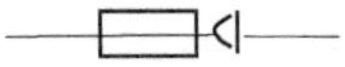	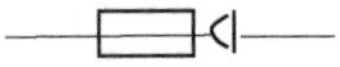	否	√	合	
4	杆上闸刀		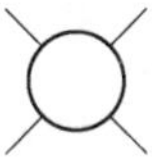	否	√	开	
		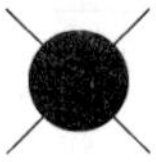		否	√	合	
5	杆上负荷闸刀			否	√	开	
				否	√	合	
6	车式闸刀			否	√	开	
				否	√	合	
7	三位置闸刀表示	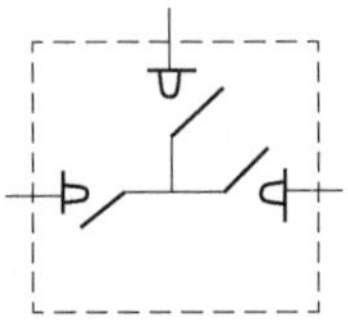	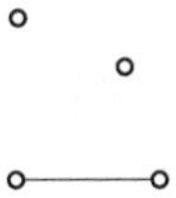	是	√	接地	

熔丝图例见表 3-7。

表 3-7　　熔　丝　图　例

序号	名称	调操内图形符号	PMS 系统内图形符号	是否存在差异	是否按电压等级着色	状态定义	更改说明
1	自落熔丝	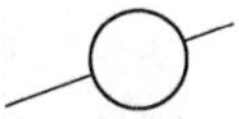	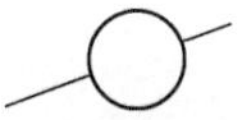	否	√	开	
				否	√	合	

续表

序号	名称	调操内图形符号	PMS 系统内图形符号	是否存在差异	是否按电压等级着色	状态定义	更改说明
2	自合熔丝			否	√	开	
				否	√	合	
3	负荷熔丝			否	√	开	
				否	√	合	
4	熔断器			否	√		

开关图例见表 3-8。

表 3-8　　开　关　图　例

序号	名称	调操内图形符号	PMS 系统内图形符号	是否存在差异	是否按电压等级着色	状态定义	更改说明
1	开关			否	√	开	
				否	√	合	
2	杆上开关			否	√	开	
				否	√	合	
3	车式开关			否	√	开	
4				否	√	合	

其他图形符号见表3–9。

表3–9　　　　　　　　　　其 他 图 形 符 号

序号	名称	调操内图形符号	PMS系统内图形符号	是否存在差异	是否按电压等级着色	状态定义	更改说明
1	架空搭头			否	√		
2	对地间隙			否	√		
3	电缆头			否	√		
4	避雷器			否	√		
5	消弧线圈			否	√		
6	接地			否	√		
7	接地电阻	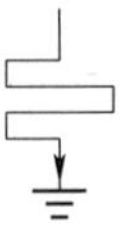	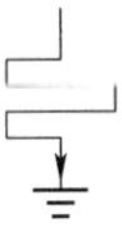	否	√		
8	电抗器			否	√		
9	电容器			否	√		

3.4 电 气 主 接 线

3.4.1 电气主接线图概述

电气主接线图主要反映电力系统一次设备的基本组成和电路连接关系。它包括电力系统电气主接线图、发电厂及变电站电气主接线图等。它表示了等值的电力系统、输电网、配电网、各类变（配）电站等一次主接线的结构。可以图示多电压等级电网的主接线连接，也可以表示单一电压等级的电网主接线、单个变电站电气主接线的分布。本节主要介绍电力系统及典型变电站的电气主接线。

（1）电气主接线图的特点、分类和基本形式：

1）变电站主接线图的特点。常用典型变电站电气主接线图是指由电力主变压器、母线、各类断路器、隔离开关、负荷开关、进出架空线、电力电缆、并联电容器组等一次电气设备，按一定的次序连接、汇集和分配电能的电路组合。它是选择电气设备、确定配电装置、安装调试、运行操作、事故分析的重要依据。

2）变电站的电气主接线图分为有母线和无母线两种结构。

3）常用典型的变电站电气主接线基本形式有单母线型、双母线型、桥形接线和线路变压器组四种。

（2）电气主接线图的图形和符号。电气主接线图的设备图形包括图标和图例。

1）一次电气设备图标。通常是用 GB/T 4728 规定的图标来表示一次电力设备（如发电机、变压器、母线、断路器、隔离开关、负荷开关等），或者以表示电力系统运行方式（如中性点经消弧线圈、小电阻接地等）的图形符号来图示说明。它由符号要素、一般符号、限定符号和方框符号组成。

2）图形符号的组成。

符号要素：具有确定意义的简单图形，通常表示电器元件的轮廓或外壳。

一般符号：表示此类设备或此类产品特征的一种简单的图形符号。

限定符号：提供附加信息的一种加在其他符号图形上的补充符号（如变压器一次、二次绕组的接线组别等）。

方框符号：表示设备、元件等的组合及其功能。其既不给出元件、设备的细节，也不考虑所有连接。

3.4.2 电气主接线图绘制与识读基础

3.4.2.1 电气主接线图绘制的一般规则、基本方法和步骤

（1）图标的选定。电气主接线图绘制一般要求选用 GB/T 4728 规定的图标，也可以参看前文给出的常用一次电气设备的图形、一般符号和文字符号。

（2）选用国家标准规定图例正确绘制。

（3）变电站电气接线图的绘制以平面图示形式，按一定的比例，根据各电压等级的输、配电网的基本特点，以变电站电气主接线的基本架构来表示，并按电路原理的次序连接一次系统的电气主设备。

（4）在绘制时，正确表示电力主变压器运行方式，高、低压侧母线分段运行的形式。

（5）反映与电力系统的联络、电源侧的进线回路数，用等值单相电路来表示三相电路的形式，并用单一实线来绘制的电力系统连接图。

（6）以实线表示架空线，以虚线及终端接头符号表示电缆，并与发电厂或变电站进行节点连接，以正常运行方式来绘制电气一次设备的连接、断路器和隔离开关的分、合闸状态，及进出线回路的路径与走向，必要时用文字、数字或专用代号标注说明。

（7）断路器和隔离开关的图形符号，一般以断开位置画出，也可以按系统的典型常用运行方式表示，并用文字特别指明。

3.4.2.2 电气主接线图识读的一般规则、基本方法和步骤

（1）电气主接线图识读一般规则。首先按电路基本原理进行分析、阅读，按电能汇集

和分配的流动方向展开释读。

（2）电气主接线图识读基本方法：

1）以先易后难，先释读一次接线结构、后分析二次接线原理为原则；

2）按图面布局释读，一般宜从上到下、从左到右；

3）搞清回路的构成、各元器件的联系和控制关系，后理解一次设备运行状态、投入和退出等停复役装置动作情况。

（3）电气主接线图识读的基本步骤：

1）根据总图的设计说明，正确理解电气主接线的基本架构和特点；

2）确认电力变压器的类型、电压变换等级、接线组别、分列或并列运行方式；

3）系统电源的注入，进线、联络线的距离、走向及回路数；

4）各级电压母线的分段和并列运行方式；

5）变电站一次设备的基本组成和连接。

3.4.3 电气主接线的基本形式

（1）单母线接线：

1）单母线接线图如图 3－11（a）所示。

2）一组汇流母线 W，也称主母线，每条回路通过一台断路器 QF 和两台隔离开关 QSW、QSL 与汇流母线相连。

3）每一回路应配置一台断路器 QF，断路器两侧应配置隔离开关 QSW 和 QSL。

4）图中靠近母线侧的隔离开关 QSW 称为母线隔离开关，靠近出线侧的隔离开关 QSL 称为出线隔离开关。

5）QSO 为接地开关。

（2）单母线分段接线图。如图 3－11（b）所示，采用单母线分段接线时，从不同分段引接电源供电，实现双路供电。

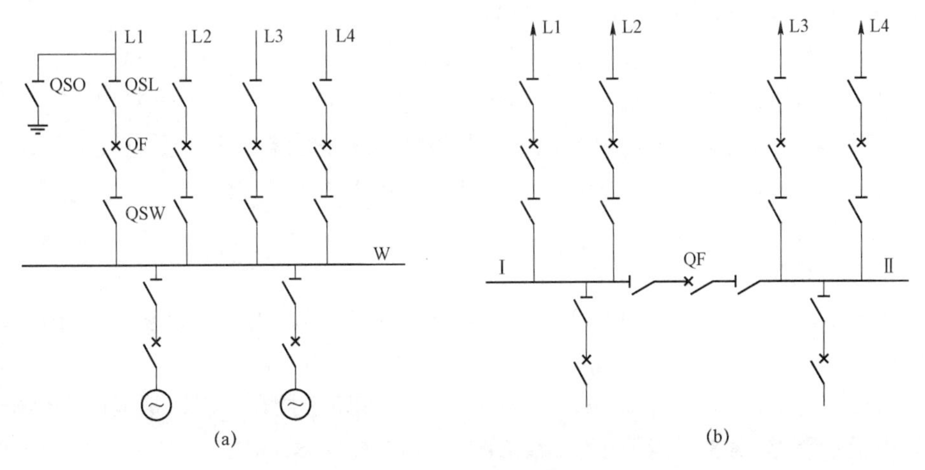

图 3－11　单母线接线

（a）单母线接线图；（b）单母线分段接线图

当母联断路器 QF 闭合时，两段汇流母线并联运行，提高了运行可靠性；当母联断路器 QF 断开时，两段汇流母线分裂运行，可减小故障时的短路电流。

（3）双母线主接线图。双母线接线如图 3－12（a）所示。

1）双母线接线具有 W1、W2 两组汇流母线。

2）每回路通过一台断路器和两组隔离开关分别与两组汇流母线相连。

3）两组汇流母线之间通过母线联络断路器（简称母联）QF 相连。

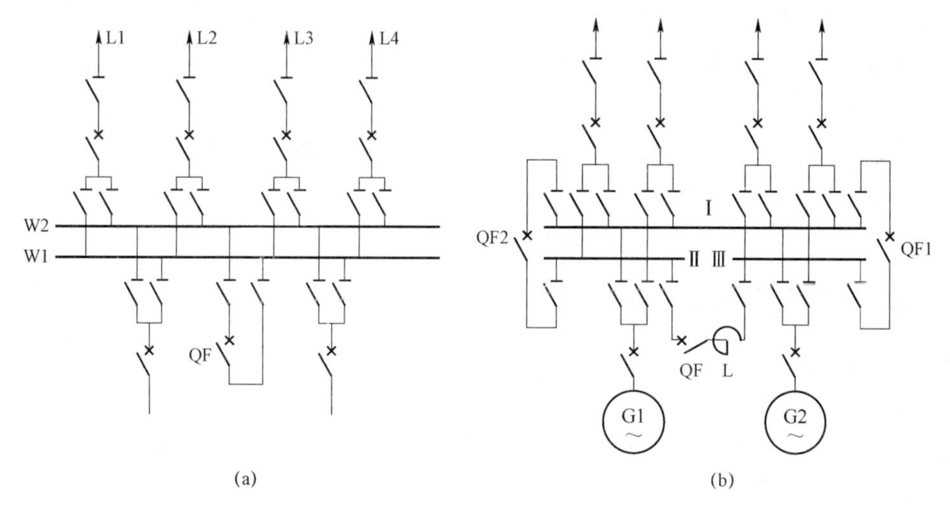

图 3－12 双母线接线

（a）双母主接线图；（b）双母分段主接线图

（4）双母线分段主接线图。双母线分段主接线如图 3－12（b）所示。

1）汇流母线Ⅰ、Ⅱ之间和Ⅰ、Ⅲ之间，通过母线联络断路器 QF1、QF2（简称母联）相连。

2）母线Ⅱ、Ⅲ之间分段，并通过母线联络断路器 QF 与限流电抗器 L 相连。

3）分组进出线，构成单元制分组供电形式。

4）适应多种运行方式，有较高的可靠性和灵活性，故障后可迅速恢复供电。

（5）桥形接线图。为了保证对一、二级负荷进行可靠供电，在 110kV 以下电压等级的变电站中广泛采用由两回电源线路受电，并装设两台主变压器，即桥形电气主接线。

桥形接线分为外桥、内桥和全桥三种，如图 3－13 所示。

桥形主接线图的特点释读如下：

1）桥形接线为无汇集母线类接线。

2）在图 3－13（a）、图 3－13（b）中，WL1、WL2 为两回电源线路，经过断路器 QF1 和 QF2 分别接至变压器 T1 和 T2 的高压侧，向变电站送电。

3）桥电路上的断路器 QF3（如桥一样）将两回线路连接在一起，形成两个供电单元。

4）由于断路器 QF3 可能位于线路（或变压器）断路器 QF1、QF2 的内侧或外侧，故又分为内桥和外桥接线两种形式。

5）两种桥形接线形式所用的断路器数目相同，在正常情况下，两种接线的运行状态也基本相同。

6）当检修或故障时，两种桥形接线的运行状况有很大的区别。

7）适用全封闭 SF_6 组合开关、有两进两出回路的配电变电站，城市电网广泛采用内桥接线。

8）在图 3-13（c）中，线路和变压器均没有断路器，又称为全桥接线。

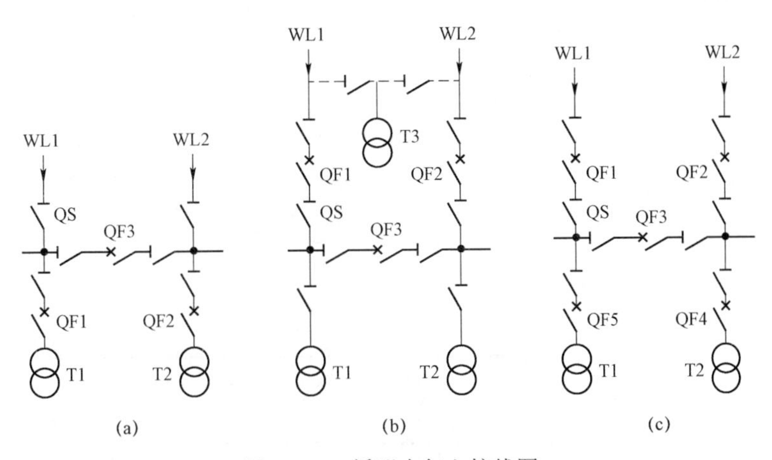

图 3-13　桥形电气主接线图

（a）外桥接线；（b）内桥接线；（c）全桥接线

（6）线路一变压器组接线图。如图 3-14 所示，电源只有一回线路供电，变电站仅装设单台变压器运行。当电网没有特殊要求时，一般宜采用线路一变压器组接线方式。现释读如下：

1）适用于终端变电站的主接线形式。

2）根据电网的运行要求，主变压器的高压侧可以装设隔离开关 QS、高压跌落式熔断器 FU 或高压断路器 QF 三种形式来接受上级电源进线。

3）多用于仅有二、三级负荷的线路终端的变电站，或小型 35kV 或 10kV 的用户变电站等。

4）在采用电缆连接的城市中心输、配电网中，经常运用电缆作为变电站进出接线，其中线路—变压器组是最典型的终端变电站电气主接线方式。

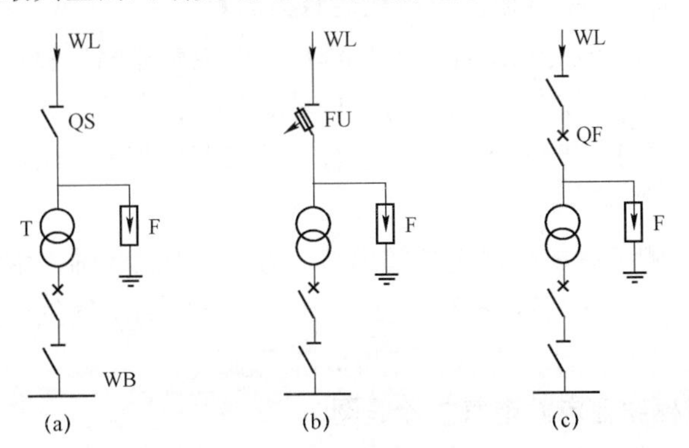

图 3-14　线路—变压器组电气主接线图

（a）进线为隔离开关；（b）进线为跌落式熔断器；（c）进线为断路器

3.4.4 典型变电站的电气主接线例图分析

3.4.4.1 35/6（10）kV 典型终端变电站供电系统电气主接线

35/6（10）kV 供电系统接线如图 3－15 所示。

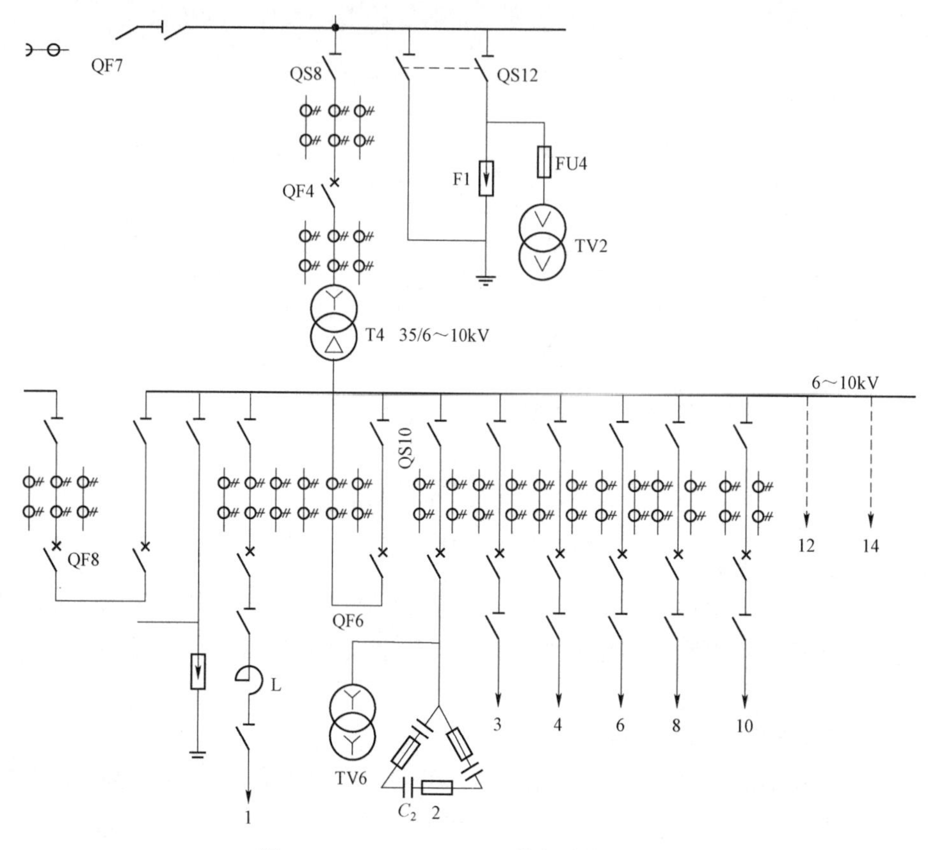

图 3－15 35/6（10）kV 供电系统接线图

（1）高压侧采用外桥式主接线，有双电源输入，为 2 回 110kV 电缆（或架空线）进线。

（2）低压侧采用单母线单分段为主接线运行方式：

1）正常运行时，高压侧分段断路器 QF 断开，以限制短路电流；

2）两台变压器并列运行时，高压侧分段断路器 QF 合上，改善系统节点电压的偏移；

3）经济运行时，要求一台变压器退出运行，分段断路器 QF 闭合，由一台主变压器供两段母线上的负荷；

4）6～10kV 低压侧串联电抗器由电缆出线，故障时用以限制短路电流；

5）正常运行时，低压侧母联断路器 QF8 断开，以提高出线供电可靠性，必要时母联断路器 QF8 可以闭合运行，改善电压质量和负荷平衡。

3.4.4.2 大容量枢纽变电站电气主接线图

（1）变电站由 220/110/35kV 三部分组成，见图 3－16。

（2）主变压器为 3 组 240MVA 容量的三绕组变压器，总容量 720MVA。

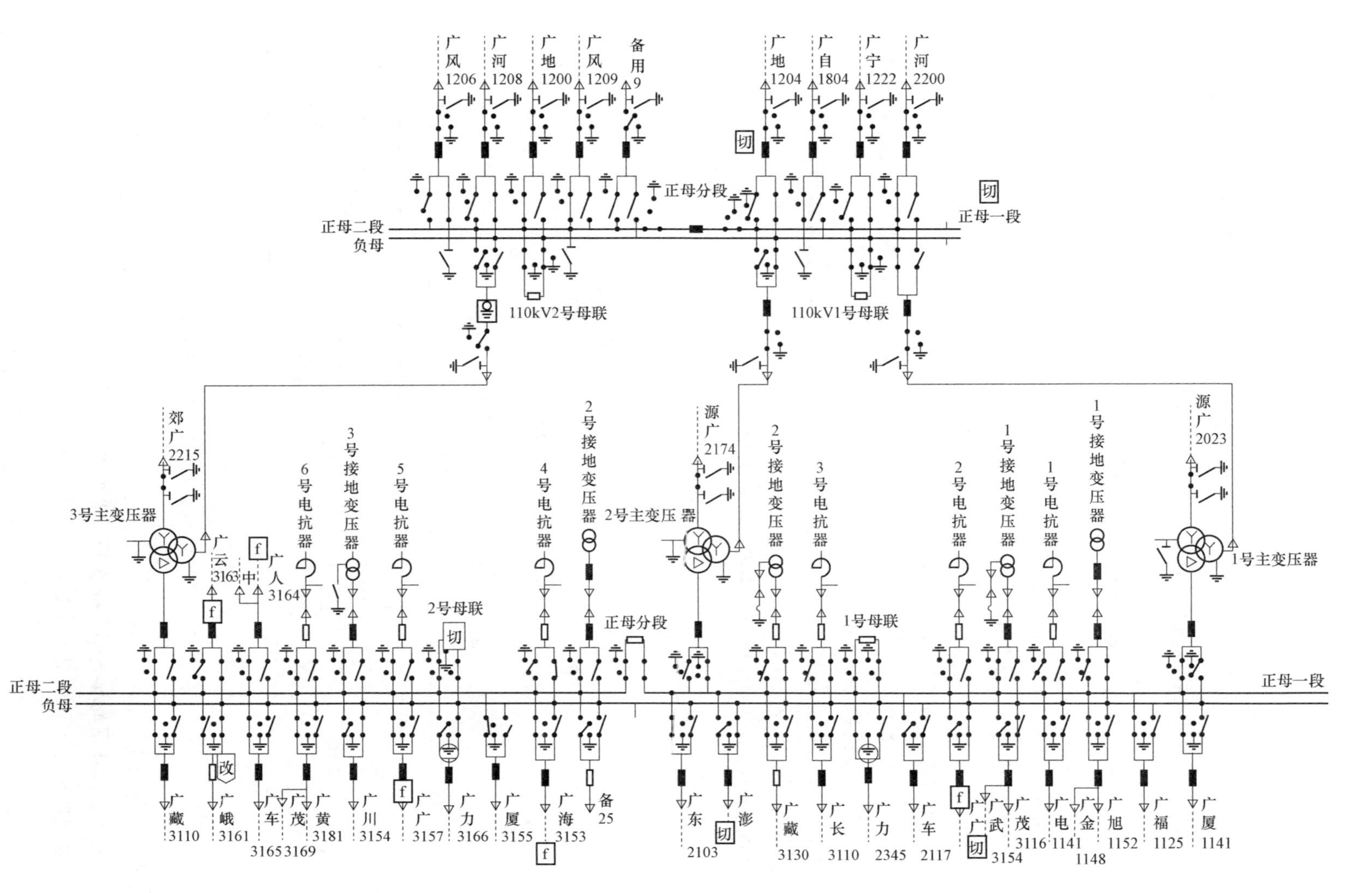

图3-16　220/110/35kV 大容量枢纽组（地下）变电站的电气主接线图

（3）高压侧 220kV 3 回进线为全线全电缆变压器组接线方式。

（4）中压侧 110kV 为双母线单分段接线方式，9 回全电缆出线，1 回出线备用，配电装置为 SF_6 全封闭组合电器。

（5）低压侧 35kV 为双母线单分段接线，26 回全电缆出线，配电装置为 SF_6 全封闭组合电器，35kV 侧还有 3 台接地变压器、2 台站用变压器、6 台并联电抗器，进行电压调整和补偿。

3.4.4.3 （6～10）/0.4kV 典型供电系统电气主接线图

（6～10）/0.4kV 典型供电系统主接线图如图 3－17 所示。

（1）10kV 为线路变压器组接线方式的电气主接线，进线二回。

（2）两台主变压器，（6～10）/0.4kV 三相双绕组、Yy 接线。

（3）0.4kV 为低压供电系统为单母线分段运行方式，11 回电缆出线。

（4）母联断路器 QF5 断开分段运行。

（5）3、4、6、8 号出线以熔断器式隔离开关控制，其余为断路器出线控制；并设置电流互感器计量、监控和过电流继电保护。

（6）F1、F2 避雷器为限制过电压保护，FU1、FU2 熔丝保护电压互感器 TV1、TV2 作单相接地短路时的绝缘监视。

（7）N 为总接地带网，以降低中性点接地零电位，改善三相不平衡状态。

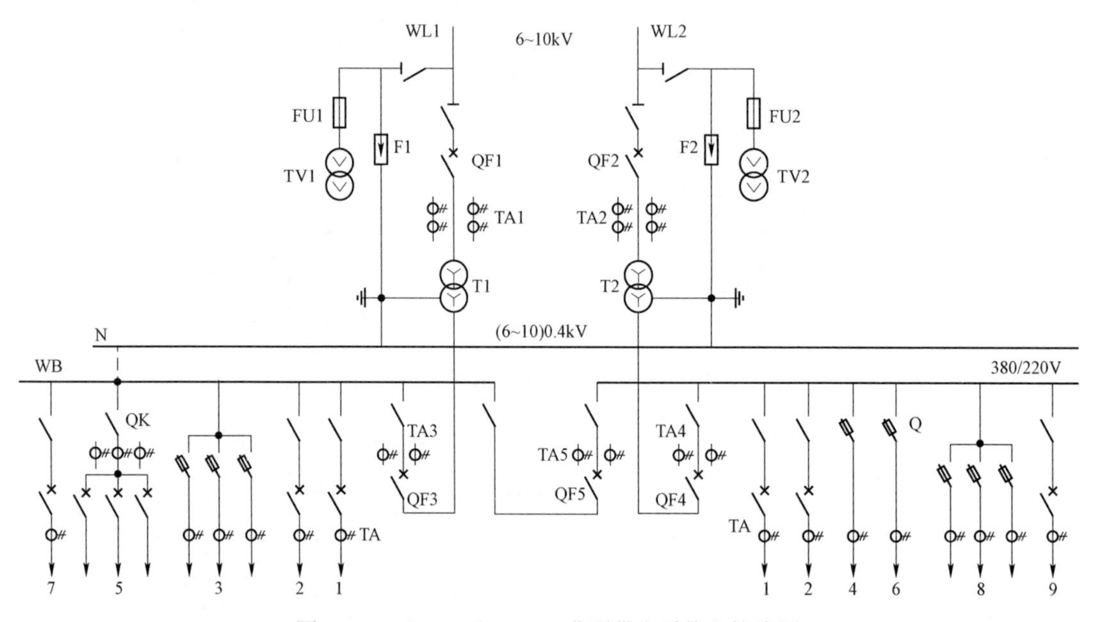

图 3－17 （6～10）/0.4kV 典型供电系统主接线图

【思考与练习】

1. 电气主接线图的接线形式分类和特点有哪些？请说明。

2. 请说明电气主接线图识读要点和一般规则。

3.5 电缆附件安装图

本节介绍电力电缆终端头、接头附件安装图的识、绘图基本知识。通过要点讲解、图形示例，熟悉电力电缆终端头、接头附件安装图的特点和形式、图形和符号，掌握电力电缆终端头、接头附件安装图识、绘图的一般规则、基本方法和步骤。

3.5.1 电力电缆的终端头、接头附件安装图的绘制要求

3.5.1.1 电力电缆的终端头、接头附件安装图特点

（1）电力电缆的终端头、接头附件安装图可表示电缆终端和接头的结构形状，各组成部分与电缆本体连接与安装关系。它是表达设计、安装维护和电气试验的重要技术文件。

（2）为了清楚地表达终端或接头的内部结构与安装工艺，电力电缆的终端头、接头附件安装图一般采用半剖视图或全剖视图来表示。

3.5.1.2 电力电缆的终端头、中间接头等附件安装剖视图的一般规定

（1）在剖视图上，相邻两个零部件的剖面线方向要相反或间隔不同，易于分辨。

（2）在同一张装配图上，每一个被剖切的零部件，在所有视图上的剖面线方向、间隔大小必须一致。

（3）对于互相接触和互相配合的两个零部件的表面，只画一条实线表示。

（4）标准紧固件（如螺母、螺钉、垫圈、销、键等）和轴、杆、滚珠等实心件，当剖切平面通过其轴线时，按不剖视图面画出。

3.5.1.3 电力电缆的终端头、接头附件安装图的基本画法

（1）安装图的比例通常为1:2。

（2）按终端或接头的实际安装位置，作为主视图。

（3）一般终端接头取竖直位置，连接头取水平位置。

（4）安装图以电缆中心为主轴线；终端头按主轴线左右对称。

（5）一般右视图为剖视，接头按主轴线上下对称，取下半剖视或全剖视。

（6）终端头以底座平面为基准线，连接头以接管中心为基准。

（7）绘制安装图按先主后次原则，即先画出电缆和主要部件轮廓线，再画零件轮廓线。

（8）最后画剖面线、尺寸线、顺序号线及标题栏、明细栏。

3.5.1.4 电力电缆的终端头、接头附件安装图的序号和明细栏说明

（1）电力电缆的终端头、接头附件安装图序号：

1）装配图上所有零、部件必须编写序号，并与明细栏中的序号一致；

2）序号应注写在视图外较明显的位置上，从所注零、部件轮廓线内用细实线画出指引线，并在其起始处画圆点，另一端用水平细实线或细实线画圆；

3）序号注写在横线上或圆内，对一组紧固件或装配关系清楚的部件，可采用公共指引线；

4）序号线应按顺时针或逆时针方向，整齐地顺序排列。

（2）电力电缆的终端头、接头附件安装图的明细栏。明细栏一般在标题栏上方，它是所有零部件的目录，明细栏应按自下而上顺序填写。

3.5.2 电力电缆的终端头、接头附件安装工艺图的识读基础

（1）电力电缆的终端头、接头附件安装工艺图的作用。

电缆终端和接头的工艺图上反映安装工艺标准和施工步骤，它是电力电缆安装标准化作业指导书的一部分，对现场安装具有重要的指导意义。通常分为电力电缆的接头附件工艺结构图和工艺程序图两类。本节主要阐述电缆的接头附件工艺结构图的识读方法，帮助认识与理解工艺程序图的技术要求和安装程序。

（2）电力电缆的接头附件工艺结构图和工艺程序图的识读（见图 3－18）。

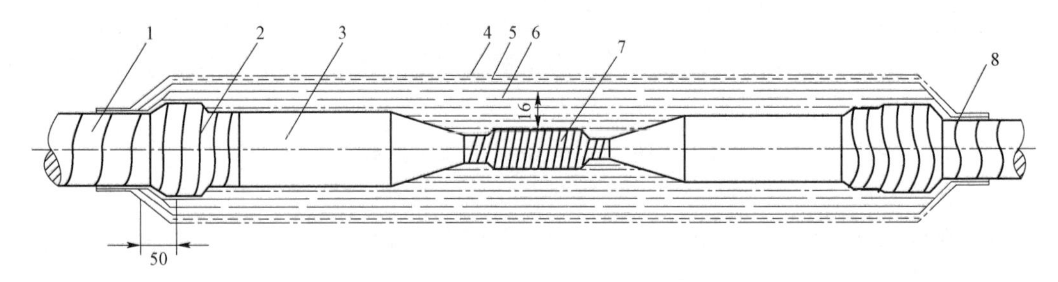

图 3－18　35kV 单芯交联聚乙烯电缆接头工艺结构图

1—铜屏蔽带；2—Scotch2220 应力控制带；3—交联聚乙烯绝缘；4—金属屏蔽网（1/2 搭盖）；5—半导电带（1/2 搭盖、100%拉伸、两层）；6—Scotch23 绝缘带（1/2 搭盖、100%拉伸）；7—半导电带；8—扎线、焊接

3.5.3 典型电缆接头安装工艺结构图

35kV 交联电缆预制接头结构图如图 3－19 所示。

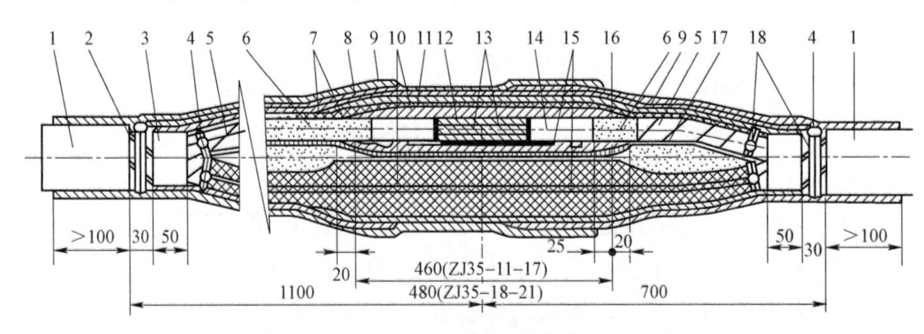

图 3－19　35kV 交联电缆预制接头结构图

1—外护套；2—铠装；3—内护套；4—焊点；5—铜带屏蔽；6—外半导电层；7—热缩内护套管；8—铜编织带（连接电缆铠装用）；9—热缩外护套管；10—铜编织网；11—预制件；12—连接管；13—导体；14—绝缘层；15—铜编织带（连接电缆铜屏蔽层用）；16—半导电带缠绕体；17—密封填料；18—铜扎线

【思考与练习】

1. 电力电缆的终端头、接头附件安装图特点有哪些？
2. 电力电缆接头附件安装图的绘制要求有哪些？

3. 电力电缆的接头等附件安装图的一般规定是什么？

3.6 电缆路径图

本节介绍电力电缆路径地理位置平面图的识读和绘制。通过图形示例和要点讲解，熟悉电力电缆线路常用管线图形符号，掌握识读方法和技巧，掌握电力电缆线路路径图的现场测绘方法、要求和基本步骤。

3.6.1 电力电缆路径走向图的概述

电力电缆路径图是描述电缆敷设、安装、连接、走向的具体布置及工艺要求的简图，由电缆敷设平面图、电缆排列剖面图组成，表示方法与电气工程的土建结构图相同。电缆路径图标出了电缆的走向、起点至终点的具体位置，一般用电缆路径走向的平面图表示，必要时附上路径断面图进行补充说明。

3.6.2 电力电缆路径图的识读与绘制基础

（1）根据 GB/T 4728 选用电力电缆线路常用管线图形符号，见表 3－10。

表 3－10　　电力电缆线路常用管线图形符号

序号	图形符号	说明	序号	图形符号	说明
1		电缆一般符号	9		暗敷
2		电缆铺砖保护	10	3　3	电缆中间接线盒
3		电缆穿缚保护（可加注文字符号说明规格和数量）	11	3　3　3	电缆分支接线盒
4		同轴对、同轴电缆	12	(a) a 电缆无保护 (b) a 电缆有保护	电力电缆与其他设施交叉点（a 为交叉点编号）
5		电缆预留（按标注预留）			
6		柔软电缆	13		电缆密封终端头（示例为三芯多线和单线表示）
7	6	管进线路（示例为 6 孔管道线路）			
8		明敷	14		电缆桥架（*为注明回路号及电缆截面芯数）

（2）电力电缆路径图的识读。图 3－20 所示为 10kV 电缆直埋地敷设平面图，它比较概略地标出了设计比例、坐标指向，分清道路名称及走向、建筑标志物、重要地理水平标高等电缆敷设的环境状况，标明了电缆线路的长度、上杆位置与架空线连接点及电缆走向、敷设方法、埋设深度、电缆排列及一般敷设要求的说明等。

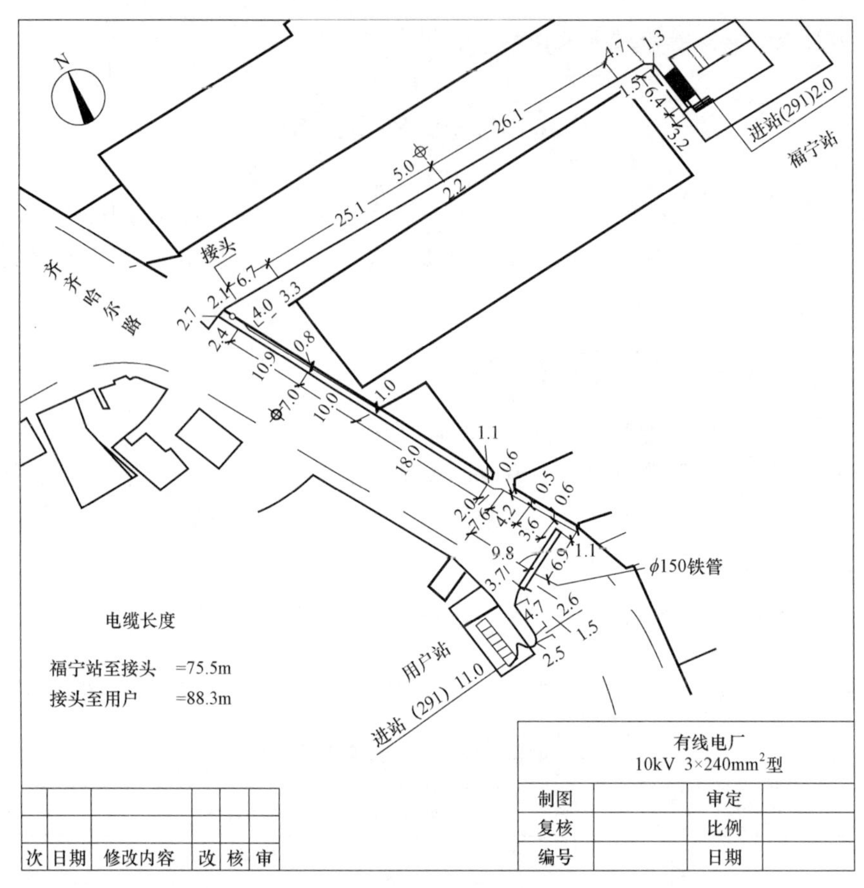

图 3－20　10kV 电缆直埋地敷设平面图

1）电缆的走向。从路北侧 10kV 架空线路电杆引下（图示右上方），穿过道路沿路南侧敷设，到街道路口转向南侧，沿街道东侧敷设，穿过大街后进入终点（按规范要求，在穿过道路的位置时，应加混凝土管保护）。

2）电缆的长度。电缆全长包括在电缆两端实际距离和电缆中间接头处必须预留的松弛长度，终端接头处的松弛长度分别为 2.05m 和 1.0m，总共约 136.9m。

3）电缆敷设方法。此电缆共有两个终端接头和一个中间接头（图 3－20 中标有 1 号的位置），电缆沿道路一侧敷设时距路边为 0.6m，有三个较大的转弯，两次穿越街道。电缆穿越街道时采用 120mm 混凝土管保护，保护管外填满砂土，其余地段直埋地下。布电缆上方加盖用砖铺设的盖板，尺寸大时选用混凝土盖板，如图右下角电缆敷设断面图 A－A 和 B－B 所示。

4）有关电缆头制作、电缆安装工艺等要求，另外选用电缆接头的安装工艺样图表示说明。

3.6.3　电力电缆路径图的现场测绘方法和要求

电力电缆线路路径图是在电缆敷设后，在施工现场对电缆线路位置、走向、路径等进行实地测量、现场测绘而成的。

（1）现场定位与测量：

1）现场定位与测量，一般可依据城市规划测绘院提供的地理标志为基准定位依据，如河流、道路（名称）、走向、建筑标志物、重要地理水平标高等进行二维坐标确定和测量推算。

2）测量电缆中心线到固定标志物的直线距离，作为电缆线路定位的依据。

3）在城市道路、建筑群等复杂的地理环境中，如进行电力电缆非开挖敷设，可利用GPS 定位仪给定的三维坐标信息和非开挖轨迹数据来确定电缆敷设路径与走向的定位和测距。

（2）现场测绘要求：

1）直埋电缆敷设的现场测绘图，必须在覆土前测绘。应沿电缆线路路径走向逐段测绘，并精确计算电缆线路累计总长度。

2）要认定并记录电缆敷设地段的方位、地形和路名。标明绘制出电缆线路走向，路段的道路边线和各种可参照的固定性标志物，如道路两侧建筑物边线、房角、路界石、测标等。

3）要正确了解电缆敷设的地理状况、周边环境、埋设深度和其他管线的敷设，平行、交叉、重叠等相互影响因素。

4）电缆路径走向弯曲部分，分别测量出直轴和横轴的距离，并沿电缆测量出弯曲部分的长度一并标注在图上。

5）电缆线路尺寸应采用国际标准计量单位米、厘米、毫米。并取小数点后一位，第二位按四舍五入进行保留，保证测绘与定位的精确。

6）记录电缆的电压等级、型号、截面、制造厂等资料。

（3）正确选定测绘图的比例。绘图比例一般为1:500。根据电缆敷设现场的实际需要，地下管线密集处可取1:100，管线稀少地段可取1:1000。

（4）选用城市道路规划和建筑设计规范的图形符号。常用道路建筑图形符号见表3－11。

表3－11　　常用道路建筑图形符号

图形符号	说明	图形符号	说明
	里程碑		涵洞
	方形人井、雨水管、沉井		大基础铁塔
	外方内圆井		工字形水泥杆
	圆形人井		圆形污水沉井
	市政测量标高桩		圆形电杆、电话杆

续表

图形符号	说明	图形符号	说明
○	消防龙头（地面上）		三角形水泥杆
	消防龙头（地面下）		杆上变压器
	阳沟		大门
	铁塔		

3.6.4 现场测量与绘制电缆路径图的基本步骤

电力电缆路径图绘制是在现场测绘草图的基础上，精确地标出了绘制比例、坐标指向，道路名称及走向、建筑标志物、水平标高等电缆敷设竣工的环境状况，明确了电缆线路的走向、长度、上下杆位置和高度，穿越街道时采用的铁管敷设保护，敷设方法、道路管线长度、与架空线连接点位置等，并以电力电缆线路竣工图来表示。

绘制电缆路径图的基本步骤如下：

（1）手工绘制电缆线路走向、地理位置图，是用徒手绘成的无比例的原始草图。根据电缆敷设施工现场、电缆路径、走向绘制而成，具有现场实际测绘的真实性和准确性。

（2）将现场测绘草图誊清。也可用绘图工具按一定比例绘制，在现场及时进行校核，确保绘制准确完整和数据精确。

（3）电缆原始测绘草图的样稿应按电压等级和地区分类装订成册，长期妥善保管，以便查考、复核与校对。

（4）根据现场测绘的要求，设定绘制比例。市区为1:500，郊区为1:1000。

（5）必须按电气工程制图的图线、图标规定、正确的画法、尺寸标注和文字符号等规范要求来绘制，并应符合 GB/T 4728 的要求。

（6）参照电缆设计的规范，依据城市规划测绘院给出的道路地形、道路标高，正确标注电缆线路方位、走向、敷设深度、弯曲弧度与地理指（北）向，保证现场测绘与电缆路径走向绘制的正确性。

（7）应准确标注电缆各段长度和累计总长。标注各弯曲部分长度，进入变电站和上下电杆长度及电缆线路路径的地段、位置的标记。

（8）绘制电缆路径图的走向时，纵向截面图例应采用统一专用符号，以表示电缆终端、分支箱、电缆沟、电缆排管和工井、电缆隧道和桥架箱梁等。

（9）电力电缆穿过道路的抗压护导管时，应注明管材、孔径和埋设深度。

（10）排管敷设应附上纵向断面图，并注明排管孔别编号。

（11）电缆与地下同一层面的其他管线平行、交叉或重叠，必须在图上标绘清楚，应加注文字补充说明，如图 3－21 所示。

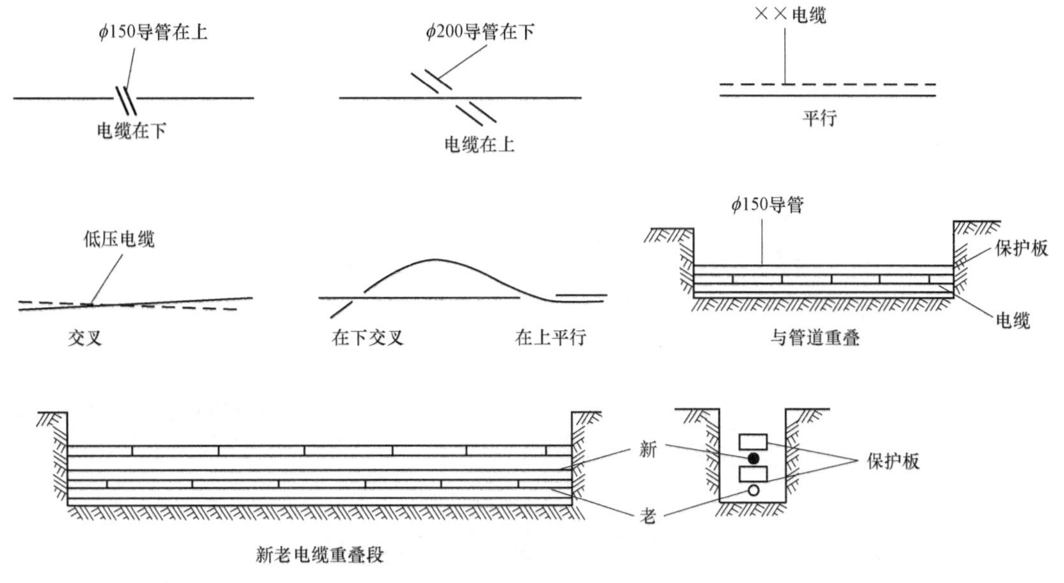

图 3－21　图示清楚

（12）电缆路径图的规范绘制，也可以采用计算机 CAD 软件绘制标准的电缆路径走向图，并以硬盘形式存档，长期保存。

3.6.5　电缆的路径、走向及竣工图示

某地区电缆路径（竣工）图（排管敷设方式）如图 3－22 所示。

图 3－22　电缆路径（竣工）图（排管敷设方式）

电缆设备运行维护基础

本章介绍电缆线路运行维护的基本知识。通过要点讲解，掌握电缆线路运行维护工作范围、主要内容和相关技术规程。

4.1 电缆线路运行维护的范围

为满足电网和用户不间断供电，以先进科学技术、经济高效手段，提高电缆线路的供电可靠率和电缆线路的可用率，确保电缆线路安全经济运行，应对电缆线路进行运行维护。其范围如下：

（1）电缆本体及电缆附件。各电压等级的电缆线路（电缆本体、控制电缆）、电缆附件（接头、终端）的日常运行维护。

（2）电缆线路的附属设施。电缆线路附属设备（电缆接地线、交叉互联线、回流线、电缆支架、分支箱、交叉互联箱、接地箱、信号装置、通风装置、照明装置、排水装置、防火装置、供油装置）的日常巡查维护。

电缆线路附属其他设备（环网柜、隔离开关、避雷器）的日常巡查维护。

电缆线路构筑物（电缆沟、电缆管道、电缆井、电缆隧道、电缆竖井、电缆桥梁、电缆架）的日常巡查维护。

4.2 电缆线路运行维护的要求

4.2.1 电缆线路运行维护基本内容

电缆线路的巡查：

（1）电缆及通道运行维护工作应贯彻安全第一、预防为主、综合治理的方针，严格执行 Q/GDW 1799 的有关规定。

（2）运维人员应熟悉《中华人民共和国电力法》《电力设施保护条例》《电力设施保护条例实施细则》及《国家电网公司电力设施保护工作管理办法》等国家法律、法规和公司有关规定，了解和掌握电缆线路上的一切情况，做好保护电缆线路的反外力损坏工作。

（3）运维人员应掌握电缆及通道状况，熟知有关规程制度，定期开展分析，提出相应的事故预防措施并组织实施，提高设备安全运行水平。

（4）运维人员应经过技术培训并取得相应的技术资质，认真做好所管辖电缆及通道的巡视、维护和缺陷管理工作，建立健全技术资料档案，并做到齐全、准确，与现场实际相符。

（5）运维单位应参与电缆及通道的规划、路径选择、设计审查、设备选型及招标等工作。根据历年反事故措施、安全措施的要求和运行经验，提出改进建议，力求设计、选型、施工与运行协调一致。应按相关标准和规定对新投运的电缆及通道进行验收。

（6）运维单位应建立岗位责任制，明确分工，做到每回电缆及通道有专人负责。每回电缆及通道应有明确的运维管理界限，应与发电厂、变电站、架空线路、开闭所和临近的运行管理单位（包括用户）明确划分分界点，不应出现空白点。

（7）运维单位应全面做好电力电缆及通道的巡视检查、安全防护、状态管理、维护管理和验收工作，并根据设备运行情况，制定工作重点，解决设备存在的主要问题。

（8）运维单位应开展电力设施保护宣传教育工作，建立和完善电力设施保护工作机制和责任制，加强电力电缆及通道保护区管理，防止外力破坏。在邻近电力电缆及通道保护区的打桩、深基坑开挖等施工，应要求对方做好电力设施保护。

（9）运维单位对易发生外力破坏、偷盗的区域和处于洪水冲刷区易坍塌等区域内的电缆及通道，应加强巡视，并采取针对性技术措施。

（10）运维单位应建立电力电缆及通道资产台账，定期清查核对，保证账物相符。对与公用电网直接连接的且签订代维护协议的用户电缆应建立台账。

（11）运维单位应积极采用先进技术，实行科学管理。新材料和新产品应通过标准规定的试验、鉴定或厂方评估合格后方可挂网试用，在试用的基础上逐步推广应用。

（12）35kV 及以上架空线入地，应保障抢修及试验车辆能到达终端站、终端塔（杆）现场，同一线路不应分多段入地。

（13）同一户外终端塔，电缆回路数不应超过 2 回。采用两端 GIS 的电缆线路，GIS 应加装试验套管，便于电缆试验。

4.2.2 电缆运维技术要求

（1）电缆本体。电缆主绝缘的雷电冲击绝缘水平 U_{p1} 和操作冲击绝缘水平 U_{p2} 应符合设计要求，并不得低于表 4－1 的要求。外护套的雷电冲击耐受电压应符合表 4－2 的要求。

表 4－1　电缆和附件的额定电压和冲击耐受电压　kV

$U_0/U/U_m$	3.6/6/7.2	2006－10－12	8.7/15/17.5 12/20	12/20/24	26/35/40.5
U_{p1}	60	75	95	125	200
U_{p1}	350	550	1050	1175	1550
U_{p2}	—	—	—	950	1175

注　U_0 为电缆设计时采用的导体对地或金属屏蔽之间的额定工频电压有效值；U 为电缆设计时采用的导体之间的额定工频电压有效值；U_m 为电缆所在系统的最高系统电压有效值。

表 4-2　外护套雷电冲击耐受水平　kV

主绝缘雷电冲击耐受电压	外护套雷电冲击耐受电压	主绝缘雷电冲击耐受电压	外护套雷电冲击耐受电压
380 以下	20	1175～1425	62.5
380～750	37.5	1550	72.5
105 047.5	47.5	—	—

（2）电缆载流量和工作温度符合下列要求：

1）电缆线路正常运行时导体允许的长期最高运行温度和短路时电缆导体允许的最高工作温度应按照附录 J 的规定；

2）电缆线路的载流量，应根据电缆导体的允许工作温度，电缆各部分的损耗和热阻，敷设方式，并列回路数，环境温度以及散热条件等计算确定；

3）电缆线路不应过负荷运行。

（3）电缆本体（护套、铠装等）不应出现明显变形，电缆敷设和运行时的最小弯曲半径按照附录 K。

（4）电缆的敷设符合以下要求：

1）原则上 66kV 以下与 66kV 及以上电压等级电缆宜分开敷设；

2）电力电缆和控制电缆不应配置在同一层支架上；

3）同通道敷设的电缆应按电压等级的高低从下向上分层布置，不同电压等级电缆间宜设置防火隔板等防护措施；

4）重要变电站和重要用户的双路电源电缆不宜同通道敷设；

5）通信光缆应布置在最上层且应设置防火隔槽等防护措施；

6）交流单芯电缆穿越的闭合管、孔应采用非铁磁性材料。

（5）电缆固定应满足以下要求：

1）垂直敷设或超过 45° 倾斜敷设时电缆刚性固定间距应不大于 2m；

2）桥架敷设时电缆刚性固定间距应不大于 2m；

3）水平敷设的电缆，在电缆首末两端及转弯、电缆接头的两端处；

4）当对电缆间距有要求时每隔 5～10m 处；

5）交流单芯电缆的固定夹具应采用非铁磁性材料；

6）裸铅（铝）套电缆的固定处，应加软衬垫保护。

（6）在下列地点电缆应有一定机械强度的保护管或加装保护罩：电缆进入建筑物、隧道、穿过楼板及墙壁处；从沟道引至铁塔（杆）、墙外表面或屋内行人容易接近处，距地面高度 2m 以下的一段保护管埋入非混凝土地面的深度应不小于 100mm；伸出建筑物散水坡的长度应不小于 250mm，保护罩根部不应高出地面。

（7）电缆进入电缆沟、隧道、竖井、建筑物、盘（柜）以及穿入管子时，出入口应封堵，管口应密封。

（8）电缆的最高点与最低点之间的最大允许高度差除满足设计要求外，自容式充油和油浸纸电缆还应符合以下要求：

1）自容式充油电缆最大允许高度差应考虑长期允许油压；

2）油浸纸电缆最高点和最低点的水平差应小于表4-3要求。

表4-3　　最高点和最低点的允许水平差

电压（kV）	有无铠装	高度差（m）
1～3	铠装	25
	无铠装	20
6～10	铠装或无铠装	15
20～35	铠装或无铠装	5

（9）有防水要求的电缆应有纵向和径向阻水措施。电缆接头的防水应采用铜套，必要时可增加玻璃钢防水外壳。

（10）有防火要求的电缆，除选用阻燃外护套外，还应在电缆通道内采取必要的防火措施。

（11）电力电缆的金属护套或屏蔽层接地方式的选择应符合下列要求：

1）三芯电缆应在线路两终端直接接地，如在线路中有电缆接头，应在电缆接头处另加设接地；

2）单芯电缆的金属护套或屏蔽层，在线路上至少有一点直接接地，且在金属护套或屏蔽层上任一点非接地处的正常感应电压，应符合下列要求：

a. 未采取能防止人员任意接触金属护套或屏蔽层的安全措施时，满载情况下不得大于50V；

b. 采取能防止人员任意接触金属护套或屏蔽层的安全措施时，满载情况下不得大于100V。

（12）2.35kV 及以上单芯电缆金属护套或屏蔽层单点直接接地时，下列情况下宜考虑沿电缆邻近平行敷设一根两端接地的绝缘回流线：

1）系统短路时电缆金属护套或屏蔽层上的工频感应电压，超过电缆金属护层绝缘耐受强度或过电压限制器的工频耐压；

2）需抑制电缆对邻近弱电线路的电气干扰强度。

（13）电缆外护套表面上应有耐磨的型号、规格、码长、制造厂家、出厂日期等信息。

4.2.3　电缆线路运行信息管理要求

（1）建立电缆线路运行维护信息计算机管理系统，做到信息共享，规范管理。

（2）运行部门管理人员和巡查人员应及时输入和修改电缆运行计算机管理系统中的数据和资料。

（3）建立电缆运行计算机管理的各项制度，做好运行管理和巡查人员计算机操作应用的培训工作。

（4）电缆运行信息计算机管理系统设有专人负责电缆运行计算机硬件和软件系统的日常维护工作。

4.2.4　电缆线路运行维护技术规程

（1）电缆线路基本技术规定：

1）电缆线路的最高点与最低点之间的最大允许高度差应符合电缆敷设技术规定。

2）电缆的最小弯曲半径应符合电缆敷设技术规定。

3）电缆在最大短路电流作用时间内产生的热效应，应满足热稳定条件。系统短路时，电缆导体的最高允许温度应符合《电力电缆运行规程》技术规定。

4）电缆正常运行时的长期允许载流量，应根据电缆导体的工作温度、电缆各部分的损耗和热阻、敷设方式、并列条数、环境温度以及散热条件等加以计算确定。电缆在正常运行时不允许过负荷。

5）电缆线路运行中，不允许将三芯电缆中的一芯接地运行。

6）电缆线路的正常工作电压，一般不得超过电缆额定电压 15%。电缆线路升压运行，必须按升压后的电压等级进行电气试验及技术鉴定，同时需经技术主管部门批准。

7）电缆终端引出线应保持固定，其带电裸露相与相之间部分乃至相对地部分的距离应符合技术规定。

8）运行中电缆线路接头，终端的铠装、金属护套、金属外壳应保持良好的电气连接，电缆及其附属设备的接地要求应符合 GB 50169—2006《电气装置安装工程接地装置施工及验收规范》。

9）充油电缆线路正常运行时，其线路上任一点的油压都应在规定值范围内。

10）对运行电缆及其附属设备可能着火蔓延导致严重事故，以及容易受到外部影响波及火灾的电缆密集场所，必须采取防火和阻止延燃的措施。

11）电缆线路及其附属设备、构筑物设施，应按周期性检修要求进行检修和维护。

（2）单芯电缆运行技术规定：

1）在三相系统中，采用单芯电缆时，三根单芯电缆之间距离的确定，要结合金属护套或外屏蔽层的感应电压和由其产生的损耗、一相对地击穿时危及邻相可能性、所占线路通道宽度及便于检修等各种因素，全面综合考虑。

2）除了充油电缆和水底电缆外，单芯电缆的排列应尽可能组成紧贴的正三角形。三相线路使用单芯电缆或分相铅包电缆时，每相周围应无紧靠铁件构成的铁磁闭合环路。

3）单芯电缆金属护套上任一点非接地处的正常感应电压，无安全措施不得大于 50V 或有安全措施不得大于 300V，电缆护层保护器应能承受系统故障情况下的过电压。

4）单芯电缆线路当金属护套正常感应电压无安全措施大于 50V 或有安全措施大于 300V 时，应对金属护套层及与其相连设备设置遮蔽，或者采用将金属护套分段绝缘后三相互联方法。

5）交流系统单芯电缆金属护套单点直接接地时，其接地保护和接地点选择应符合有关技术规定，并且沿电缆邻近平行敷设一根两端接地的绝缘回流线。

6）单芯电缆若有加固的金属加强带，则加强带应和金属护套连接在一起，使两者处于同一电位。有铠装丝单芯电缆无可靠外护层时，在任何场合都应将金属护套和铠装丝两端接地。

7）运行中的单芯电缆，一旦发生护层击穿而形成多点接地时，应尽快测寻故障点并予以修复。因客观原因无法修复时，应由上级主管部门批准后，通知有关调度降低电缆运行载流量。

（3）电缆线路安装技术规定：

1）电缆直接埋在地下，对电缆选型、路径选择、管线距离、直埋敷设等的技术要求。

2）电缆安装在沟道及隧道内，对防火要求、允许间距、电缆固定、电缆接地、防锈、排水、通风、照明等的技术要求。

3）电缆安装在桥梁构架上，对防振、防火、防胀缩、防腐蚀等的技术要求。

4）电缆敷设在排管内，对电缆选型、排管材质、电缆工作井位置等的技术要求。

5）电缆敷设在水底，对电缆铠装、埋设深度、电缆保护、平行间距、充油电缆油压整定等的技术要求。

6）电缆安装的其他要求，如对气候低温电缆敷设、电缆防水、电缆终端相间及对地距离、电缆线路铭牌、安装环境等的技术要求。

（4）电缆线路运行故障预防技术规定：

1）电缆化学腐蚀是指电缆线路埋设在地下，因长期受到周围环境中的化学成分影响，逐渐使电缆的金属护套遭到破坏或交联聚乙烯电缆的绝缘产生化学树枝，最后导致电缆异常运行甚至发生故障。

2）电缆电化学腐蚀是指电缆运行时，部分杂散电流流入电缆，沿电缆的外导电层（金属屏蔽层、金属护套、金属加强层）流向整流站的过程中，其外导电层逐步受到破坏，因长期受到周围环境中直流杂散电流的影响，最后导致电缆异常运行甚至发生故障。

3）电缆线路应无固体、液体、气体化学物质引起的腐蚀生成物。

4）电缆线路应无杂散（直流）电流引起的电化学腐蚀。

5）为了监视有杂散（直流）电流作用地带的电缆腐蚀情况，必须测量沿电缆线路铅包（铝包）流入土壤内杂散电流密度。阳极地区的对地电位差不大于+1V 及阴极地区附近无碱性土壤存在时，可认为安全，但对阳极地区仍应严密监视。

6）直接埋设在地下的电缆线路塑料外护套遭受白蚁、老鼠侵蚀情况，应及时报告当地相关部门采取灭治处理。

7）电缆运行部门应了解有腐蚀危险的地区，必须对电缆线路上的各种腐蚀作分析，并有专档记载腐蚀分析资料。设法杜绝腐蚀的来源，及时采取防止对策，并会同有关单位，共同做好防腐蚀工作。

8）对油纸电缆绝缘变质事故的预防巡查，黏性浸渍纸绝缘 15 年以上的上杆部分予以更换。

【思考与练习】

1. 电缆线路运行维护有哪些基本内容？
2. 电缆线路运行维护分析有哪几种方法？其意义何在？
3. 电缆线路技术资料有哪些内容？运行信息管理有哪些内容？
4. 电缆线路运行维护中单芯电缆运行技术有哪些规定？

电缆设备巡视

5.1 电缆线路的巡查周期和内容

本节介绍电缆设备巡查的一般规定、周期、流程、项目及要求。通过要点讲解和示例介绍，掌握电缆线路巡查的专业技能。

5.1.1 电缆线路巡查的一般规定

（1）电缆线路巡查目的。对电缆线路巡查目的是监视和掌握电缆线路和所有附属设备的运行情况，及时发现和消除电缆线路和所有附属设备异常和缺陷，预防事故发生，确保电缆线路安全运行。

（2）设备巡查的方法及要求：

1）巡查方法。巡查人员在巡查中一般通过察看、听嗅、检测等方法对电缆线路设备进行检查，见表5-1。

表5-1 巡视检查基本方法

方法	电缆设备	正常状态	异常状态及原因分析
察看	电缆设备外观；电缆设备位置；电缆线路压力或油位指示；电缆线路信号指示	设备外观无变化，无移位；电缆线路走向位置上无异物；电缆支架坚固电缆位置无变化；压力指示在上限和下限之间或油位高度指示在规定值范围内；信号指示无闪烁和警示	终端设备外观渗漏、连接处松弛及风吹摇动、相间或相对地距离狭小等；电缆走向位置上有打桩、挖掘痕迹等，支架腐蚀锈烂、脱落，电缆跌落移位等；压力指示高于上限或低于下限，有油位指示低于规定值等；信号闪烁、出现警示或信号熄灭等
听嗅	电缆终端设备运行声音；电缆设备气味	均匀的“嗡嗡”声；无塑料焦煳味	电缆终端处“啪啪”等异常声音，电缆终端对地放电或设备连接点松弛等；有塑料焦煳味等异常气味，电缆绝缘过热熔化等
检测	测量：电缆设备温度（红外线测温仪、红外热成像仪、热电偶、压力式温度表）；检测：单芯电缆接地电流	电缆设备温度小于电缆长期允许运行温度；单芯电缆接地电流（环流）小于该电缆线路计算值	超过允许运行温度可能有以下原因：① 电缆终端设备连接点松弛，② 负荷骤然变化较大，③ 超负荷运行等；接地电流（环流）大于该电缆线路计算值

2）安全事项。电缆线路设备巡查时，必须严格遵守《国家电网公司电力安全工作规程 电力线路部分》和企业管理标准相关规定，做到不漏巡、错巡，不断提高电缆线路设备巡查质量，防止设备事故发生。

允许单独巡查高压电缆线路设备的人员名单应经安监部门审核批准，新进人员和实习人员不得单独巡查电缆高压设备。

巡查电缆线路户内设备时应随手关门，不得将食物带入室内，电站内禁止烟火，巡查高压电缆设备时，应戴安全帽并按规定着装，应按规定的路线、时间进行。

3）巡查质量。巡查人员应按规定认真巡查电缆线路设备，对电缆线路设备异常状态和缺陷做到及时发现，认真分析，正确处理，做好记录并按电缆运行管理程序进行汇报。

电缆线路设备巡查应按季节性预防事故特点，根据不同地区、不同季节的巡查项目检查侧重点不同进行。例如，电缆进入电站和构筑物内的防水、防火、防小动物，冬季的防暴风雪、防寒冻、防冰雹，夏季的雷雨迷雾和沙尘天气的防污闪、防渗水漏雨，以及构筑物内的照明通风设施、排水防火器材是否完善等。

（3）电缆线路巡查周期：

1）电缆线路及电缆线段巡查。敷设在土中、隧道中以及沿桥梁架设的电缆，每3个月至少检查一次，根据季节及基建工程特点，应增加巡查次数。

电缆竖井内的电缆，每半年至少检查一次。

水底电缆线路，根据具体现场需要规定，如水底电缆直接敷于河床上，可每年检查一次水底路线情况，在潜水条件允许下，应派遣潜水员检查电缆情况，当潜水条件不允许时，可测量河床的变化情况。

发电厂、变电所的电缆沟、隧道、电缆井、电缆架及电缆线段等的巡查，至少每3个月一次。

对挖掘暴露的电缆，按工程情况，酌情加强巡视。

2）电缆终端附件和附属设备巡查：电缆终端头，由现场根据运行情况每1～3年停电检查一次。

装有油位指示的电线终端，应检视油位高度，每年冬、夏季节必须检查一次油位。

对于污秽地区的主设备户外电线终端，应根据污秽地区的定级情况及清扫维护要求巡查。

3）电缆线路上构筑物巡查。电缆线路上的电缆沟、电缆排管、电缆井、电缆隧道、电缆桥梁、电缆架应每3个月巡查一次。

电缆竖井应每半年巡查一次。

电缆构筑物中，电缆架包含电缆支架和电缆桥架。

电缆线路巡查周期见表5－2。

表5－2　　电缆线路巡查周期表

巡查项目	巡查周期
电缆线路及电缆线段（敷设在土壤中、隧道中及桥梁架设）	≤3个月
发电厂和变电所的电缆沟、电缆井、电缆架及电缆线段	≤3个月
电缆竖井	≤6个月
交联电缆、充油电缆终端供油装置油位指示	冬季、夏季

续表

巡查项目	巡查周期
单芯电缆护层保护器	≤1 年
水底电缆线路	≤1 年
户内、户外电缆终端头	1～3 年

注　电缆线路及附属设备巡查周期在《电力电缆运行规程》中无明确规定的，如分支箱、电缆排管、环网柜、隔离闸刀、避雷器等，各地可结合本地区的实际情况，制定相适应的巡查周期。

（4）电缆线路巡查分类。电缆线路设备巡查分为周期巡查，故障、缺陷的巡查，异常天气的特别巡查，电网保电特殊巡查等。

1）周期巡查。周期巡查是按规定周期和项目进行的电缆线路设备巡查。

周期巡查项目包括电缆线路本体、电缆终端附件、电缆线路附属设备、电缆线路上构筑物等。

周期巡查结果应记录在运行周期巡查日志中。

2）故障、缺陷的巡查。故障、缺陷的巡查是在电缆线路设备出现保护动作，或线路出现跳闸动作，或发现电缆线路设备有严重缺陷等情况下进行的电缆线路设备重点巡查。

故障、缺陷的巡查项目包括电缆线路本体、电缆终端附件、电缆线路附属设备等。

故障、缺陷的巡查结果应记录在运行重点巡查交接日志中。

3）异常天气的特别巡查。异常天气的特别巡查是在暴雨、雷电、狂风、大雪等异常气候条件下进行的电缆线路设备特别巡查。

异常天气的特别巡查项目包括电缆终端附件、电缆线路附属设备等。

异常天气的特别巡查结果应记录在运行特别巡查交接日志中。

4）电网保电特殊巡查。电网保电特殊巡查是在因电缆线路故障造成单电源供电运行方式状态、特殊运行方式、特殊保电任务、电网异常等特定情况下进行的电缆线路设备特殊巡查。

电网保电巡查项目包括电缆线路本体、电缆终端附件、电缆线路附属设备等。

电网保电巡查结果应记录在运行特殊巡查日志中。

5.1.2　电缆线路巡查流程

电缆线路巡查包括巡查安排、巡查准备、核对设备、检查设备、巡查汇报等部分内容。巡查流程见图 5-1。

（1）巡查安排。设备巡查工作安排，依据巡查人员管辖的责任设备和责任区域，明确巡查任务的性质（周期巡查、交接班巡查、特殊巡查），并根据现场情况提出安全注意事项。特殊巡查还应明确巡查的重点及对象。

（2）巡查准备。根据巡查性质，检查所需用使用的钥匙、工器具、照明器具以及测量仪器具是否正确、齐全；检查着装是否符合安全工作规程规定；检查巡查人员对巡查任务、注意事项和重点是否清楚。

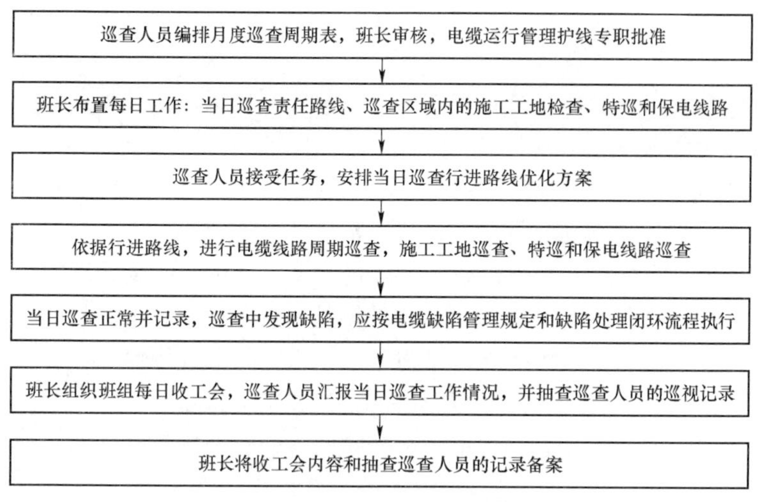

图 5－1　电缆线路巡查流程图

（3）核对设备。开始巡查电缆设备，巡查人员记录巡查开始时间。设备巡查应按巡查性质、责任设备、项目内容进行，不得漏巡。到达巡查现场后，巡查人员根据巡查内容认真核对电缆设备铭牌。

（4）检查设备。设备巡查时，巡查人员根据巡查内容，逐一巡查电缆设备部位。依据巡查性质逐项检查设备状况，并将巡查结果作记录。巡查中发现紧急缺陷时，应立即终止其他设备巡查，仔细检查缺陷情况，详细记录在运行工作记录簿中。巡查中，巡查负责人应做好其他巡查人的安全监护工作。

（5）巡查汇报。全部设备巡查完毕后，由巡查责任人填写巡查结束时间，巡查性质，所有参加巡查人分别签名。巡查发现的设备缺陷，应按照缺陷管理进行判断分类定性，并详细向上级（电缆设备运行专职、技术负责）汇报设备巡查结果。

5.1.3　电缆线路的巡查项目及要求

（1）电缆线路及线段的巡查：

1）巡查各种电压等级的电缆线路，观察路面状态正常与否。

a. 对电缆线路及线段，察看路面正常，无挖掘痕迹、打桩，路线标志牌完整无缺等；

b. 敷设在地下的直埋电缆线路上，不应堆置瓦砾、矿渣、建筑材料、笨重物件、酸碱性排泄物或砌堆石灰坑等；

c. 在直埋电缆线路上的松土地段通行重车，除必须采取保护电缆措施外，应将该地段详细记入守护记录簿内。

2）巡查各种电压等级的电缆线路有无化学腐蚀、电化学腐蚀、虫害鼠害迹象。

a. 巡查电缆线路有被腐蚀状或嗅到电缆线路附近有腐蚀性气味时，采用 pH 值化学分析来判断土壤和地下水对电缆的侵蚀程度（如土壤和地下水中含有有机物、酸、碱等化学物质，酸与碱的 pH 值小于 6 或大于 8 等）；

b. 巡查电缆线路时，发现电缆金属护套铅包（铝包）或铠装呈痘状及带淡黄或淡粉红的白色，一般可判定为化学腐蚀；

c. 巡查电缆线路时，发现电缆被腐蚀的化合物呈褐色的过氧化铅时，一般可判定为阳极地区杂散电流（直流）电化学腐蚀，发现电缆被腐蚀的化合物呈鲜红色（也有呈绿色或黄色）的铅化合物时，一般可判定为阴极地区杂散电流（直流）电化学腐蚀；

d. 当发现电缆线路有腐蚀现象时，应调查腐蚀来源，设法从源头上切断，同时采取适当防腐措施，并在电缆线路专档中记载发现腐蚀、化学分析、防腐处理的资料；

e. 对已运行的电缆线路，巡查中发现沿线附近有白蚁繁殖，应立即报告当地白蚁防治部门灭蚁，采用集中诱杀和预防措施，以防运行电缆受到白蚁侵蚀；

f. 巡查电缆线路时，发现电缆有鼠害咬坏痕迹，应立即报告当地卫生防疫部门灭鼠，并对已经遭受鼠害的电缆进行处理，也可更换防鼠害的高硬度特殊护套电缆。

3）电缆线路负荷监视巡查，运行部门在每年夏季高温或冬、夏电网负荷高峰期间，通过测量和记录手段，做好电缆线路负荷巡查及负荷电流监视工作。

目前较先进的运行部门与电力调度的计算机联网（也称为 PMS 系统），随时可监视电缆线路负荷实时曲线图，掌握电缆线路运行动态负荷。

电缆线路过负荷反映出来的损坏部件大体可分为下面五类：

a. 造成导体接点的损坏，或是造成终端头外部接点的损坏；

b. 因过热造成固体绝缘变形，降低绝缘水平，加速绝缘老化；

c. 使金属铅护套发生龟裂现象，整条电缆铅包膨胀，在铠装隙缝处裂开；

d. 电缆终端盒和中间接头盒胀裂，是因为灌注在盒内的沥青绝缘胶受热膨胀所致，在接头封铅和铠装切断处，其间露出的一段铅护套，可能由于膨胀而裂开；

e. 电缆线路过负荷运行带来加速绝缘老化的后果，缩短电缆寿命和导致电缆金属护套的不可逆膨胀，并会在电缆护套内增加气隙。

4）运行电缆要检查外皮的温度状况：

a. 电缆线路温度监视巡查，在电力电缆比较密集和重要的电缆线路上，可在电缆表面装设热电偶测试电缆表面温度，确定电缆无过热现象；

b. 应选择在负荷最大时和在散热条件最差的线段（长度一般不少于 10m）进行检查；

c. 电缆线路温度测温点选择，在电缆密集和有外来热源的地域可设点监视，每个测量地点应装有两个测温点，检查该地区地温是否已超过规定温升；

d. 运行电缆周围的土壤温度按指定地点定期进行测量，夏季一般每 2 周一次，冬、夏负荷高峰期间每周一次；

e. 电缆的允许载流量在同一地区随着季节温度的变化而不同，运行部门在校核电缆线路的额定输送容量时，为了确保安全运行，按该地区的历史最高气温、地温和该地区的电缆分布情况，做出适当规定予以校正（系数）。

（2）电缆终端附件的巡查：

1）户内户外电缆终端巡查。电缆终端无电晕放电痕迹，终端头引出线接触良好，无发热现象，电缆终端接地线良好。

电缆线路铭牌正确及相位颜色鲜明。

电缆终端盒内绝缘胶（油）无水分，绝缘胶（油）不满者应予以补充。

电缆终端盒壳体及套管有无裂纹，套管表面无放电痕迹。

电缆终端垂直保护管，靠近地面段电缆无被车辆擦碰痕迹。

装有油位指示器的电缆终端油位正常。

高压充油电缆取油样进行油试验，检查充油电缆的油压力，定期抄录油压。

单芯电缆保护器巡查，测量单芯电缆护层绝缘，检查安装有保护器的单芯电缆在通过短路电流后阀片或球间隙有无击穿或烧熔现象。

2）电缆线路绝缘监督巡查。对电缆终端盒进行巡查，发现终端盒因结构不密封有漏油和安装不良导致油纸电缆终端盒绝缘进水受潮、终端盒金属附件及瓷套管胀裂等问题时，应及时更换。

填有流质绝缘油的终端头，一般应在冬季补油。

需定期对黏性浸渍油纸电缆线路进行巡查，应针对不同敷设方式的特点，加强对电缆线路的机械保护，电缆和接头在支架上应有绝缘衬垫。

对充油电缆内的电缆油进行巡查，一般2～3年测量一次介质损失角正切值、室温下的击穿强度，试验油样取自远离油箱的一端，必要时可增加取样点。

为预防漏油失压事故，充油电缆线路只要安装完成后，不论是否投入运行，巡查其油压示警系统，如油压示警系统因检修需要较长时间退出运行，则必须加强对供油系统的监视巡查。

对交联电缆绝缘变质事故的预防巡查，采用在线检测等方法来探测交联聚乙烯电缆绝缘性能的变化。

对交联聚乙烯电缆在任何情况下密封部位巡查，防止水分进入电缆本体产生水树枝渗透现象。

对交联聚乙烯电缆线路运行故障的电缆绝缘进行外观辨色和切片检测。

（3）电缆线路附属设施的巡查：

1）对地面电缆分支箱巡查。核对分支箱铭牌无误，检查周围地面环境无异常，如无挖掘痕迹、无地面沉降。

检查通风及防漏情况良好。

检查门锁及螺栓、铁件油漆状况。

分支箱内电缆终端的检查内容与户内终端相同。

2）对电缆线路附属设备巡查。装有自动温控机械通风设施的隧道、竖井等场所巡查，内容包括排风机的运转正常，排风进出口畅通，电动机绝缘电阻、控制系统继电器的动作准确，绝缘电阻数值正常，表计准确等。

装有自动排水系统的工井、隧道等的巡查，内容包括水泵运转正常，排水畅通，逆止阀正常，电动机绝缘电阻，控制系统继电器的动作准确，自动合闸装置的机械动作正常，表计准确等。

装有照明设施的隧道、竖井等场所巡查，内容包括照明装置完好无损坏，漏电保护器正常，控制系统继电器的动作准确，绝缘电阻数值正常，表计、开关准确并无损坏等。

装有自动防火系统的隧道、竖井等场所巡查，内容包括报警装置测试正常，控制系统继电器的动作准确，绝缘电阻数值正常，表计准确等。

装有油压监视信号装置的场所巡查，内容包括表计准确，阀门开闭位置正确、灵活，与构架绝缘部分的零件无放电现象，充油电缆线路油压正常，管道无渗漏油，油压系统的压力箱、管道、阀门、压力表完善，对于充油（或充气）电缆油压（气压）监视装置、电触点压力表进行油（气）压自动记录和报警正常，通过正常巡查及时发现和消除产生油（气）压异常的因素和缺陷。

（4）电缆线路上构筑物巡查：

1）工井和排管内的积水无异常气味。电缆支架及挂钩等铁件无腐蚀现象。井盖和井内通风良好，井体无沉降、裂缝。工井内电缆位置正常，电缆无跌落，接头无漏油，接地良好。

2）电缆沟、隧道和竖井的门锁正常，进出通道畅通。隧道内无渗水、积水。

3）隧道内的电缆要检查电缆位置正常，电缆无跌落。电缆和接头的金属护套与支架间的绝缘垫层完好，在支架上无硌伤。支架无脱落。

4）隧道内电缆防火包带、涂料、堵料及防火槽盒等完好，防火设备、通风设备完善正常，并记录室温。

5）隧道内电缆接地良好，电缆和电缆接头有无漏油。隧道内照明设施完善。

6）通过市政桥梁的电缆及专用电缆桥的两边电缆不受过大拉力。桥堍两边电缆无龟裂，漏油及腐蚀。

7）通过市政桥梁的电缆及专用电缆桥的电缆保护管、槽未受撞击或外力损伤。电缆铠装护层完好。

（5）水底电缆线路的巡查：

1）水底电缆线路的河岸两端可视警告标志牌清晰，夜间灯光明亮。

2）在水底电缆两岸设置瞭望岗哨，应有扩音设备和望远镜，瞭望清楚，随时监视来往船只，发现异常情况及早呼号阻止。

3）未设置瞭望岗哨的水底电缆线路，应在水底电缆防护区内架设防护钢索链，减少违反航运规定所引起的电缆损坏事故。

4）检查邻近河岸两侧的水底电缆无受潮水冲刷现象，电缆盖板无露出水面或移位。

5）根据水文部门提供的测量数据资料，观察水底电缆线路区域内的河床变化情况。

（6）电缆线路上施工保护区的巡查：

1）运行部门和运行巡查人员必须了解和掌握全部运行电缆线路上的施工情况，宣传保护电缆线路的重要性，并督促和配合挖掘、钻探等有关单位切实执行《中华人民共和国电力法》和当地政府所颁布的有关地下管线保护条例或规定，做好电缆线路反外力损坏防范工作。

2）在高压电缆线路和郊区挖掘、钻探施工频繁的电缆线路上，应设立明显的警告标志牌。

3）在电缆线路和保护区附近施工，护线人员应对施工所涉及范围内的电缆线路进行交底，认真办理“地下管线交底卡”，并提出保护电缆的措施。

4）凡因施工必须挖掘而暴露的电缆，应由护线人员在场监护配合，并应告知施工人员有关施工注意事项和保护措施。配合工程结束前，护线人员应检查电缆外部情况是否完好无损，安放位置是否正确。待保护措施落实后方可离开现场。

5）在施工配合过程发现现场出现严重威胁电缆安全运行的施工应立即制止，并落实防范措施，同时汇报有关领导。

6）运行部门和运行巡查人员应定期对护线工作进行总结，分析护线工作动态，同时对发生的电缆线路外力损坏故障和各类事故进行分析，制定防范措施和处理对策。

5.1.4 危险点分析

巡查电缆线路时，防止人身、设备事故的危险点预控分析和预控措施见表5－3。

表5－3　　电缆线路设备巡查的危险点分析和预控措施

危险点	预控措施
人身触电	（1）巡查时应与带电电缆设备保持足够的安全距离：10kV及以下，0.7m；35kV，1m；110kV，1.5m；220kV，3m；330kV，4m；500kV，5m； （2）巡查时不得移开或越过有电电缆设备遮栏
有害气体燃爆中毒	（1）下电缆井巡查时，应配有可燃和有毒气体浓度显示的报警控制器； （2）报警控制器的指示误差和报警误差应符合下列规定：① 可燃气体的指示误差：指示范围为0～100%LEL时，±5%LEL；② 有毒气体的指示误差：指示范围为0～3TLV时，±10%指示值；③ 可燃气体和有毒气体的报警误差：±25%设定值以内
摔伤或碰砸伤人	（1）巡查时注总行走安全、上下台阶、跨越沟道或配电室门口防鼠挡板时，防止摔伤、碰伤； （2）巡查中需要搬动电缆沟盖板时，应防止砸伤和碰伤人； （3）在电缆井、电缆隧道、电缆竖井内巡查中，应及时清理杂物，保持通道畅通，上下扶梯及行走时，防止绊倒摔伤
设备异常伤人	（1）电缆本体受到外力机械损伤或地面下陷倾斜等异常可能对人身安全构成威胁时，巡查人员远离现场，防止发生意外伤人； （2）电缆终端设备放电或异常可能对人身安全构成威胁时，巡查人员应远离现场
意外伤人	（1）巡查人员巡查电缆设备时应戴好安全帽； （2）进入电站巡查电缆设备时，一般应两人同时进行，注总保持与带电体的安全距离和行走安全，并严禁接触电气设备的外壳和构架； （3）巡查人员巡查电缆设备时，应携带通信工具，随时保持联络； （4）高压设备发生接地时，室内不得接近故障点4m以内，室外不得接近故障点8m以内； （5）夜间巡查设备时携带照明器具，并两人同时进行，注意行走安全
保护及自动装置误动	（1）在电站内禁止使用移动通信工具，以免造成保护及自动装置误动； （2）在电站内巡查行走应注意地面标志线，以免误入禁止标志线，造成保护及自动装置误动

【思考与练习】

1. 电缆线路运行巡查有哪些周期要求？
2. 电缆线路巡查有哪些分类项目和内容？
3. 电缆线路反外力损坏工作重点在哪几个方面？
4. 电缆线路巡查的危险点分析和预控措施有哪些内容？

5.2 电 缆 特 巡

5.2.1 电缆特巡主要范围

（1）过温、过负荷或负荷有显著增加的线路及设备。

（2）检修或改变运行方式后，重新投入系统运行或新投运的线路及设备。

（3）根据检修或试验情况，有薄弱环节或可能造成缺陷的线路及设备。

（4）存在严重缺陷或缺陷有所发展以及运行中有异常现象的线路及设备。

（5）存在外力破坏可能或在恶劣气象条件下影响安全运行的线路及设备。

（6）重要保电任务期间的线路及设备。

（7）其他电网安全稳定有特殊运行要求的线路及设备。

在众多范围中，对电网、社会影响最大就是重要保电任务期间的线路及设备巡查。

5.2.2 重要保电特巡

（1）运检部全面落实电缆各项保电工作，包括技术管理、资料登记、情况汇报、现场巡视等工作全过程。

（2）专业工程师收集抢修指挥中心颁布的保电任务，向各班班长及相关人员发送保电信息；负责向外汇报保电工作完成情况。

（3）专业工程师根据检调保电信息，编制保电电缆资料，检查各班组保电工作落实情况，并汇总保电工作各项数据；同时负责处理保电工作中发生缺陷及突发事件等。

（4）专业工程师根据保电要求，落实局放监测工作，提前对具备测温条件的重要电缆终端进行测温，并做好图片存档工作。

（5）各运行班班长根据检调及专业工程师下发保电电缆名单，制定《保电电缆线路记录单》；运行设备主人做好现场保电工作，按记录单要求做好记录；班长汇总特保电路完成情况，在规定时间内向检调汇报。

（6）运行班根据绝缘专职布置保电测温任务，在规定时间内完成红外照片拍摄工作，若有异常，及时向专业工程师等汇报。

5.2.3 重要保电特巡工作流程

（1）资料收集。专业工程师收集抢修指挥中心颁布保电任务，向各运行班班长及相关人员发送保电信息。

（2）资料整理。保电周期超过一天或涉及线路超过 5 条，专业工程师负责编制《保电电缆资料》，《保电电缆资料》样本见附录 e-1。资料编制完成后，经审核、批准后，发送运行班组及相关人员。

（3）保电准备。运行班根据检调及运行专职提供保电电缆线路名单，制定《保电电缆线路记录单》，将保电线路分配给各设备主人。各设备主人及监护人员对相关线路的沿线工地、缺陷隐患情况进行排查，若存在工地，则发放《停工通知书》，监督现场相关区域做好停工，并将回折收档保存。

保电周期超过 3 天，电缆终端具备测温条件的，运行班安排运行班进行红外测温工作。运行班对电缆终端进行测温拍照，若温度正常，则按每终端三相 1 张可见光、1 张红外光图片的要求进行拍摄，若温升异常，则另需拍摄不同角度红外光照片 1 张，并将缺陷情况汇报绝缘、运行专职。

5.2.4 重要保电特巡分级

重要保电特巡分为特级、一级、二级保电时段（见表 5–4）。

表 5–4　　重要保电特巡分级

专业	特级保电时段		一级保电时段	二级保电时段
	110kV 及以上	35kV 及以下		
电缆	1）每个电缆井盖安排人员看护； 2）区域（2km）分组不间断专业巡视	区域（2km）分组不间断巡视	动态巡视（每条电缆及通道不少于每天 2 次）	动态巡视（每条电缆及通道不少于每天 1 次）
线路	1）三塔两人守护； 2）区域（2km）分组不间断专业巡视	区域（2km）分组不间断巡视	动态巡视（每条线路不少于每天 2 次）	动态巡视（每条线路不少于每天 1 次）
变配电	现场值班（每 2h 巡视）	现场值班（每 4h 巡视）	现场值班（每 8h 巡视）	现场值班（每 12h 巡视）

涉及保电用户的电缆及其通道实行全线动态巡视。每个危险点现场有人守护，每处至少配置 1 名人员；特级保电期间，每 2km 配备一组巡视人员，每组至少配置 2 名人员，对 110 千伏及以上电压等级电缆通道上的每个出入口（窨井盖）安排人员看护；一级保电期间，执行动态巡视，每条电缆及其通道巡视检查频次不少于每天 2 次。二级保电期间，每条电缆及其通道巡视检查频次不少于每天 1 次。

5.2.5 重要保电特巡开展

设备主人根据记录单按每天动态对保电线路进行巡视，每天 3 次记录线路巡视情况，并及时在记录单上登记。《保电特巡记录单》样本见附录 L。

若保电线路涉及工地，则在保电开始前，工地监护人向施工工地开具《停工通知单》，并索取回执。保电期间，工地监护人 24h 坚守在施工工地现场，做好记录。

设备主人、工地监护人对保电线路应仔细巡视监护，若发现存在危及电缆安全隐患，应立即制止，并逐级汇报。运行部门各级负责人根据保电具体实施细则，对职责分工范围内保电线路进行监督控制，确保保电线路安全运行。

6

电缆安全防护

6.1 电缆防护内容

6.1.1 一般要求

（1）电缆及通道应按照《电力设施保护条例》及其实施细则有关规定，采取相应防护措施。

（2）电缆及通道应做好电缆及通道的防火、防水和防外力破坏。

（3）对电网安全稳定运行和可靠供电有特殊要求时，应制定安全防护方案，开展动态巡视和安全防护值守。

6.1.2 保护区及要求

（1）保护区定义：

1）地下电力电缆保护区的宽度为地下电力电缆线路地面标桩两侧各 0.75m 所形成两平行线内区域；

2）江河电缆保护区的宽度为：敷设于二级及以上航道时，为线路两侧各 100m 所成的两平行线内的水域；敷设于三级及以下航道时，为线路两侧各 50m 所形成的两平行线内的水域；

3）海底电缆管道保护区的范围，按照下列规定确定：沿海宽阔海域为海底电缆管道两侧各 500m；海湾等狭窄海域为海底电缆管道两侧各 100m；海港区内为海底电缆管道两侧各 50m；

4）电缆终端和连接平台保护区根据电压等级参照架空电力线路保护区执行。

（2）禁止在电缆通道附近和电缆通道保护区内从事下列行为：

1）在通道保护区内种植林木、堆放杂物、兴建建筑物和构筑物；

2）未采取任何防护措施的情况下，电缆通道两侧各 2m 内的机械施工；

3）直埋电缆两侧各 50m 以内，倾倒酸、碱、盐及其他有害化学物品；

4）在水底电缆保护区内抛锚、拖锚、炸鱼、挖掘。

6.2 电缆外力破坏防护

（1）在电缆及通道保护区范围内的违章施工、搭建、开挖等违反《电力设施保护条例》和其他可能威胁电网安全运行的行为，应及时进行劝阻和制止，必要时向有关单位和个人送达隐患通知书。对于造成事故或设施损坏者，应视情节与后果移交相关执法部门依法处理。

（2）允许在电缆及通道保护范围内施工的，运维单位必应严格审查施工方案，制定安全防护措施，并与施工单位签订保护协议书，明确双方职责。施工期间，安排运维人员到现场进行监护，确保施工单位不得擅自更改施工范围。

（3）对临近电缆及通道的施工，运维人员应对施工方进行交底，包括路径走向、埋设深度、保护设施等。并按不同电压等级要求，提出相应的保护措施。

（4）对临近电缆通道的易燃、易爆等设施应采取有效隔离措施，防止易燃、易爆物渗入，最小净距按照附录 D 执行。

（5）临近电缆通道的基坑开挖工程，要求建设单位做好电力设施专项保护方案，防止土方松动、坍塌引起沟体损伤，且原则上不应涉及电缆保护区。若为开挖深度超过 5m 的深基坑工程，应在基坑围护方案中根据电力部门提出的相关要求增加相应的电缆专项保护方案，并组织专家论证会讨论通过。

（6）市政管线、道路施工涉及非开挖电力管线时，要求建设单位邀请具备资质的探测单位做好管线探测工作，且召开专题会议讨论确定实施方案。

（7）因施工挖掘而暴露的电缆应由运维人员在场监护，并告知施工人员有关施工注意事项和保护措施。对于被挖掘而露出的电缆应加装保护罩，需要悬吊时，悬吊间距应不大于 1.5m。工程结束覆土前，运维人员应检查电缆及相关设施是否完好，安放位置是否正确，待恢复原状后，方可离开现场。

（8）禁止在电缆沟和隧道内同时埋设其他管道。管道交叉通过时最小净距应满足要求，有关单位应当协商采取安全措施达成协议后方可施工。

（9）电缆路径上应设立明显的警示标志，对可能发生外力破坏的区段应加强监视，并采取可靠的防护措施。对处于施工区域的电缆线路，应设置警告标志牌，标明保护范围。

（10）应监视电缆通道结构、周围土层和邻近建筑物等的稳定性，发现异常应及时采取防护措施。

（11）敷设于公用通道中的电缆应制定专项管理措施。

（12）当电缆线路发生外力破坏时，应保护现场，留取原始资料，及时向有关管理部门汇报。运维单位应定期对外力破坏防护工作进行总结分析，制定相应防范措施。

（13）电缆与热管道（沟）及热力设备平行、交叉时，应采取隔热措施。电缆与电缆或管道、道路、构筑物等相互间容许最小净距应按照要求执行。

（14）水底电缆线路应按水域管理部门的航行规定，划定一定宽度的防护区域，禁止船只抛锚，并按船只往来频繁情况，必要时设置瞭望岗哨或安装监控装置，配置能引起船只注意的设施。

（15）在水底电缆线路防护区域内，发生违反航行规定的事件，应通知水域管辖的有关部门，尽可能采取有效措施，避免损坏水底电缆事故的发生。

（16）海底电缆管道所有者应当在海底电缆管道铺设竣工后 90 日内，将海底电缆管道的路线图、位置表等注册登记资料报送县级以上人民政府海洋行政主管部门备案，并同时抄报海事管理机构。

（17）海缆运行管理单位应建立与渔政、海事等单位的联动及应急响应机制，完善海缆突发事件处理预案。

（18）海缆运行管理单位在海中对海缆实施路由复测、潜海检查和其他保护措施时应取得海洋行政主管部门批准。

（19）海缆运行管理单位在对海缆实施维修、改造、拆除、废弃等施工作业时，应通过媒体向社会发布公告。

（20）禁止任何单位和个人在海缆保护区内从事挖砂、钻探、打桩、抛锚、拖锚、捕捞、张网、养殖或者其他可能危害海缆安全的海上作业。

（21）海缆登陆点应设置禁锚警示标志，禁锚警示标志应醒目，并具有稳定可靠的夜间照明，夜间照明宜采用 LED 冷光源并应用同步闪烁装置。

（22）无可靠远程监视、监控的重要海缆应设置有人值守的海缆瞭望台。

（23）海缆防船舶锚损宜采用 AIS（船舶自动识别系统）监控、视频监控、雷达监控等综合在线监控技术。

6.3 电缆现场监护

为控制大型的市政工地内电缆外损在最小范围内，电缆现场监护包括以下要点：

（1）应及时了解掌握工地的施工动态，对大型的市政工地为避免工地内电缆损坏，该类工地可设外聘护线人员，进行现场 24h 监控。

（2）外聘人员由劳务供方队伍人员担任，劳务供方派出人员必须要有对电缆保护知识了解素质较好人员。

（3）班组对班内的大型市政工地，在的确无法安排人员进行监控的情况下，可向电缆专业书面提出申请。

（4）申请流程：班长报反外损专职，由反外损专职到现场对工地的危险源进行评估。

（5）由班长填写工地用工表交反外损专职、反外损专职签字报电缆专业主任批准，制定落实劳务供方队伍。

（6）用工表必须填写规范，写明工地名称、开始用工时间、看护的时间段，需要人数、结束的时间。用工表班内归档便于施工结束结账。

（7）班组应加强对外聘人员的管理，建立现场管理台账、通信联系，文明施工区域内电缆位置、要求保护内容等，同时运行、监护人员不应失去对工地的监管。

（8）班组对看护工地的外聘人员使用工作任务单，在任务单上写明每天的工作内容和看护时间，监护人任务单上签字，签字后任务单由劳务供方保存。

（9）劳务供方队伍应以大局为重，无条件服从电缆分中心的调派，应安排责任性强业务较好人员，根据工地看护的需求合理安排劳动力，不得随便抽掉工地看护人员。

电缆状态评价

7.1 一般规定

（1）依据状态评价结果，针对电缆及通道运行状况，实施状态管理工作。

（2）对于自身存在缺陷和隐患的电缆及通道，应加强跟踪监视，增加带电检测频次，及时掌握隐患和缺陷的发展状况，采取有效的防范措施。有条件时可对重要电缆线路采用带电检测或在线监测等技术手段开展状态监测。

（3）对自然灾害频发和外力破坏严重区域，应采取差异化巡视策略，并制定有针对性的应急措施。

（4）恶劣天气和运行环境变化有可能威胁电缆及通道安全运行时，应加强巡视，并采取有效的安全防护措施，做好安全风险防控工作。

7.2 评价办法

（1）设备状态评价应按照 Q/GDW 456 等技术标准，通过停电试验、带电检测、在线监测等技术手段，收集设备状态信息，应用状态检修辅助决策系统，开展设备状态评价。

（2）运维单位应开展定期评价和动态评价：

1）定期评价 35kV 及以上电缆 1 年 1 次，20kV 及以下特别重要电缆 1 年 1 次，重要电缆 2 年 1 次，一般电缆 3 年 1 次；

2）新设备投运后首次状态评价应在 1 个月内组织开展，并在 3 个月内完成；

3）故障修复后设备状态评价应在 2 周内完成；

4）缺陷评价随缺陷处理流程完成。家族缺陷评价在上级家族缺陷发布后 2 周内完成；

5）不良工况评价在设备经受不良工况后 1 周内完成；

6）特殊时期专项评价应在开始前 1～2 个月内完成。

（3）电缆线路评价状态分为“正常状态”“注意状态”“异常状态”和“严重状态”。扣分值与评价状态的关系见表 7－1。

表 7－1　　　　　　　　　　　　电缆线路评价标准

设备＼评价标准	正常状态		注意状态		异常状态	严重状态
	合计扣分	单项扣分	合计扣分	单项扣分	单项扣分	单项扣分
电缆本体	≤30	≤10	＞30	12～20	＞20～24	≥30
线路终端	≤30	≤10	＞30	12～20	＞20～24	≥30
过电压限制器	≤30	≤10	＞30	12～20	＞20～24	≥30
线路通道	≤30	≤10	＞30	12～20	＞20～24	≥30

（4）电缆线路状态评价以部件和整体进行评价。当电缆线路的所有部件评价为正常状态，则该条线路状态评价为正常状态。当电缆任一部件状态评价为注意状态、异常状态或严重状态时，电缆线路状态评价为其中最严重的状态。

（5）设备信息收集包括投运前信息、运行信息、检修试验信息、家族缺陷信息。

1）投运前信息主要包括设备台账、招标技术规范、出厂试验报告、交接试验报告、安装验收记录、新（扩）建工程有关图纸等纸质和电子版资料；

2）运行信息主要包括设备巡视、维护、单相接地、故障跳闸、缺陷记录，在线监测和带电检测数据，以及不良工况信息等；

3）检修试验信息主要包括例行试验报告、诊断性试验报告、专业化巡检记录、缺陷消除记录及检修报告等；

4）家族缺陷信息指经公司或各省（区、市）公司认定的同厂家、同型号、同批次设备（含主要元器件）由于设计、材质、工艺等共性因素导致缺陷的信息。

电缆故障测寻及处理

8.1　电缆线路常见故障诊断与分类

本节介绍电缆线路故障分类及故障诊断方法。通过概念解释和要点介绍，掌握电缆线路试验击穿故障和运行中发生故障的诊断方法和步骤。

在查找电缆故障点时，首先要进行电缆故障性质的诊断，即确定故障的类型及故障电阻阻值，以便于测试人员选择适当的故障测距与定点方法。

8.1.1　电缆故障性质的分类

电缆故障种类很多，可分为以下五种类型：

（1）接地故障：电缆一芯主绝缘对地击穿故障。

（2）短路故障：电缆两芯或三芯短路。

（3）断线故障：电缆一芯或数芯被故障电流烧断或受机械外力拉断，造成导体完全断开。

（4）闪络性故障：这类故障一般发生于电缆耐压试验击穿中，并多出现在电缆中间接头或终端头内。试验时绝缘被击穿，形成间隙性放电通道。当试验电压达到某一定值时，发生击穿放电；而当击穿后放电电压降至某一值时，绝缘又恢复而不发生击穿，这种故障称为开放性闪络故障。有时在特殊条件下，绝缘击穿后又恢复正常，即使提高试验电压，也不再击穿，这种故障称为封闭性闪络故障。以上两种现象均属于闪络性故障。

（5）混合性故障：同时具有上述接地、短路、断线、闪络性故障中两种以上性质的故障称为混合性故障。

8.1.2　电缆故障诊断方法

电缆发生故障后，除特殊情况（如电缆终端头的爆炸故障，当时发生的外力破坏故障）可直接观察到故障点外，一般均无法通过巡视发现，必须使用电缆故障测试设备进行测量，从而确定电缆故障点的位置。由于电缆故障类型很多，测寻方法也随故障性质的不同而异。因此在故障测寻工作开始之前，须准确地确定电缆故障的性质。

电缆故障按故障发生的直接原因可以分为两大类，一类为试验击穿故障，另一类为在运行中发生的故障。若按故障性质来分，又可分为接地故障、短路故降、断线故障、闪络故障及混合故障。现将电缆故障性质确定的方法和分类分述如下。

（1）试验击穿故障性质的确定。在试验过程中发生击穿的故障，其性质比较简单，一般为一相接地或两相短路，很少有三相同时在试验中接地或短路的情况，更不可能发生断线故障。其另一个特点是故障电阻均比较高，一般不能直接用绝缘电阻表测出，而需要借助耐压试验设备进行测试。其方法如下：

1）在试验中发生击穿时，对于分相屏蔽型电缆均为一相接地。对于统包型电缆，则应将未试相地线拆除，再进行加压。如仍发生击穿，则为一相接地故障；如果将未试相地线拆除后不再发生击穿，则说明是相间故障，此时应将未试相分别接地后再分别加压，以查验是哪两相之间发生短路故障。

2）在试验中，当电压升至某一定值时，电缆绝缘水平下降，发生击穿放电现象。当电压降低后，电缆绝缘恢复，击穿放电终止。这种故障即为闪络性故障。

（2）运行故障性质的确定。运行电缆故障的性质和试验击穿故障的性质相比，就比较复杂，除发生接地或短路故障外，还可能发生断线故障。因此，在测寻前，还应作电缆导体连续性的检查，以确定是否为断线故障。

确定电缆故障的性质，一般应用绝缘电阻表和万用表进行测量并作好记录。

1）先在任意一端用绝缘电阻表测量 A、B、C 的绝缘电阻值，测量时另外两相不接地，以判断是否为接地故障。

2）测量各相间 A–B、B–C 及 C–A 的绝缘电阻，以判断有无相间短路故障。

3）分相屏蔽型电缆（如交联聚乙烯电缆和分相铅包电缆）一般均为单相接地故障，应分别测量每相对地的绝缘电阻。当发现两相短路时，可按照两个接地故障考虑。在小电流接地系统中，常发生不同两点同时发生接地的“相间”短路故障。

4）如用绝缘电阻表测得电阻为零时，则应用万用表测出各相对地的绝缘电阻和各相间的绝缘电阻值。

5）如用绝缘电阻表测得电阻很高，无法确定故障相时，应对电缆进行直流电压试验，判断电缆是否存在故障。

6）因为运行电缆故障，发生断线的可能，所以还应作电缆导体连续性是否完好的检查。其方法是在一端将 A、B、C 三相短接（不接地），到另一端用万能表的低阻挡测量各相间电阻值是否为零，检查是否完全通路。

（3）电缆低阻、高阻故障的确定。所谓的电缆低阻、高阻故障的区分，不能简单用某个具体的电阻数值来界定，而是由所使用的电缆故障查找设备的灵敏度确定的。例如：低压脉冲设备理论上只能查找 100Ω 以下的电缆短路或接地故障，而电缆故障探测仪理论上可查找 10kΩ 以下的一相接地或两相短路故障。

【思考与练习】

1. 电缆故障分哪五类？
2. 怎样确定电缆运行故障性质？

8.2 电缆线路的识别

本节介绍电缆线路路径探测及电缆线路常用识别方法。通过概念解释和方法介绍，熟悉音频感应法探测电缆路径的方法、原理及其接线方式，掌握工频感应鉴别法和脉冲信号法进行电缆线路识别的原理和方法。

电缆线路的识别是指电缆路径的探测和在多条电缆中鉴别出所需要的电缆。

8.2.1 电缆路径探测

（1）电缆路径探测方法。电缆路径探测一般采用音频感应法，即向被测电缆中加入特定频率的电流信号，在电缆的周围接收该电流信号产生的磁场信号，然后通过磁电转换，转换为人们容易识别的音频信号，从而探测出电缆路径。加入的电流信号的常见频率为512Hz、1kHz、10kHz、15kHz几种。接收这个音频磁场信号的工具是一个感应线圈，滤波后通过耳机或显示器有选择地把加入到电缆上的特定频率的电流信号用声音或波形的方式表现出来，以使人耳朵或眼睛能识别这个信号，从而确定被测电缆的路径。

1）音谷法。给被测电缆加入音频信号，当感应线圈轴线垂直于地面时，在电缆的正上方线圈中穿过的磁力线最少，线圈中感应电动势也最小，通过耳机听到的音频声音也就最小；线圈往电缆左右方向移动时，音频声音增强，当移动到某一距离时，响声最大，再往远处移动，响声又逐渐减弱。在电缆附近声音强度与其位置关系形成一马鞍形曲线，如图8－1所示，曲线谷点所对应的线圈位置就是电缆的正上方，这就是音谷法查找电缆路径。

2）音峰法。音峰法与音谷法原理一样，当感应线圈轴线平行于地而时（要垂直于电缆走向），在电缆的正上方线圈中穿过的磁力线最多，线圈中感应电动势也越大，通过耳机听到的音频声音也就最强；线圈往电缆左右方向移动时，音频声音逐渐减弱。这样声响极强的正下方就是电缆，如图8－2所示，这就是音峰法查找电缆的路径。

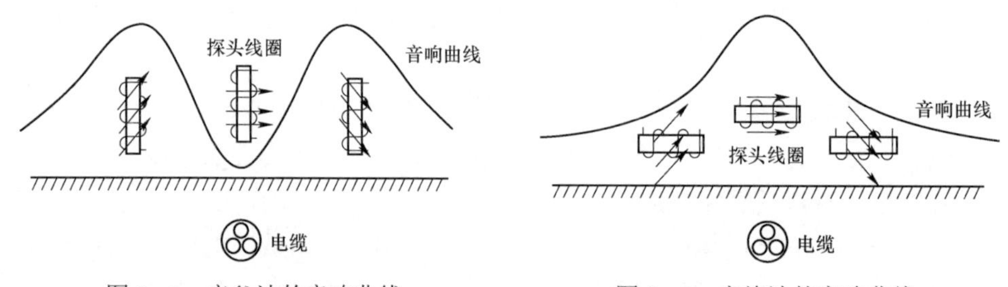

图8－1　音谷法的音响曲线　　图8－2　音峰法的音响曲线

3）极大值法。当用两个感应线圈，一个垂直于地面，另一个水平于地面。将垂直线圈负极性与水平线圈的感应电动势叠加，在电缆的正上方线圈中穿过的磁力线最多，线圈中感应电动势也最大，通过耳机听到的音频声音也就最强；线圈往电缆左右方向移动时，音频声音骤然减弱。这样声响最强的正下方就是电缆，如图8－3所示，这就是极大值法查找电缆路径。

（2）音频感应法的接线方式。音频感应法探测电缆路径时，其接线方式有相间接法、相铠接法、相地接法、铠地接法、利用耦合线圈感应间接注入信号法等多种。根据上面所述的电磁理论，要想在大地表面得到比较强的磁场信号，必须使大地上有部分电流通过，否则磁场信号可能会比较弱。下面的接线方式中前三种接法比较有效，后两种接法感应到的信号会比较弱，能测试的距离比较近。在测量时，要根据实际情况、使用效果来选择不同的接线方法，以达到最快探测电缆路径的目的。

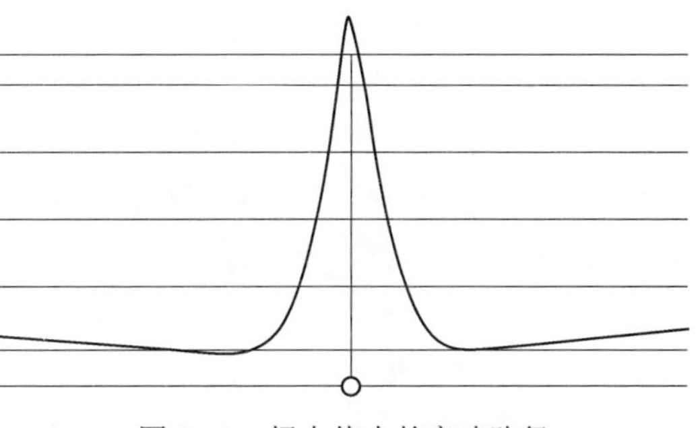

图 8－3　极大值大的音响路径

1）相铠接法（铠接工作地）。如图 8－4 所示，将被测电缆线芯一根或几根并接后接信号发生器的输出端正极，负极接钢铠，钢铠两端接地。相铠之间加入音频电流信号。这种接线方法电缆周围磁场信号较强，可探测埋设较深的电缆，且探测距离较长。

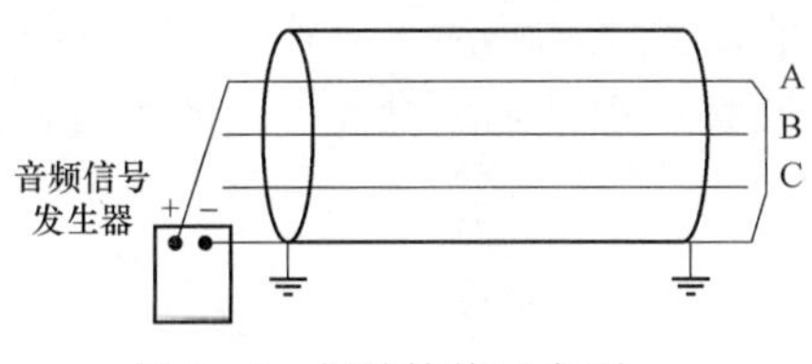

图 8－4　相铠接线示意图

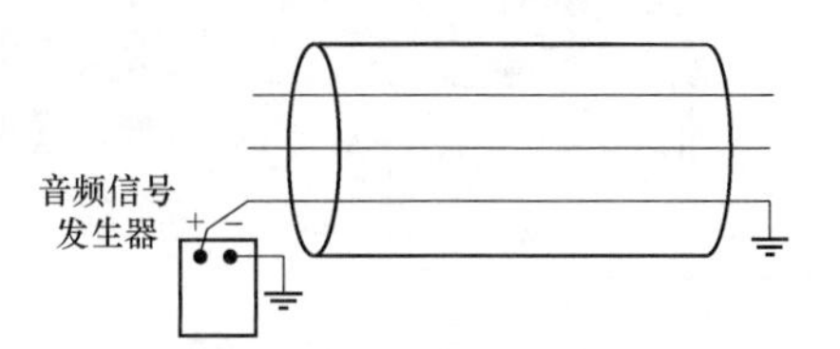

图 8－5　相地接线示意图

2）相地接法。如图 8－5 所示，以大地作为回路，将被测电缆线芯一根或几根并接后接信号发生器的输出端正极，负极接大地。电缆另一端线芯接地，并将被测电缆两端接地线拆开。这种方法信号发生器输出电流很小，但感应线圈得到的磁场信号却较大，测试的距离也较远。

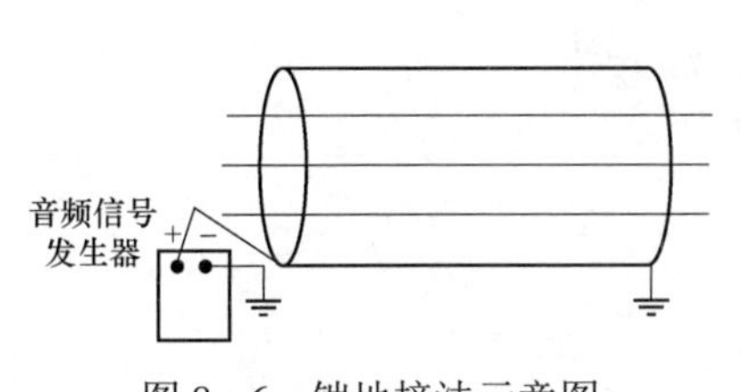

图 8－6　铠地接法示意图

3）铠地接法。如图 8－6 所示，以大地作为回路，将电缆钢铠接信号发生器的输出端正极，负极接大地，解开钢铠近端接地线。在有些情况下，铠地接法的测试效果比相地接法要好，但要求被测电缆外护套具有良好的绝缘。

4）耦合线圈感应法。将信号发生器的正负端直接连接至卡钳式耦合线圈上，在运行电缆露出部分（终端头附近）位置用卡钳夹把音频信号耦合到电缆上，要求电缆两端接地线良好。这种方法测试效果一般，能测试的距离很短。但其可在不停电的情况下查找电缆路径。

8.2.2　电缆的鉴别

在几条并列敷设的电缆中正确判断出已停电的需要检修或切改的电缆线路，首先应核对电缆路径。通常根据路径图上电缆和接头所标注的尺寸，在现场按建筑物边线等测量参考点为基准，实地进行测量，与图纸核对，一般可以初步判断需要检修的电缆。为了对电缆线路作出准确鉴别，可采用两种方法，即工频感应鉴别法和脉冲信号法。

（1）工频感应鉴别法。工频感应鉴别法也叫感应线圈法，当绕制在开口铁芯上的感应线圈贴在运行电缆外皮上时，其线圈中将产生交流电信号，接通耳机则可收听到。且沿电缆纵向移动线圈，可听出电缆线芯的节距。若将感应线圈贴在待检修的停运电缆外皮上，由于其导体中没有电流通过，因而听不到声音。而将感应线圈贴在邻近运行的电缆外皮上，则能从耳机中听到交流电信号。这种方法操作简单，缺点是只能区分出停电电缆；同时，当并列电缆条数较多时，由于相邻电缆之间的工频信号相互感应会使信号强度难以区别。

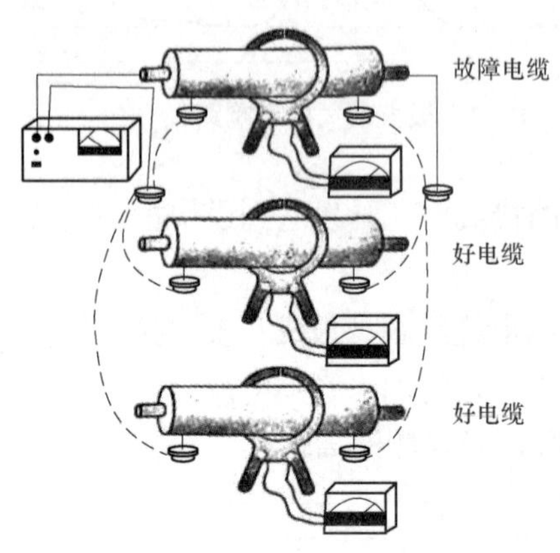

图 8－7　脉冲信号法示意图

（2）脉冲信号法。脉冲信号法所用设备有脉冲信号发生器、感应夹钳及识别接收器等。脉冲信号法的原理如图 8－7 所示，脉冲信号发生器发射锯齿形脉冲电流至电缆，这个脉冲电流在被测电缆周围产生脉冲磁场，通过夹在电缆上的感应夹钳拾取，传输到识别接收器。识别接收器可以显示出脉冲电流的幅值和方向，从而确定被选电缆（故障电缆或被切改电缆）。

【思考与练习】

1. 怎样使用音谷法确定电缆埋设路径？
2. 如何从几条并列敷设的电缆中鉴别出所需要的电缆？

8.3　常用电缆故障测寻方法

本节包含电缆线路常见故障测距和精确定点。通过方法介绍，掌握利用电桥法和脉冲法进行电缆线路常见故障测距的原理、方法和步骤，掌握电缆故障点精确定点方法。

电缆线路的故障寻测一般包括初测和精确定点两步，电缆故障的初测是指故障点的测距，而精确定点是指确定故障点的准确位置。

8.3.1　电缆故障初测

根据仪器和设备的测试原理，电缆故障初测方法可分为电桥法和脉冲法两大类。

（1）电桥法。用直流电桥测量电缆故障是测试方法中最早的一种，目前仍广泛应用。尤其在较短电缆的故障测试中，其准确度仍是最高的。测试准确度除与仪器精度等级有关外，还与测量的接线方法和被测电缆的原始数据正确与否有很大的关系。电桥法适用于低阻单相接地和两相短路故障的测量。

1）单相接地故障的测量，接线如图 8－8 所示。

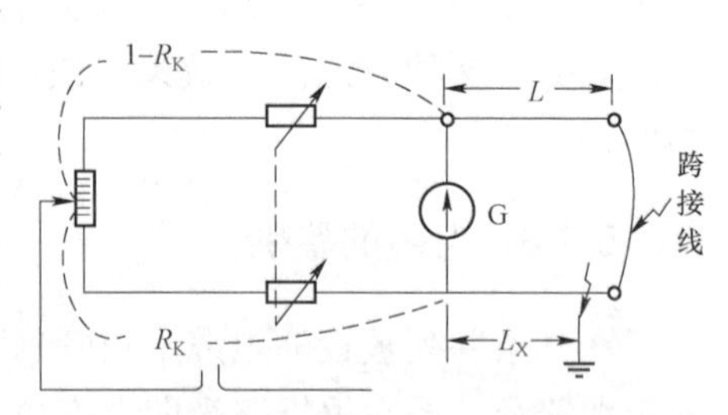

图 8－8　测试单相接地故障原理接线图

当电桥平衡时（同种规格电缆导体的直流电阻与长度成正比）有$\frac{1-R_K}{R_K}=\frac{2L-L_X}{L_X}$，简化后得$L_X=R_K\times 2L$。其中，$L_X$为测量端至故障点的距离，m；$L$为电缆全长，m；$R_K$为电桥读数。

2）两相短路故障的测量。在三芯电缆中测量两相短路故障，基本上和测量单相接地故障一样。其接线如图 8–9 所示。

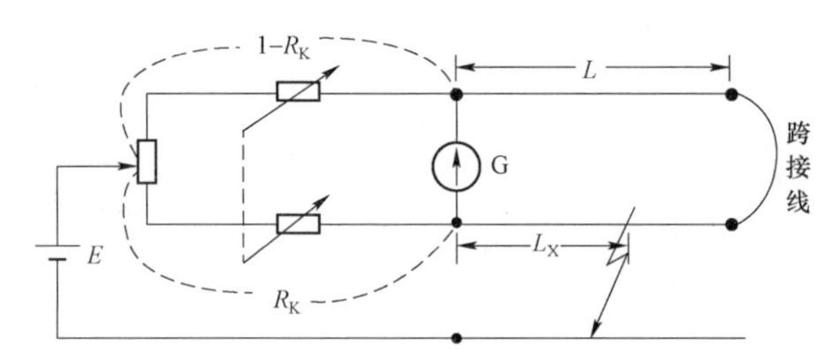

图 8–9　测量两相短路故障原理接线图

与测量接地故障不同之处，就是利用两短路相中的一相作为单相接地故障测量中的地线，以接通电桥的电源回路。如为单纯的短路故障，电桥可不接地；当故障为短路且接地故障时，则应将电桥接地。其测量方法和计算方法与单相接地故障完全相同。

（2）脉冲法。脉冲法是应用行波信号进行电缆故障测距的测试方法。它分为低压脉冲法、闪络法（直闪法、冲闪法）和二次脉冲法三种。

1）测试原理。在测试时，从测试端向电缆中输入一个脉冲行波信号，该信号沿着电缆传播，当遇到电缆中的阻抗不匹配点（如开路点、短路点、低阻故障点和接头点等）时，会产生波反射，反射波将传回测试端，被仪器记录下来。假设从仪器发射出脉冲信号到仪器接收到反射脉冲信号的时间差为Δt，也就是脉冲信号从测试端到阻抗不匹配点往返一次的时间为Δt，如果已知脉冲行波在电缆中传播的速度是v，那么根据公式$L=v\bullet\Delta t/2$即可计算出阻抗不匹配点距测试端的距离L的数值。

行波在电缆中传播的速度v简称为波速度。理论分析表明，速度只与电缆的绝缘介质材质有关，而与电缆的线径、线芯材料以及绝缘厚度等几乎无关。油浸纸绝缘电缆的波速度一般为 160m/μs；而对于交联电缆，其波速度一般在 170～172m/μs。

2）低压脉冲法：

a. 适用范围。低压脉冲法主要用于测量电缆断线、短路和低阻接地故障的距离，还可用于测量电缆的长度、波速度和识别定位电缆的中间头、T 形接头与终端头等。

b. 开路、短路和低阻接地故障波形。

① 开路故障波形。开路故障的反射脉冲与发射脉冲极性相同，如图 8–10 所示；

当电缆近距离开路，若仪器选择的测量范围为几倍的开路故障距离时，示波器就会显示多次反射波形，每个反射脉冲波形的极性都和发射脉冲相同，如图 8–11 所示。

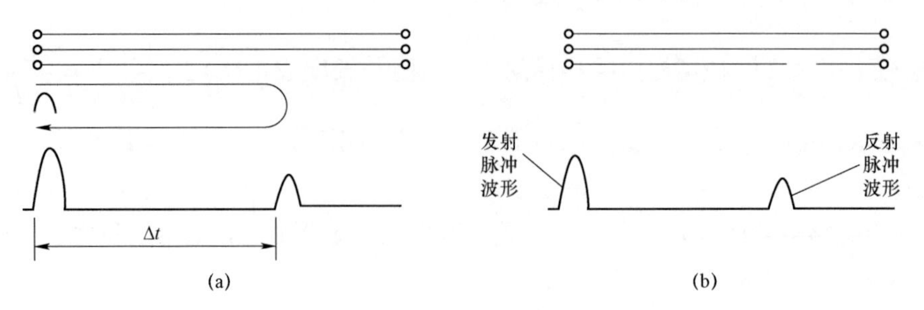

图 8－10　开路故障的抵押反射原理

（a）开路故障的抵押反射原理 a；（b）开路故障的抵押反射原理 b

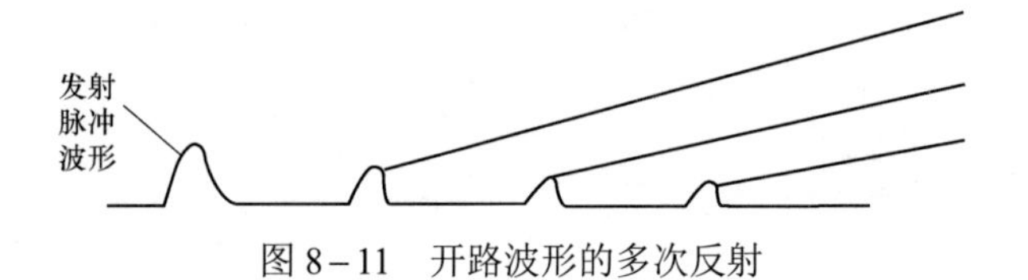

图 8－11　开路波形的多次反射

② 短路或低阻接地故障波形。

短路或低阻接地故障的反射脉冲与发射脉冲极性相反，如图 8－12 所示。

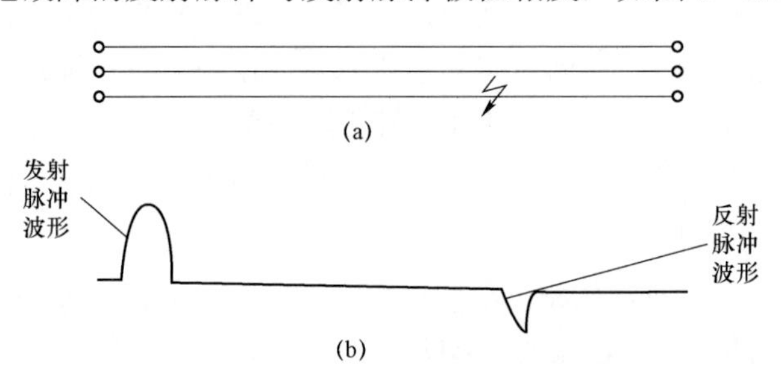

图 8－12　短路或低阻接地故障波形

（a）电缆；（b）波形

当电缆发生近距离短路或低阻接地故障时，若仪器选择的测量范围为几倍的低阻短路故障距离，示波器就会显示多次反射波形。其中第一、三等奇数次反射脉冲的极性与发射脉冲相反，而二、四等偶数次反射脉冲的极性则与发射脉冲相同，如图 8－13 所示。

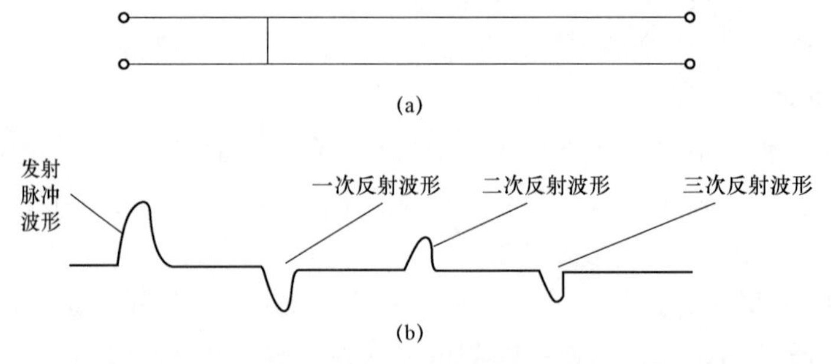

图 8－13　近距离低阻短路故障的多次反射波形

（a）电缆；（b）波形

c. 低压脉冲法测试示例。图 8－14 所示的是低压脉冲法测得的典型故障波形。这里需要注意的是，当电缆发生低阻故障时，如果选择的范围大于全长，一般存在全长开路波形；如果电缆发生了开路故障，全长开路波形就不存在了。

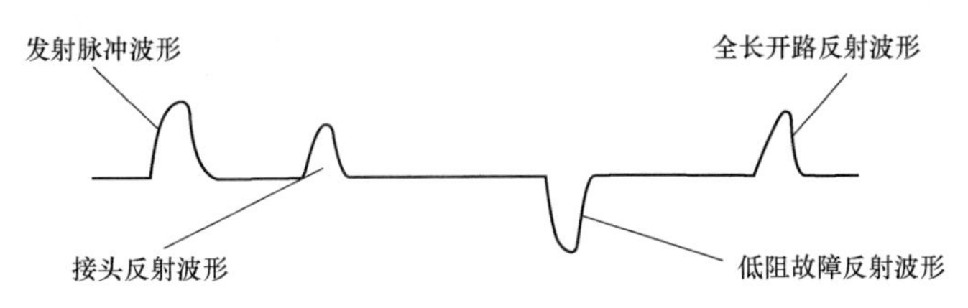

图 8－14 典型的低压脉冲反射波形

图 8－15 所示的是采用低压脉冲法的一个实测波形。从波形上可以看到，在实际测试中发射脉冲是比较乱的，其主要原因是仪器的导引线和电缆连接处是一阻抗不匹配点，看到的发射时脉冲是原始发射脉冲和该不匹配点反射脉冲的叠加。

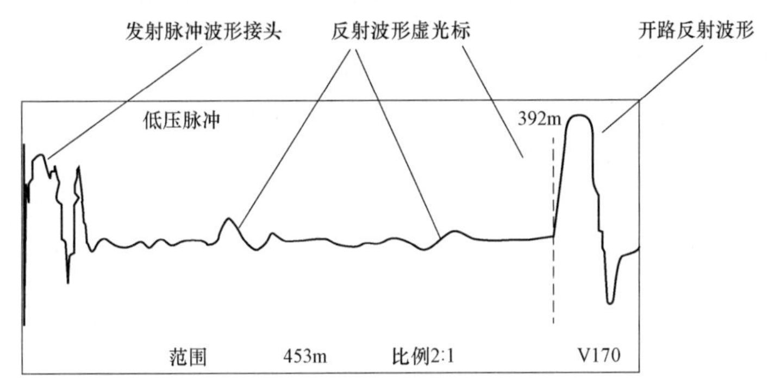

图 8－15 低压脉冲法实测波形

标定反射脉冲的起始点。如图 8－15 所示，在测试仪器的屏幕上有两个光标：一个是实光标，一般把它放在屏幕的最左边（测试端），设定为零点；另一个是虚光标，把它放在阻抗不匹配点反射脉冲的起始点处。这样在屏幕的右上角，就会自动显示出该阻抗不匹配点距测试端的距离。

一般的低压脉冲反射仪器依靠操作人员移动标尺或电子光标，来测量故障距离。由于每个故障点反射脉冲波形的陡度不同，有的波形比较平滑。实际测试时，人们往往因不能准确地标定反射脉冲的起始点而增加故障测距的误差，所以准确地标定反射脉冲的起始点非常重要。

在测试时，应选波形上反射脉冲造成的拐点作为反射脉冲的起始点，如图 8－16（a）虚线所标定处；也可从反射脉冲前沿作一切线，与波形水平线相交点，将该点作为反射脉冲起始点，如图 8－16（b）所示。

d. 低压脉冲比较测量法。在实际测量时，电缆线路结构可能比较复杂，存在着接头点、分支点或低阻故障点等，特别是低阻故障点的电阻相对较大时，反射波形相对比较平滑，其大小可能还不如接头反射，更使得脉冲反射波形不太容易理解，波形起始点不好标定。对于这种情况，可以用低压脉冲比较测量法测试。如图 8－17（a）所示，这是一条带中间接头的电缆，发生了单相低阻接地故障。首先通过故障线芯对地（金属护层）测量得一低压脉冲反射波形，如图 8－17（b）所示；然后在测量范围与波形增益都不变的情况下，再用良好的线芯对地测得一个低压脉冲反射波形，如图 8－17（c）所示；最后把两个波形进行重叠比较，会出现了一个明显的差异点，这是由于故障点反射脉冲所造成的，如图 8－17（d）所示，该点所代表的距离即是故障点位置。

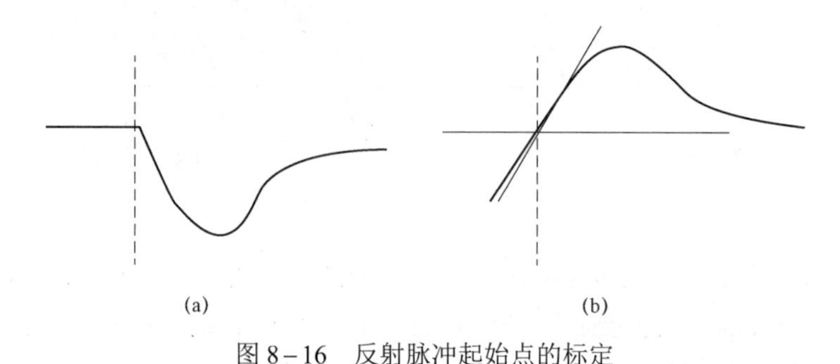

图 8－16　反射脉冲起始点的标定

（a）反射脉冲起始点的标定 a；（b）反射脉冲起始点的标点 b

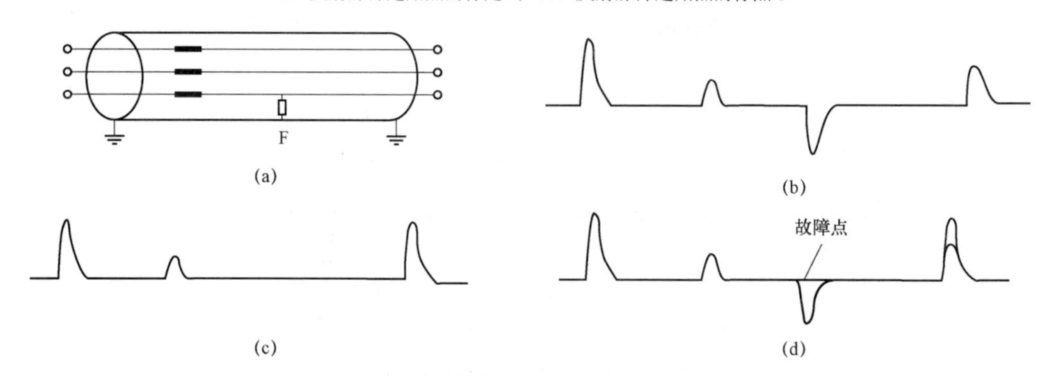

图 8－17　低压脉冲比较测量法

（a）电缆；（b）波形；（c）波形；（d）故障点 d

现代微机化低压脉冲反射仪具有波形记忆功能，即以数字的形式把波形保存起来，同时可以把最新测量波形与记忆波形同时显示。利用这一特点，操作人员可以通过比较电缆良好线芯与故障线芯脉冲反射波形的差异，来寻找故障点，避免了理解复杂脉冲反射波形的困难，故障点容易识别，灵敏度高。在实际中，电力电缆三相均有故障的可能性很小，绝大部分情况下有良好的线芯存在，可方便地利用波形比较法来测量故障点的距离。

图 8－18 所示是用低压脉冲比较法实际测量的低阻故障波形，虚光标所在的两个波形分叉的位置，就是低阻故障点位置，距离为 94m。

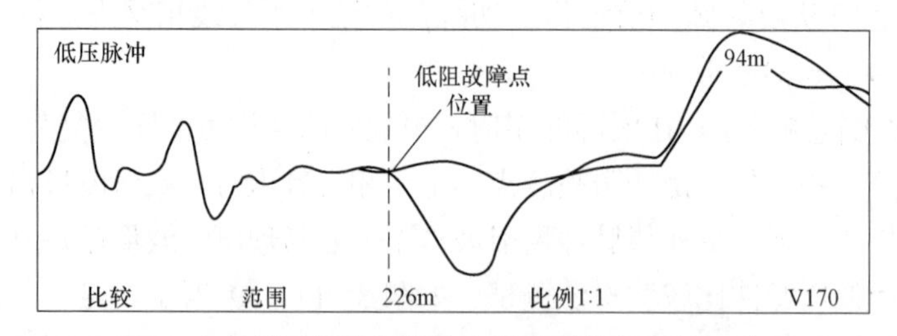

图 8－18　低压脉冲比较法实际测量的低阻故障波形

利用波形比较法可精确地测定电缆长度或校正波速度。由于脉冲在传播过程中存在损耗，电缆终端的反射脉冲传回到测试点后，波形上升沿比较圆滑，不好精确地标定出反射脉冲到达时间，特别当电缆距离较长时，这一现象更突出。而把终端头开路与短路的波形同时显示时，二者的分叉点比较明显，容易识别，如图 8－19 所示。

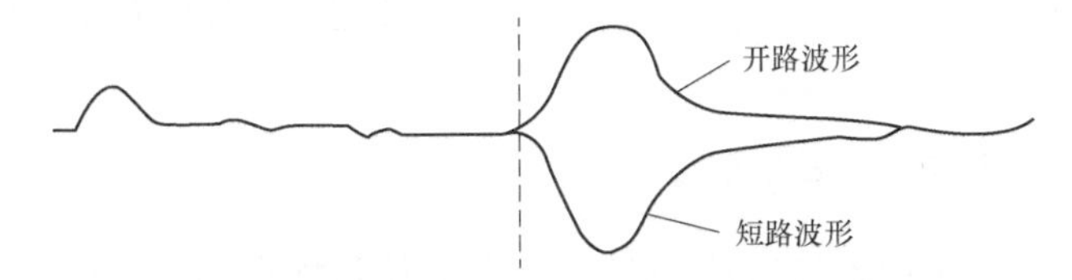

图 8－19　电缆终端开路与短路脉冲反射波形比较

（3）闪络法。对于闪络性故障和高阻故障，采用闪络法测量电缆故障，可以不必经过烧穿过程，而直接用电缆故障闪络测试仪（简称闪测仪）进行测量，从而缩短了电缆故障的测量时间。

闪络法基本原理和低压脉冲法相似，也是利用电波在电缆内传播时在故障点产生反射的原理，记录下电波在故障电缆测试端和故障之间往返一次的时间，再根据波速来计算电缆故障点位置。由于电缆的故障电阻很高，低压脉冲不可能在故障点产生反射，因此在电缆上加上一直流高压（或冲击高压），使故障点放电而形成一突跳电压波。此突跳电压波在电缆测试端和故障点之间来回反射。用闪测仪记录下两次反射波之间的时间，用 $L = v \bullet \Delta t / 2$ 这一公式来计算故障点位置。

电缆故障闪络测试仪具有三种测试功能：用低压脉冲测试断线故障和低阻接地、短路故障；测闪络性故障；能测高阻接地故障。下面对其后两种功能作一简单介绍。

a. 直流高压闪络法，简称直闪法。这种方法能测量闪络性故障及一切在直流电压下能产生突然放电（闪络）的故障。采用如图 8－20 所示的接线进行测试。在电缆的一端加上直流高压，当电压达到某一值时，电缆被击穿而形成短路电弧，使故障点电压瞬间突变到零，产生一个与所加直流负高压极性相反的正突跳电压波。此突跳电压波在测试端至故障点间来回传播反射。

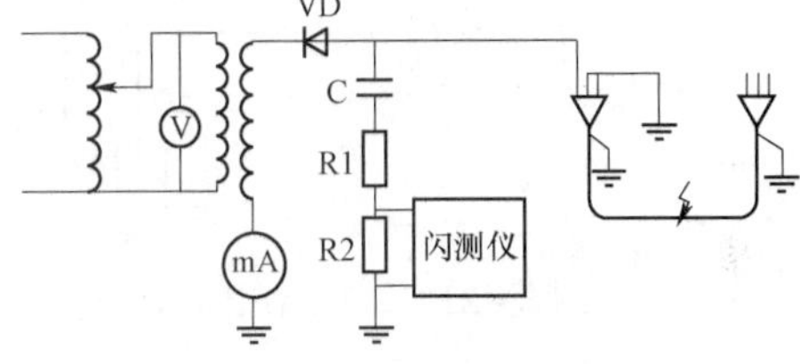

图 8－20　直流高压闪络法测量接线图

在测试端可测得如图 8－21 所示的波形，反映了此突跳电压波在电缆中传播、反射的全貌。图 8－22 为闪测仪开始工作后的第一个反射波形，其中为电波沿电缆从测量端到故障点来回传播一次的时间，根据这一时间间隔可算出故障点位置（在油纸电缆中 v=160m/s），即 $L_X = v\Delta t / 2 = 160 \times 10 / 2 = 800$（m）。式中 v 为波速（160m/μs）；t 为电波沿电缆从测量端到故障点来回传播一次的时间，$t = t_0 - t_1 = 10$μs。

图 8－20 中，C 为隔直电容，其值不小于 1μF，可使用 6～10kV 移相电容器；R1 为分压电阻，为 15～40kΩ 水阻；R2 为分压电阻，阻值为 200～560Ω。图中所示接线仅适于测量闪络性故障，且比冲击高压闪络法准确。当出现闪络性故障时，应尽量利用此法进行测

量。一旦故障性质由闪络变为高阻时，测量将比较困难。

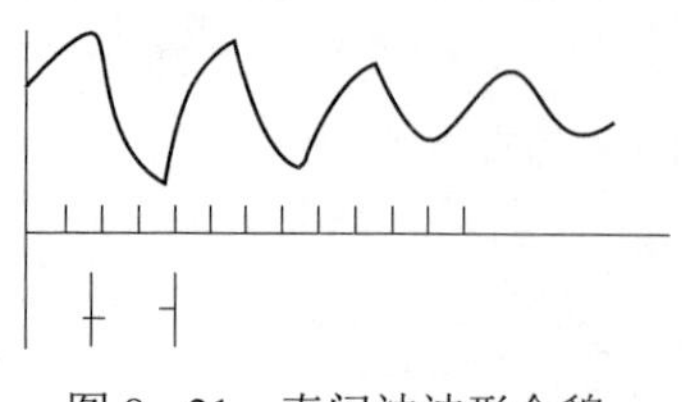

图 8－21　直闪法波形全貌

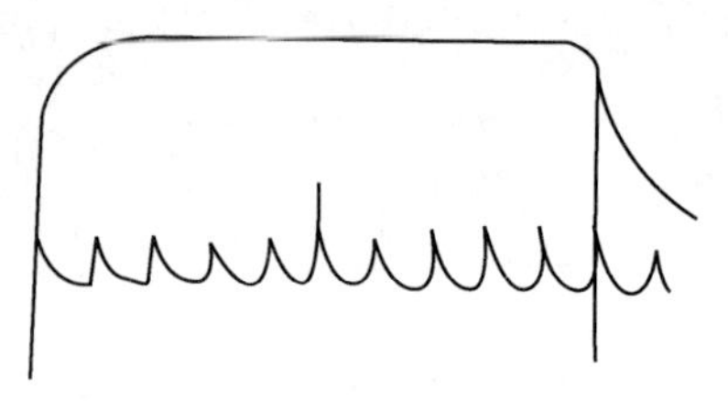

图 8－22　直闪法波形

b. 冲击高压闪络法，简称冲闪法。这种方法能用于测量高阻接地或短路故障。其测量时的接线如图 8－23 所示。

图中 C 为储能电容，其值为 2～4μF，可采用 6～10kV 移相电容器；L 为阻波电感，其值为 5～20μH；R1 为分压电阻，其值为 20～40kΩ；R2 为分压电阻，其值为 200～560Ω；G 为放电间隙。

由于电缆是高阻接地或短路故障，因此采用图 8－23 所示的接线，用高压直流设备向储能电容器充电。当电容器充电到一定电压后（此电压由放电间隙的距离决定），间隙击穿放电，向故障电缆加一冲击高压脉冲，使故障点放电，电弧短路，把所加高压脉冲电压波反射回来。此电波在测量端和故障点之间来回反射，其波形如图 8－24 所示，测量两次反射波之间的时间间隔（图中 a、b 两点间的时间差），即可算出测试端到故障点的距离为 $L_x = 0.5vt = 0.5 \times 160 \times 7 = 560$（m）。

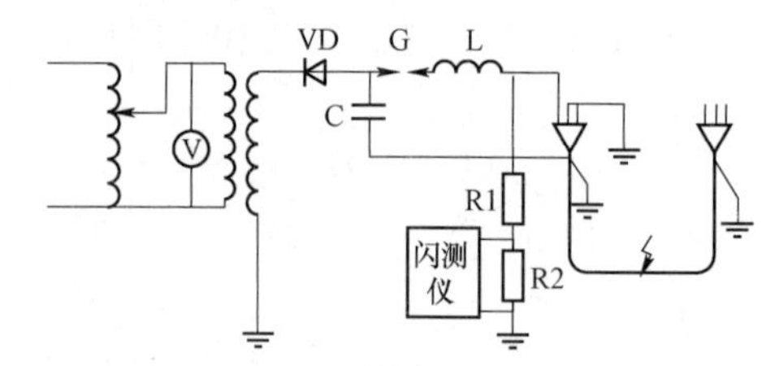

图 8－23　冲击高压闪络法测 S 接线图

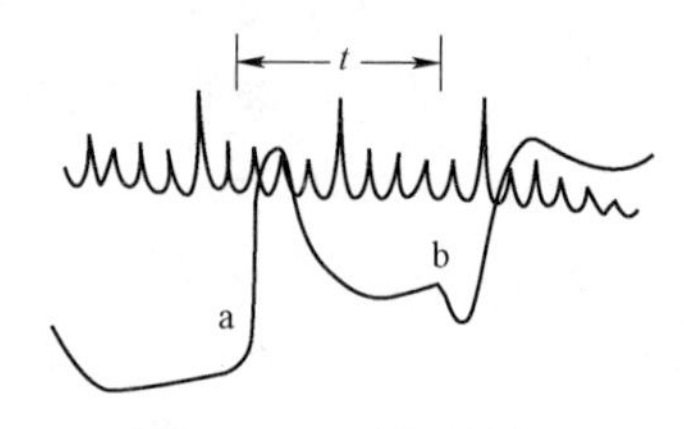

图 8－24　冲闪法波形

图 8－23 中的阻波电感用来防止反射脉冲信号被储能电容短路，以便闪测仪从中得到反射回来的突跳电压波形。

（4）二次脉冲法。二次脉冲法是近几年来出现的比较先进的一种测试方法，是基于低压脉冲波形容易分析、测试精度高的情况下开发出的一种新的测距方法。其基本原理是：通过高压发生器给存在高阻或闪络性故障的电缆施加高压脉冲，使故障点出现弧光放电。由于弧光电阻很小，在燃弧期间，原本高阻或闪络性的故障就变成了低阻短路故障。此时，通过耦合装置向故障电缆中注入一个低压脉冲信号，记录下此时的低压脉冲反射波形（称为带电弧波形），则可明显地观察到故障点的低阻反射脉冲；在故障电弧熄灭后，再向故障电缆中注入一个低压脉冲信号，记录下此时的低压脉冲反射波形（称为无电弧波形），此时因故障电阻恢复为高阻，低压脉冲信号在故障点没有反射或反射很小。把带电弧波形和无电弧波形进行比较，两个波形在相应的故障点位上将明显不同，波形的明显分歧点离测试端的距离就是故障距离。

二次脉冲法的原理如图 8－25 所示，其效果如图 8－26 所示，实例波形如图 8－27 所示。

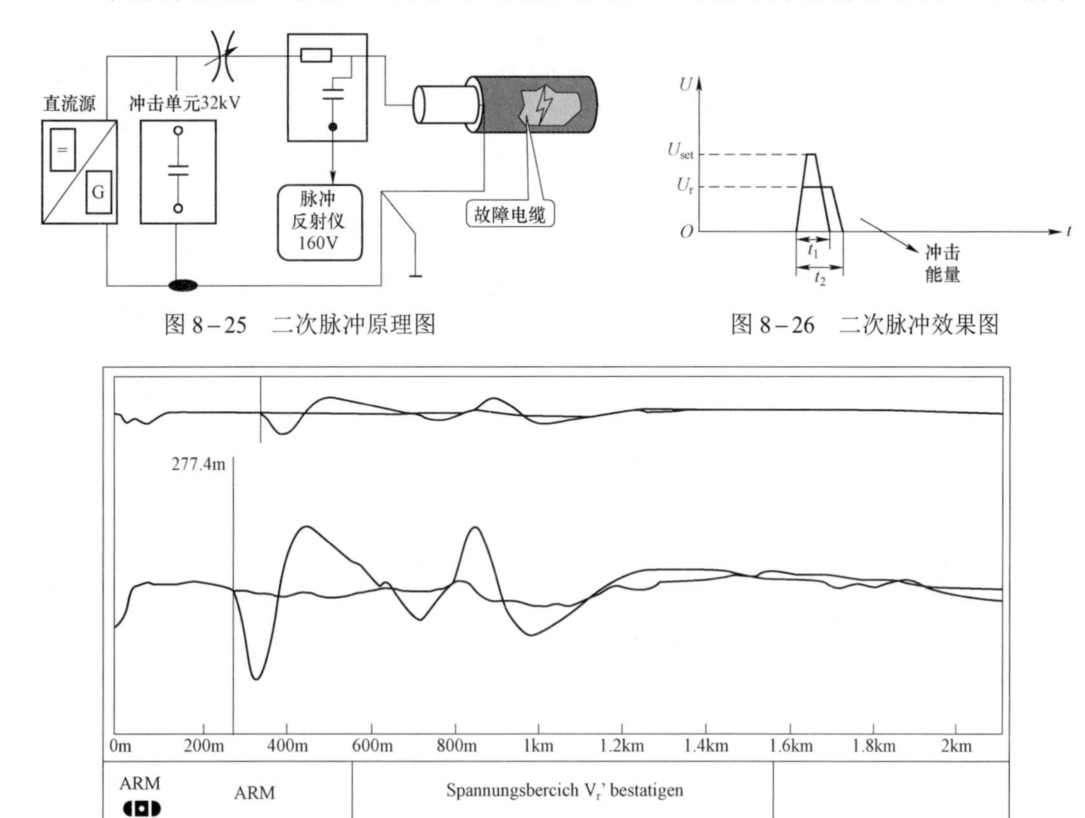

图 8－25　二次脉冲原理图

图 8－26　二次脉冲效果图

注：故障电缆运行电压为 20kV，电缆长度约 740m。

图 8－27　二次脉冲测试实例波形图

使用二次脉冲法测试电缆故障距离需要满足如下条件：故障点处能在高电压的作用下发生弧光放电；测量装置能够对故障点加入延长弧光放电的能量；测距仪能在弧光放电的时间内发出并能接收到低压脉冲反射信号。在实际工作中，一般是通过在放电的瞬间投入一个低电压大电容量的电容器来延长故障点的弧光放电时间，或者精确检测到起弧时刻，再注入低压脉冲信号，来保证得到故障点弧光放电时的低压脉冲反射波形。

这种方法主要用来测试高阻及闪络性故障的故障距离，这类故障一般能产生弧光放电，而低阻故障本身就可以用低压脉冲法测试，不需再考虑用二次脉冲法测试。

8.3.2　电缆故障精确定点

电缆故障的精确定点是故障探测的重要环节，目前比较常用的方法是冲击放电声测法、声磁信号同步接收定点法、跨步电压法及主要用于低阻故障定点的音频感应法。实际应用中，往往因电缆故障点环境因素复杂，如振动噪声过大、电缆埋设深度过深等，造成定点困难，成为快速找到故障点的主要矛盾。

（1）冲击放电声测法。冲击放电声测法（简称声测法）是利用直流高压试验设备向电容器充电、储能，当电压达到某一数值时，球间隙击穿，高压试验设备和电容器上的能量经球间隙向电缆故障点放电，产生机械振动声波，用人耳的听觉予以区别。声波的强弱，决定于击穿放电时的能量。能量较大的放电可以在地坪表面辨别，能量小的就需要用灵敏度较高的拾音器（或“听棒”）沿初测确定的范围加以辨认。

声测试验的接线图，按故障类型不同而有所差别。图 8－28 所示为短路（接地）、断线不接地和闪络三种类型故障的声测接线图。

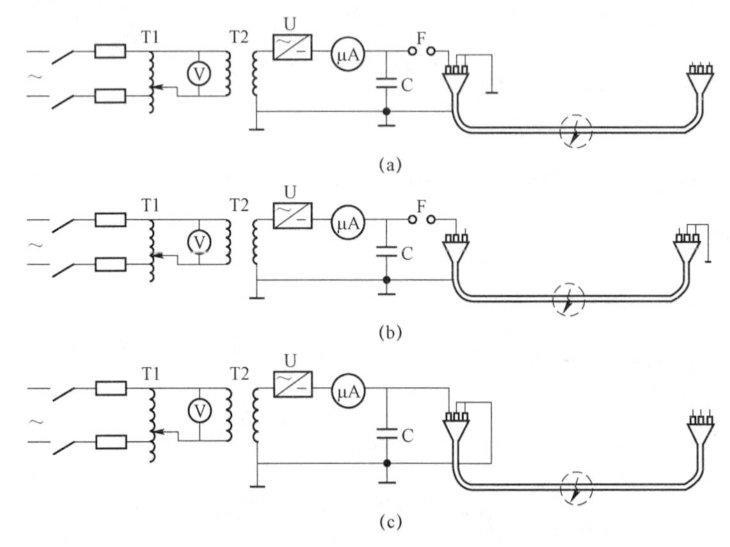

图 8－28　声测实验接线图

（a）声测实验接线图 a；（b）声测实验接线图 b；（c）声测实验接线图 c

其中，T1 为调压器；T2 为试验变压器；U 为硅整流器；F 为球间隙；C 为电容器。

声测试验主要设备及其容量为：调压器和试验变容量 1.5kVA，高压硅整流器额定反峰电压 100kV，额定整流电流 200mA，球间隙直径 10～20mm，电力电容器容量 2～10μF。

（2）声磁信号同步接收定点法。声磁信号同步接收定点法（简称声磁同步法）的基本原理是：向电缆施加冲击直流高压使故障点放电，在放电瞬间电缆金属护套与大地构成的回路中形成感应环流，从而在电缆周围产生脉冲磁场。应用感应接收仪器接收脉冲磁场信号和从故障点发出的放电声信号。仪器根据探头检测到的声、磁两种信号时间间隔为最小的点即为故障点。

声磁同步检测法提高了抗振动噪声干扰的能力，通过检测娜到的磁声信号的时间差，可以估计故障点距离探头的位置。通过比较在电缆两侧接收到脉冲磁场的初始极性，也可以在进行故障定点的同时寻找电缆路径。用这种方法定点的最大优点是在故障点放电时，仪器有一个明确直观的指示，从而易于排除环境干扰，同时这种方法定点的精度较高，信号易于理解、辨别。

声磁同步法与声测法相比较，前者的抗干扰性较好。

图 8－29 所示为电缆故障放电产生的典型磁场波形图。

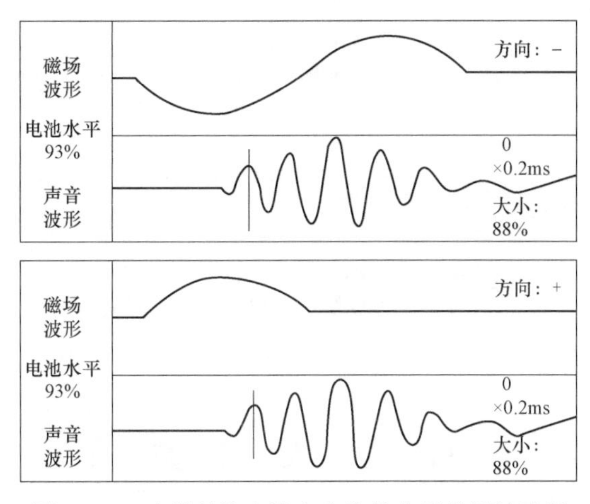

图 8－29　电缆故障点放电产生的典型磁场波形图

（3）音频信号法。此方法主要是用来探测电缆的路径走向。在电缆两相间或者相和金属护层之间（在对端短路的情况下）加入一个音频电流信号，用音频信号接收器接收这个音频电流产生的音频磁场信号，就能找出电缆的敷设路径；在电缆中间有金属性短路故障时，对端就不需短路，在发生金属性短路的两者之间加入音频电流信号后，音频信号接收器在故障点正上方接收到的信号会突然增强，过了故障点后音频信号会明显减弱或者消失，用这种方法可以找到故障点。

这种方法主要用于查找金属性短路故障或距离比较近的开路故障的故障点，而对于故障电阻大于几十欧姆以上的短路故障或距离比较远的开路故障则不适用。

（4）跨步电压法。通过向故障相和大地之间加入一个直流高压脉冲信号，在故障点附近用电压表检测放电时两点间跨步电压突变的大小和方向来找到故障点的方法，称为跨步电压法。

这种方法的优点是可以指示故障点的方向，对测试人员的指导性较强。但此方法只能查找直埋电缆外皮破损的开放性故障，不适用于查找封闭性的故障或非直埋电缆的故障。同时，对于直埋电缆的开放性故障，如果在非故障点的地方有金属护层外的绝缘护层被破坏，使金属护层对大地之间形成多点放电通道时，用跨步电压法可能会找到很多跨步电压突变的点，这种情况在 10kV 及以下等级的电缆中比较常见。

【思考与练习】

1. 为什么断线故障用低压脉冲法进行初测最简单？

2. 什么情况适用跨步电压法？

9

电　缆　防　火

9.1　防　火　材　料

9.1.1　一般要求

（1）电缆防火阻燃材料应选用具有难燃性或耐火性的合格防火材料，并应考虑其使用寿命、机械强度、施工简便、价格合理等综合因素。

（2）当防火材料使用在户外、潮湿或有腐蚀性的环境中时，应选用具有良好防水防腐性能的产品。

（3）难燃材料的特性可按照如下国标进行测试：

1）难燃材料的难燃性按 GB/T 8625《建筑材料难燃性试验方法》的规定进行测试；

2）难燃材料的氧指数按 GB/T 2406《塑料燃烧性能试验方法氧指数法》的规定进行测试；

3）不燃材料的不燃性按 GB/T 5464《建筑材料不燃性试验方法》的规定进行测试；

4）耐火型产品的耐火极限按 GB/T 9978《建筑构件耐火试验方法》的规定进行测试；

5）电缆防火涂料的耐火性按 GA 181《电缆防火涂料通用技术条件》规定执行；

6）阻燃包带的阻燃性试验按 GB/T 18380.3《电缆在火焰条件下的燃烧试验　第 3 部分：成束电线或电缆燃烧试验方法》规定执行。

（4）电缆防火涂刷、电缆用阻燃包带的理化指标、防火性能应符合公安部行业标准 GA 181—1998《电缆防火涂料通用技术条件》、GA 478—2004《电缆用阻燃包带》的规定；耐火槽盒的理化指标、防火性能应符合公安部行业标准 GA 479—2004《耐火电缆槽盒》的规定。

（5）公安消防部门有型式认可证书要求的产品，选用产品应具型式认可证书，电缆防火涂料等产品都需要有型式认可证书才能销售和使用。

9.1.2　材料简介

（1）防火槽盒（桥架）。防火槽盒是用于敷设电缆且能对电缆进行防火保护的槽（盒）形部件，由直线段、弯通及附件等组成，用难燃材料或不燃材料制成，可分为阻燃型槽盒和耐火型槽盒。

其按材质不同可分为下列品种：

1）有机难燃型槽盒，由难燃玻璃纤维增强塑料制成。其拉伸、弯曲、压缩强度好，耐腐性、耐候性好。适用于户内外各种环境条件。

2）无机不燃型槽盒，由无机不燃材料制成。刚性好，适用于户内环境条件。

3）复合难燃型槽盒，以无机不燃材料为基体，外表面或内外表面复合有机高分子难燃材料制成。其氧指数高，拉伸、弯曲、压缩强度好，刚性好，耐腐性、耐候性较好。适用于户内外各种环境条件。

（2）防爆接头盒。防爆接头盒以阻燃型复合材料为原材料，产品各项指标均符合难燃材料的要求，配有阻火包带、防火泥，中间接头与防爆盒之间的空隙可填充防火包或者不填充任何填充物三种情况供用户选择。

（3）防火隔板。防火隔板也称不燃阻火板，是由多种不燃材料经科学调配压制而成，具有阻燃性能好、机械强度高、不爆、耐水、耐油、耐化学腐蚀、无毒等特点。按材质不同可分为下列品种：有机难燃型隔板、无机不燃型隔板、复合难燃型隔板。

（4）防火堵料。防火堵料分为有机防火和无机堵料两类。有机防火堵料由有机高分子材料、阻燃剂、黏接剂等制成，具有长期柔软性，遇火后炭化，形成坚固的阻火隔热层，具有阻火、阻烟、防尘、防小动物等功能。无机防火堵料由耐高温无机材料混合而成，具有快速凝固特性。

（5）防火涂料。防火涂料一般由叔丙乳液水性材料添加各种防火阻燃剂、增塑剂等组成，涂料涂层受火时能生成均匀致密的海绵状泡沫隔热层，能有效地抑制、阻隔火焰的传播与蔓延，对电线、电缆起到保护作用。

（6）防火带。防火带又称阻燃织带，具有不易点燃，离火源自灭，具有防水功能。能对非阻燃电缆进行阻燃处理，达到一定阻燃效果。

（7）防火包。防火包是经特殊处理的耐用玻璃纤维布制成的袋状，内部填充特种耐火、隔热材料和膨胀材料，形成一种隔热、隔烟的密封，且防火抗潮性好，可有效地用于电缆贯穿孔洞处作防火封堵。

（8）防火泥。防火泥是一种柔性阻燃材料。具有良好的阻火、堵烟、耐油、耐水、耐腐蚀性能，还具有耐火极限高、发烟量低等特点。

（9）防火毯。防火毯采用柔性防火材料，指标达到难燃材料要求，可以任意裁剪，减少空间利用率。

（10）阻火墙。阻火墙是用不燃材料或难燃材料构筑，能阻止电缆着火后延燃的一道墙体，可分为带防火门阻火墙和不带防火门阻火墙（也称防火墙）。

9.2 消 防 设 施

9.2.1 灭火器

电缆通道一般采用干粉灭火器。

干粉灭火剂是用于灭火的干燥且易于流动的微细粉末，由具有灭火效能的无机盐和少量的添加剂经干燥、粉碎、混合而成微细固体粉末组成。干粉灭火剂一般分为 BC 干粉灭火剂（碳酸氢钠）和 ABC 干粉（磷酸铵盐）两大类。一是靠干粉中的无机盐的挥发性分解物，与燃烧过程中燃料所产生的自由基或活性基团发生化学抑制和负催化作用，使燃烧的链反应中断而灭火；二是靠干粉的粉末落在可燃物表面外，发生化学反应，并在高温作用下形成一层玻璃状覆盖层，从而隔绝氧，进而窒息灭火。另外，还有部分稀释氧和冷却作用。灭火器具有结构简单、操作灵活应用广泛、使用方便、价格低廉等优点。

9.2.2 隧道防火门

隧道防火门功能：电缆隧道的防火门始终处于关闭状态将引起电缆隧道通风不良，局部电缆温度过高容易引发电缆火灾，如果电缆隧道防火门始终处于敞开的状态，电缆隧道的通风问题解决了，但是一旦发生电缆火灾，火焰会通过隧道的防火门串入没有发生火灾的另一段，扩大事故范围，因此防火门一般要求具有自动关闭系统。在正常情况下防火门是敞开的，能够保证电缆隧道的通风良好，当电缆隧道内发生火情时，电缆隧道的感烟装置报警同时触发电缆隧道防火门自动关闭，关闭后的防火门仍然可以人工开启，防止工作人员被关在电缆隧道内。

9.2.3 排烟通风系统

排烟通风系统由送排风管道、管井、防火阀、门开关设备、送排风机等设备组成。

排烟口的设备位置应与人员疏散方向相反：当火灾发生时，人员逆烟气流而上，烟气浓度和周围温度逐渐降低，有利于人员辨别疏散门的位置，并能时得到氧气的补给，从而保障人员顺利疏散到安全地点，这样的排烟系统既具备排烟功能，又能发挥安全作用。

为了解决新风输送及排风问题，很多电缆隧道设置竖向管井（道），通过与竖向管井（道）相连接的水平支管把新风送入室内，并从室内排出污浊气体。

根据国家有关规范要求，与竖向通风管道相连接的水平支管应安装防火阀，重要的或火灾危险性大的房间隔墙和楼板处也应安装防火阀：防火阀的作用温度一般采用 70℃，平时呈开启状态。火灾时当烟火的温度达到 70℃时，易熔片就会熔断，防火阀关闭，从而切断烟火的通路，阻止烟火通过管道四处蔓延，避免火灾区域的扩展。

排烟防火阀安装在机械排烟系统的排烟支管上，平时呈关闭状态（与防火阀相反），作用温度为 280℃。在发生火灾时，由控制中心发出信号将其打开，排烟系统随之启动。当管道内烟气温度达到 280℃时，排烟阀会自动关闭，阻止火势蔓延，起到隔烟防火作用。

9.2.4 消防水系统

消防水系统是一种消防灭火装置，是应用十分广泛的一种固定消防设施，它具有价格低廉、灭火效率高等特点。根据功能不同可以分为人工控制和自动控制两种形式。系统安装报警装置，可以在发生火灾时自动发出警报，自动控制式的消防喷淋系统还可以自动喷水并且和其他消防设施同步联动工作，因此能有效控制、扑灭初期火灾。

自动消防水系统的组成部件由水池、阀门、水泵、气压罐控制箱、主干管道、分支次干管道、信号蝶阀、水流指示器、分支管、喷淋头、排气阀、末端排水装置等组成。

9.2.5 电缆通道自动探火灭火装置

火探（FIREDETECT）管式自动探火灭火装置（以下简称火探装置）作为一套简单、低成本且高度可靠的独立自动灭火系统，它无需任何电源，无需专门的烟、温感探测器，无需复杂的设备及管线，利用自身储压，依靠一根经充压的火探管及一套火探瓶组就能快速、准确、有效地探测及扑灭火源，集报警和灭火于一体，将火患扑灭在最初阶段。火探装置实物图如图 9－1 所示。

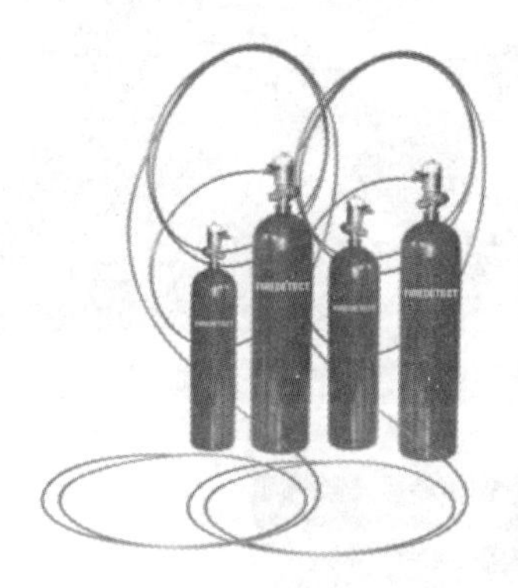

图 9－1 自动探火灭火装置

火探装置是由装有灭火剂的压力容器、容器阀及能释放灭火剂的火探管和释放管等组成。将火探管置于靠近或在火源最可能发生处的上方，同时，依靠沿火探管的诸多探测点（线型）进行探测。一旦着火时，火探管在受热温度最高处被软化并爆破，将灭火介质通过火探管本身（直接系统）或喷嘴（间接系统）释放到被保护区域。其中，火探管是高科技领域开发的新品种，是一种高科技非金属合成品。它集长时间抗漏，柔韧性及有效的感温性于一体，在一定温度范围内爆破，喷射灭火介质或传递火灾信号。

其主要特点如下：

（1）发生火灾时自动灭火功能：发生火灾时，探测器探测到火灾的同时灭火器自动工作，能够在最短时间内早期灭火。

（2）停电时也能正常工作：系统内有内置应急电源，停电或由于主电源发生故障电源被切断时，装置自动转换到应急电源，系统正常工作，应急状态下系统也能够自动应对。

（3）多种检测功能：此装置本身具有检验探测功能（烟感和热感），还可以按不同的需要自己增加探测部件，达到对防火区域的多方位全面监控。

（4）数字化分析、控制方式：发生火灾时的热、烟、温度等探测信息在分析、处理、传输方面的数字化，相比现有的模拟方式，其可信性、扩展性更加优秀，提供多样、精密的数据，最大限度提高了设备的管理效率。

（5）防火区域内安装：系统设计简单，安装简便，不占用户的有限空间，可以安装在防护对象的设备内部，无需另外设置气瓶间或仪器储藏室。

此外，火探装置不受震动或冲撞而影响操作功能；不因油、灰尘、烟的影响而导致探火功能的减弱及误报警；火探管为软性物，不受任何位置的影响，可伸进各种窄小和复杂易燃空间或设备中，该特点弥补了现有消防产品不能扑灭此类火源的缺陷；距离被保护物近，灭火效率高，费用低廉；非全淹没式，释放时不会伤害被保护区域的人员。因此，火探装置最适合无人值守而需重点保护的设备和场所。

电缆通道自动探火灭火装置应用情况如图 9-2～图 9-4 所示。

图 9-2　布线安装

图 9-3　自动探火灭火装置应用

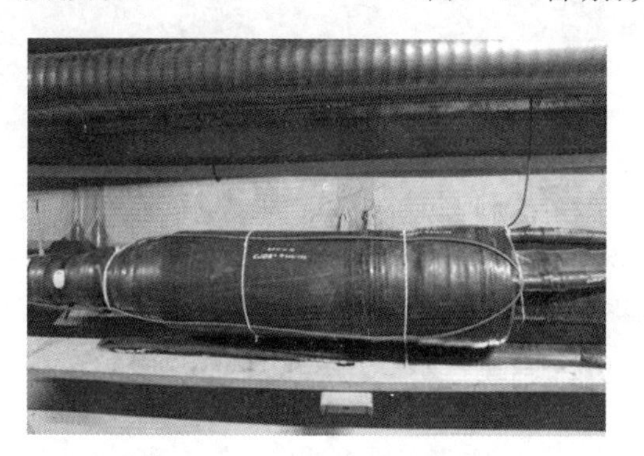

图 9-4　中间接头布线现场

9.3 防 范 措 施

9.3.1 电力电缆防火

（1）设计阶段的防范措施：

1）防火设计要求。隧道、沟道、竖井、桥架、桥梁、夹层内等电缆密集区域应采用耐火电缆、阻燃等级不低于 C 级的阻燃电缆或采取缠绕防火包带，涂刷防火涂料，加装防火槽盒等防火措施；

非直埋的电缆接头最外层应采用阻燃材料包覆；对防火防爆有特殊要求的，电缆接头应采用填沙、加装防爆接头盒或防火毯等防火隔离措施；

在通道隐蔽区域和偷盗频发地区的接地箱（互联箱）应设计相应的技防措施；

与电力电缆同通道敷设的低压电缆、非阻燃通讯光缆等应放置在耐火槽盒中。对于一些特别重要电缆及回路，也应敷设在防火槽盒内保护。

2）防火配置：

a. 电缆阻燃等级：电力电缆的阻燃等级，无特殊含义的话一般是表示电缆的成束阻燃性能等级要求，为考核电缆阻燃性能的重要标识，一般是在电缆型号前面的标注，比如：ZA－YJV，ZB－YJLW，阻燃效果大小依次为A＞B＞C。

b. 聚氯乙烯电缆护套燃烧时发烟量大，并有大量酸性有毒气体逸出。相比之下，聚乙烯护套可靠性远远大于聚氯乙烯护套。

c. 未采用耐火或阻燃电缆时，工井内、电缆沟内电缆接头两侧及相邻电缆2～3m长的区段应采取涂刷防火涂料、缠绕防火包带等措施；户内较干燥与清洁环境条件下，涂覆于贯穿孔洞封堵层的一侧或两侧电缆，阻火墙两侧电缆或其他场所需防火保护的电缆，涂覆于进出槽盒端头电缆及从槽盒内引出的电缆。

d. 按敷设电缆数量选择防火槽盒规格尺寸，电力电缆填充率宜取35%～40%，控制电缆宜取50%～70%，且宜预留10%～25%的裕量。

e. 电缆密集处，电缆中间接头采用阻燃性能好，强度高，免维护，防水、防潮，安装简便的防爆接头盒。由于空间受限无法安装防爆接头盒的地点采用可剪裁的柔性防火毯作为防火措施。

（2）施工阶段的防范措施：

1）到货验收。由于电缆本身的隐蔽性，其很多内在缺陷很难从表面得以发现，特别是电缆的阻燃耐火性能。基于此，应对工程采用的耐火或阻燃电缆进行到货检测，确保隧道内运行电缆的防火性能。

2）施工要求：

a. 按照设计采用耐火或阻燃型电缆。

b. 电缆防火涂料施工应符合下列规定：第一，清理电缆表面尘埃、污垢、油污，并将电缆作必要的整理；第二，使用涂料前应将涂料搅拌均匀，若太稠可以使用稀释剂稀释；第三，涂刷涂料时，水平敷设电缆宜沿电缆走向均匀涂刷，垂直敷设电缆宜自上而下涂刷。涂刷分3～5次进行，每次涂刷后，应待涂膜表面干燥后再涂，一般涂刷间隔时间为4～24h；第四，涂层厚度1mm左右，厚薄均匀，表面无严重流淌现象。

c. 电缆用防火带施工应符合下列规定：第一，施工前应将电缆作必要的整理，并清除电缆表面污物；第二，电缆用防火带按搭接一半覆盖方式沿电缆长度方向缠绕，包带缠绕时应适当拉紧，使包带紧固于电缆上；第三，当多根小截面电缆组成一束后缠绕防火包带时，两端头应用柔性有机堵料封堵严密。

d. 电缆接头防爆盒施工应符合下列规定：第一，电缆接头防爆盒必须在停电状态下施工，接头防爆盒上下两片用螺栓联接牢固，两端头应用柔性有机堵料封堵严实；第二，进出电缆接头防爆盒两端的电缆及接头相邻区段电缆应涂刷防火涂料或缠绕阻燃包带。

e. 施工完毕后应搞好施工现场环境卫生工作。

f. 电缆防火工程施工必须由产品生产企业或其授权的单位进行施工，在施工期间双方应签订安全协议，并确保施工安全及工程质量。

g. 电缆防火工程施工应按照设计文件、相应产品的技术说明书和操作规程进行，不得随意更改；当需要修改时，应经原设计单位同意。

h. 施工人员必须遵守和执行建设单位的安全生产、文明施工的管理制度，并应接受建设单位监护人员、监理人员的检查监督。施工前应做好下列准备工作：第一，应根据现场情况准备施工工具和施工人员人身安全防护设施等必要的作业条件；第二，核对施工的材料与设计选用的材料是否符合。

3）施工工艺管控。为降低本体因素引起的电缆火灾，有必要强调施工工艺管控。

制作电缆终端或接头时要剥除一小段屏蔽层，目的是保证高压对地的爬电距离，增强绝缘表面抗爬电能力，此屏蔽断口处应力集中，也是薄弱环节，应采取适当措施对应力处理。

制作中需要注意的工艺如下：

a. 制作电缆终端头时应严格按照图纸尺寸施工，防止尺寸不符合附件要求，造成局部放电，最终导致爆炸引起火灾；

b. 制作电缆终端头，剥除铅护套、铝护套时不应损伤电缆绝缘；

c. 绝缘屏蔽层与电缆层间的过渡应平滑；

d. 剥除内衬层及填充物时不得伤及铜屏蔽层；

e. 制作过程中应保持电缆表面清洁、无杂质和污染物。

（3）验收阶段的防范措施：

1）防火涂料表面光洁、涂层厚度均匀，符合设计要求，涂料干燥后无裂纹、无漏涂现象。

2）电缆用防火带搭盖面积 50%，包带缠绕紧密。

3）接头防爆盒螺栓联接牢固，两端封堵严实。进出电缆接头防爆盒两端的电缆及接头相邻区段电缆应涂刷防火涂料或缠绕防火带。

4）在工程施工完成后，施工单位应先组织施工人员进行施工质量检查、自验，并应向建设单位提交防火施工档案。建设单位在确认防火具备质量验收条件后，应组织相关单位和人员等进行验收。

5）工程验收时，施工单位应提供下列资料：验收申请报告、竣工报告、设计文件、设计变更记录、防火工程竣工图及竣工决算等；施工记录及中间验收记录，施工现场质量查验结果；防火材料的产品使用说明书、合格证书、有效检测报告和型式认可证书等资料。

6）工程检查、验收完毕后，对不符合本标准的工程及部位，在进行返工处理后应重新组织复验。

（4）运维阶段的防范措施：

1）检测技术：

a. 红外测温检测。红外技术对运行电缆设备进行非接触监测，通过红外图谱反映其温度分布，通过专业分析软件显示任何一点、一线温度值，并据此诊断外部及内部缺陷，防止电缆过热引起的火灾。

b. 接地环流检测。当单芯电缆线芯通过电流时就会有磁力线交链金属屏蔽层，使它的两端出现感应电压。感应电压的大小与电缆线路的长度和流过导体的电流成正比，电缆很长时，护套上的感应电压叠加起来可达到危及人身安全的程度，在线路发生短路故障、遭受操作过电压或雷电冲击时，屏蔽上会形成很高的感应电压，甚至可能击穿护套绝缘。此时，如果仍将金属屏蔽层两端三相互联接地，则金属屏蔽层将会出现很大的环流而形成损耗，使金属屏蔽层发热，这不仅浪费了大量电能，而且降低了电缆的载流量，并加速了电缆绝缘老化，甚至出现电力事故，引起电缆火灾。当电缆外护套破损或接地系统异常时，电缆金属护层在发生多点接地时，护套与大地形成多个贯通的回路，金属护层中则会产生较大的环流。一般而言，接地电流不超过线路负荷电流的 10%，但是当接地系统出现异常时，护层电流有可能达到负荷电流的 80%～90%，大电流长时间流过金属护套就会引起温度升高，一方面减小电缆线芯的载流量，降低电缆的运行效率；另一方面温度升高到一定程度会加快电缆主绝缘的老化，甚至引起绝缘击穿，造成电缆故障。

目前接地环流检测是电力电缆防火的状态监测手段之一，主要通过如下 2 种方式监测：① 通过人工普查的方式，采用钳形表（如图 9－5 所示）对所有线路的终端、中间接头的接地线进行监测；② 通过智能监控系统进行接地环流的实时监控。

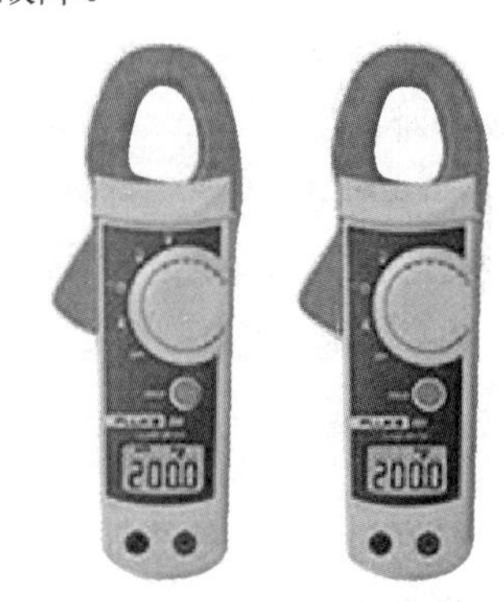

图 9－5　钳形接地环流检测表

2）监测系统。温度监控报警系统通过温度数据的收集、存储、转换和传输，来实时显示和报警，防止火灾。火灾事故大部分是由于温度过高引起的，通过对电缆头或电缆本身的连续温度测量，能够预测电缆头或电缆本身的故障趋势，及时提供电缆故障部位检修指导。

分布式光纤温度传感器与传统的各类温度传感器相比，具有一系列独特的优点：使用光纤作为传输和传感信号的载体，有效克服了电力系统中存在的强电磁干扰；利用一根光纤为温度信息的传感和传导介质，可以测量沿光纤长度上的温度变化；采用先进的 OTDR 技术和 Raman 散射光对温度敏感的特性，探测出沿着光纤不同位置的温度的变化；实现真正分布式的测量，非常适合各种长距离的温度测量、在线实时监测和火灾报警等。分布式光纤温度传感器根据被测信号的特殊性，在常规微弱信号检测的基础上，针对微弱信号检测，采用软、硬件结合的方案，能够在强噪声下有效地提取微弱信号，以求得尽可能大的信号噪声比，而所需的器件与设备极为通用，相对成本较低，检测整个过程完成的时间也较短，具有较高的实用性。

光纤温度监控系统安装比较简便，如图 9－6 所示。只需在线路两侧变电站内增图加控制、监测和报警设备，线路沿线仅需在电缆表面增敷一根光缆，不用额外空间。该系统采用特种感温光缆作探测器，本身不带电，具有防爆、防雷、防腐蚀、抗电磁干扰等优点，其测量温度分辨率一般可以达到 0.01℃，任何微小温度变化都会被探测到，测试距离最长一般可达 30km，空间分辨率最小一般为 0.1m，在相同温度分辨率、测量距离和空间分辨的前提下，具有最短的测量时间，所以可实现大型电力电缆设备内部温度实时在线监测。

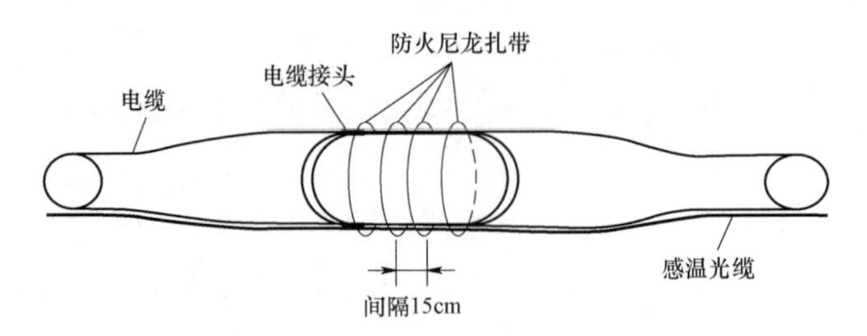

图 9－6　光纤温度监控系统安装示意图

9.3.2　电缆隧道防火

电力电缆隧道由于内部空间大，潜在火源多，在防火、灭火方面存在以下几方面的缺点：

（1）隧道内电缆发生火灾时烟雾大、温度高，由于电缆绝缘材料均为橡胶或塑料制造，燃烧使含氧量降低，可能造成人员伤亡，并且火灾容易沿电缆隧道蔓延，给灭火造成困难。

（2）电缆隧道出入口少，使消防人员不能及时到达着火部位灭火，给扑救火灾带来困难。另外，隧道两壁敷设电缆，中间通道狭窄会给灭火人员带来不便。

（3）高压电缆密集布置在电缆隧道内，发生火灾如不切断所有电缆电源，消防人员有触电危险。

（4）电缆隧道内电缆线路集中布置，一旦发生火情，影响范围广，容易造成大面积停电。尤其是敷设有多回 220kV 及以上电缆的隧道，发生火灾时甚至可能危及整个电网的安全稳定运行。因此，电力隧道消防问题必须高度重视，对电力电缆隧道内的消防措施应遵循安全、合理、可靠、有效的原则进行设置。

设计阶段的防范措施：

1）隧道内电力电缆应选用阻燃电缆，其成束阻燃性能等级应不低于 C 类。隧道内的低压电缆、通讯光缆和控制电缆应单独敷设在防火槽盒（阻燃管）内，余缆应加装防火盒。

2）隧道内每隔 100～200m 应设置一道防火间隔，发生火灾时通过烟感传感器控制防火门关闭，使该段间隔内氧气进行隔离，防止火灾蔓延。人员在防火间隔内可以打开防火门，以便逃生（见图 9－7）。

3）建设电缆隧道时，应同步设置通风、防火基本设施，重要电缆隧道应内同步建设综合监控系统，包括电缆温度监测、局放在线监测、接地环流监测，隧道有害气体监测、火情监测报警、视频监测等，并应定期传动、检测，确保动作可靠、信号准确。

4）电缆隧道应配置独立的双路供电系统，以便为通风、排水、照明等辅助系统提供要电力供应。通风、排水、供电及照明系统宜具备远程开启、关闭功能。

5）隧道内应有完善的防鼠、蛇窜入的设施，防止小动物破坏电缆绝缘引发事故。

6）110kV 及以上电压等级电缆线路不配置重合闸，当电缆线路发生故障后，保护动作切除故障后不重合。

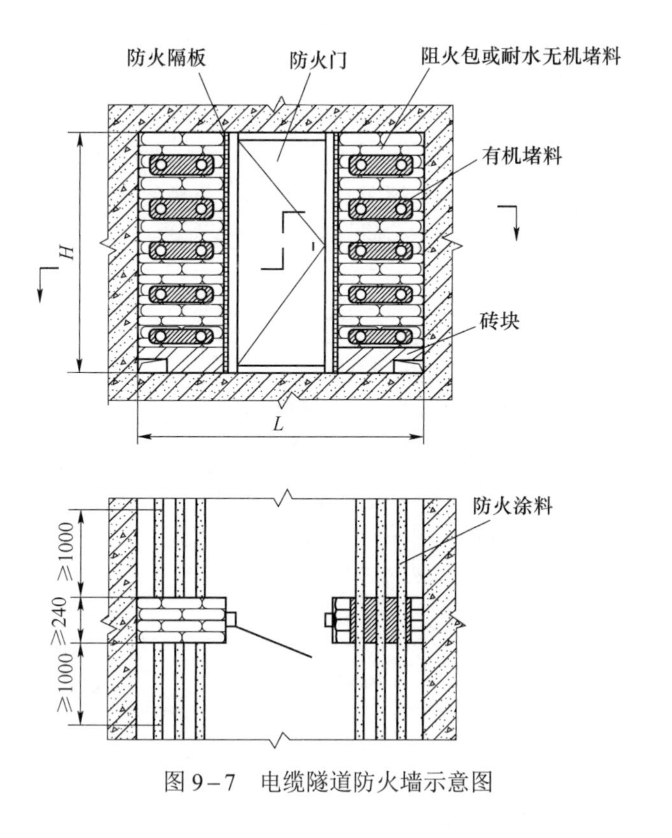

图 9－7　电缆隧道防火墙示意图

9.4 防 火 配 置

9.4.1 防火封堵及防火材料

选择用电缆防火封堵产品时，应优选选用环保产品，这是社会发展的必然趋势。根据国家建筑标准设计图集 06D105《电缆防火阻燃设计与施工》的编制说明 8.3.4 的要求，应优先环保产品。

为保护生态环境，保证电器设备和精密仪器等不受腐蚀侵害，选用电缆防火封堵材料时应优先采用无卤成分，燃烧无卤酸氢气体释放、遇火膨胀防烟气扩散等特点的对环境友好的产品。

选择防火封堵材料时应综合考虑各种因素，如孔洞大小、环境条件、耐火性能要求、环保要求、防水要求、检修和更换电缆的频繁程度、美观要求等各种条件，选择适用的防火封堵产品组成电缆防火封堵系统，改善防火封堵效果。

选用的电缆防火封堵产品应有生产厂的产品使用说明书、产品合格证书、生产日期、产品保质期等资料，以确保产品质量。

9.4.2 阻火墙

（1）阻火墙材料：

1）采用防火隔板、阻火包、柔性有机堵料和电缆防火涂料组合进行构筑。柔性有机堵料包裹在电缆贯穿部位，孔洞其余部位填充阻火包，用防火隔板、角钢作支撑，阻火墙底部用砖块砌筑，并留有排水孔，墙体厚度320mm，阻火墙两侧电缆各涂刷电缆防火涂料，长度不小于1m，涂刷厚度1mm左右，如图9－8所示。一般适用于较干燥电缆隧道阻火墙，耐火极限不低于2h。

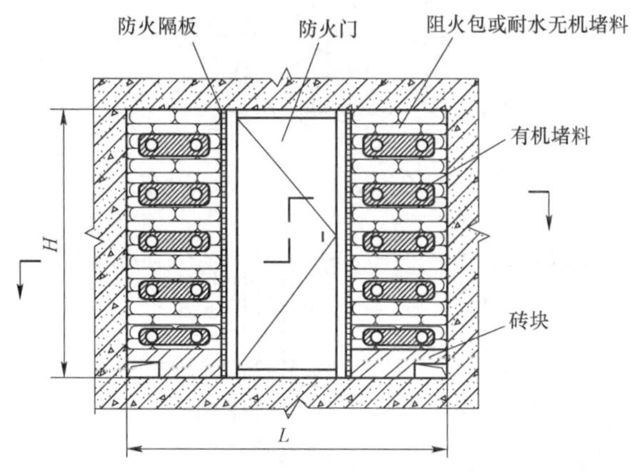

图9－8　较干燥的电缆隧道阻火墙图示

2）采用柔性有机堵料、耐水型无机堵料和电缆防火涂料组合构筑。柔性有机堵料包裹在电缆贯穿部位，孔洞其余部位填充耐水型无机堵料，并应留有排水孔，墙体厚度240mm，阻火墙两侧电缆各涂刷电缆防火涂料，长度不小于1m，涂刷厚度1mm左右，如图9－9所示。一般适用于较潮湿或有积水的电缆隧道阻火墙，耐火极限不低于2h。

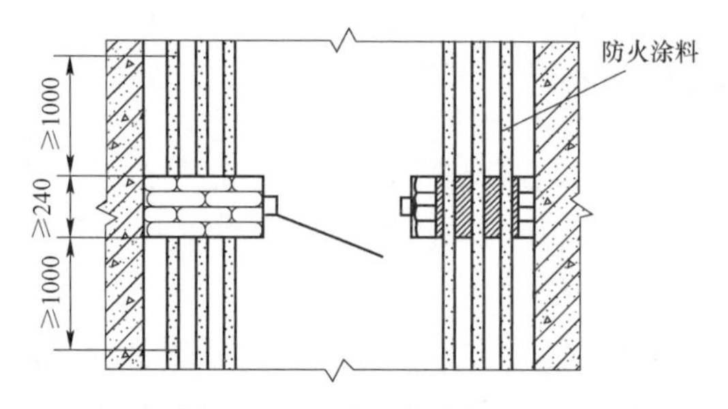

图9－9　较潮湿或有积水的电缆隧道阻火墙图示

（2）施工阶段的防范措施：

1）在隧道应按照设计要求采用阻燃电缆或采取其他的防火措施。

2）在隧道中有非阻燃电缆时，宜分段或用软质耐火材料设置阻火隔离，孔洞应封堵。

3）电缆防火工程施工必须由产品生产企业或其授权的单位进行施工，在施工期间双方应签订安全协议，并确保施工安全及工程质量。施工人员必须经过防火封堵产品生产企业的培训，并持有培训合格证书。施工时应按照设计文件、相应产品的技术说明书和操作规程进行，不得随意更改。当需要修改时，应经原设计单位同意。

4）施工人员必须遵守和执行建设单位的安全生产、文明施工的管理制度，并应接受建设单位监护人员、监理人员的检查监督。施工前应做好下列准备工作：

a. 应根据现场情况准备施工工具和施工人员人身安全防护设施等必要的作业条件。

b. 核对施工的材料与设计选用的材料是否符合。

5）施工完毕后，应搞好施工现场环境卫生工作。

（3）验收阶段的防范措施：

1）在工程施工完成后，施工单位应先组织施工人员进行施工质量检查、自验，并应向建设单位提交防火施工档案。建设单位在确认防火具备质量验收条件后，应组织相关单位和人员等进行验收。

2）工程验收时，施工单位应提供下列资料：验收申请报告、竣工报告、设计文件、设计变更记录、防火工程竣工图及竣工决算等；施工记录及中间验收记录，施工现场质量查验结果；防火材料的产品使用说明书、合格证书、有效检测报告和型式认可证书等资料。

3）验收时防火隔板安装牢固，无缺口、缝隙外观平整。

4）工程检查、验收完毕后，对不符合本标准的工程及部位，在进行返工处理后应重新组织复验。

（4）运维阶段的防范措施：

1）电缆隧道内电缆线路的运行管理、维护保养、防止外力破坏是预防电缆火灾的重要环节。对电缆接头等线路中的薄弱环节更应加强监视和管理，使用多种手段、设备进行监测。如发现电缆接头有不正常温升或气味、烟雾时，应尽早查明原因，甚至先退出运行，确保线路万无一失。

2）电力专用隧道为满足电缆通风和维护检修要求，应设有人员出入口。对此类出入口应有专项管理制度，不允许无关人员的进出，有条件可使用红外监测或摄像设备，将相关信息和图像传送至控制中心随时监控。电力专用隧道中人员的进出管理也必须严格，专业技术人员进入巡视或检修时也应遵守相关工作制度，严防外来人员携带可燃物进入或对电缆线路进行破坏。

3）目前，电缆隧道中采用各种在线监测系统和火灾报警控制系统可以让运行人员及时了解隧道内设备运行状态，防止火灾发生，以及失火时及时采取有效措施防止事故进一步扩大：

a. 监测系统。电缆隧道设置温度自动探测报警与控制系统，一般考虑各种点式感烟探测器、线型感温电缆和空气样本分析系统。点式感烟探测器安装在电缆隧道的顶部，易受灰尘、潮湿、振动和电磁干扰等因素的影响。特别是在潮湿的雨季，感烟探测器因无法判别是水蒸气的升腾还是烟雾，有时会发生误报。还有就是极度潮湿下的电磁干扰也会发生误报。

目前电缆隧道内推荐一种用于实时测量空间温度场分布的光纤温度传感系统，自动连续测量光纤沿线的温度，测量距离在几千米，空间定位精度为米级，特别适用于需要大范围多点测量的应用场合。这种光纤传感技术在高压电力电缆、电气设备因接触不良原因易产生发热的部位、电缆夹层、电缆通道、大型发电机定子、大型变压器、锅炉等设施的温度定点传感场合具有广泛的应用前景。

对电缆隧道内的温度监控，可以将测温光纤随电缆隧道敷设在电缆支架上。而对电缆的监护，可以将测温光纤贴在电缆表面，在取得电缆表面数据后，将电缆的负荷电流同时描成一组相关曲线，并从电流值推算出芯线导体的温度系数，从表面温度变化与导体温度变化之差（相同时刻作比较）便可以求出表面温度与运行负荷电流的相互关系，并以此来支持供电系统的安全运行。现有光纤温度监控系统产品中包含可以根据电缆表面所测温度推算电缆导体温度、电缆载流量数据的附加软件，通过实验证明，其计算结果与实际情况基本相符。使用后能实时了解电缆运行状况，有利于电缆负荷的动态优化，使线路利用达到最大值。倘若电缆出现过负荷运行，电网调度将在第一时间获知，通过转移负荷或者切断线路的方式，及时纠正电缆线路的异常运行状态，避免电缆线路因过热产生火情。

b. 火灾报警控制系统。火灾报警控制系统由主控制器、探测器、手动报警按钮、声光报警器等设备组成，当发生火灾时，探测器将火灾信号送至主控制器，在主控制器上能显示火灾发生的时间、地点，并发出报警信号。同时，火灾报警主控制器联动关闭隧道内防火门，以便阻止火焰蔓延。通过无线模块将报警信号发送至相关值班人员的手机。目前，上海地区对隧道中重要电缆线路均采用温度在线监测系统，不仅可以及时发现故障采取措施避免火灾，还能在线监测电缆载流量，为电缆安全运行提供保障。

9.5 应 急 处 置

9.5.1 应急措施

（1）电缆设备着火后，首先应立即切断电源，灭火应使用干粉灭火器，不应使用泡沫灭火器、二氧化碳灭火器或用水灭火。

（2）扑救电缆设备前要立即切断电源，在夹层、隧道、竖井及通风不良的场所的电缆灭火时，应戴上氧气呼吸器；未停电灭火时应戴绝缘手套，并穿绝缘靴。在电缆隧道或具备防火门等隔断设备的通道中，可先关闭所有通风设备以及防火门，启动火警警报，待起火点缺氧自熄后，再将火灾隐患消除。

（3）当充油电气设备着火并威胁到电缆，或当烟灰、油脂飞落到正在运行的电缆架上时，必须立即断开该设备电源。

（4）着火电缆停电后，应立即打开消火栓，将水龙带、消防水枪取出进行灭火；电缆沟、夹层、隧道着火时，应迅速关闭防火门；并组织灭火力量采取有效措施，封堵通往电缆夹层、主电缆沟，防止电缆着火蔓延扩大事故。

（5）电缆着火后现场人员无法控制时，要立即向消防部门报火警，同时汇报公司主要领导及有关部门启动应急措施灭火。

9.5.2 应急保障

（1）应急准备：

1）定期更新设备台账，确保电缆台账数据准确，进行技术交底；

2）加强事故抢修的队伍建设和人员技能培训，提高抢修人员的技术素质及责任感。通过模拟演练等手段提高人员的应急处理能力，加强应急抢修人员的管理，确保人员24小时通信畅通；

3）做好备品备件及安全工器具的管理工作，确保防火应急抢修工作物资材料充足。

（2）应急预案。电缆火灾应急预案主要是用于火灾发生后能第一时间找到对应的路线及逃生通道和灭火设备。

建立组织机构：① 灭火行动组；② 通信联络组；③ 安全防护救护组。

针对每条线路制定“应急预案表”如表9–1所示。

表9–1　　应 急 预 案 表

电压等级	线路名称	防火设备位置	防火门	防火封堵情况	逃生通道
110kV	××××	隧道内第一个接头处（3个灭火器）	每100m有一扇/能自动关闭	完善	1号井、2号井、3号井入口处均有逃生通道
……	……	……	……	……	……
……	……	……	……	……	……
……	……	……	……	……	……
……	……	……	……	……	……
……	……	……	……	……	……
……	……	……	……	……	……
……	……	……	……	……	……
……	……	……	……	……	……

10

电 缆 施 工

10.1 施工方案的编制

本节包含施工方案的编制内容和方法。通过要点讲解、示例介绍，掌握以工程概况、施工组织措施、安全生产保证措施、文明施工要求、工程质量计划、主要施工设备、器械和材料清单等为主要内容的施工方案编制方法。

电缆工程施工方案是电缆工程的指导性文件，对确保工程的组织管理、工程质量和施工安全有重要意义。

10.1.1 编制依据

施工方案根据工程设计施工图、工程验收所依据的行业或企业标准、施工合同或协议、电缆和附件制造厂提供的技术文件以及设计交底会议纪要等编制。

10.1.2 施工方案主要内容

施工方案主要包括工程概况、施工组织措施、安全生产保证措施、文明施工要求和具体措施、工程质量计划、主要施工设备、器械和材料清单等项目。

10.1.3 施工方案具体内容

（1）工程概况。

工程名称、性质和账号；

工程建设和设计单位；

电缆线路名称、敷设长度和走向；

电缆和附件规格型号、制造厂家；

电缆敷设方式和附属土建设施结构（如隧道或排管断面、长度）；

电缆金属护套和屏蔽层接地方式；

竣工试验项目和试验标准；

计划工期和形象进度。

（2）施工组织措施。施工组织机构包括项目经理、技术负责人、敷设和接头负责人、现场安全员、质量员、资料员以及分包单位名称等。

（3）安全生产保证措施。安全生产保证措施包括一般安全措施和特殊安全措施、防火措施等。

（4）文明施工要求和具体措施。在城市道路安装电缆，要求做到全封闭施工，应有确保施工路段车辆和行人通行方便的措施。施工现场应设置施工标牌，以便接受社会监督。工程完工应及时清理施工临时设施和余土，做到工完料净场地清。

（5）工程质量计划。工程质量计划包括质量目标、影响工程质量的关键部位和必须采取的保证措施，以及质量监控要求等。

（6）主要施工设备、器械和材料清单。主要施工设备、器械和材料清单包括电缆敷设分盘长度和各段配盘方案，终端、接头型号及数量，敷设、接头、试验主要设备和器具。

【案例 10－1】

××220kV 电缆工程施工方案

一、工程概况

1. 工程名称、性质和账号

（1）工程名称：×× 220kV 线路工程

（2）工程性质：网改工程

（3）工程账号：×××××

2. 工程建设和设计单位

（1）建设单位：××公司

（2）设计单位：××设计院

3. 电缆线路名称、敷设长度和走向

（1）电缆线路名称：××线。

（2）敷设长度：新设电缆路径总长为××m。

（3）电缆线路走向：新设电缆路径总体走向是沿××道的便道向东敷设。

（4）电缆、附件规格型号及制造厂家：本工程采用××电缆有限公司生产的型号为 YJLW02－127/220－1×2500mm^2 的电力电缆，电缆附件均为电缆厂家配套提供。

（5）电缆敷设方式和附属土建设施结构：电缆敷设选择人力和机械混合敷设电缆的方法。

（6）电缆金属护套和屏蔽层接地方式：××线电缆分为 5 段，其中××侧 3 段电缆形成一个完整交叉互联系统，××侧的 2 段电缆分别做一端直接接地，另一端保护接地。

（7）竣工试验项目和标准：竣工试验项目和试验标准按照国家现行施工验收规范和交接试验标准执行。

（8）计划工期和形象进度：本工程全线工期××天，且均为连续工作日。详见工期进度附表。

二、施工组织措施项目

1. 项目经理：×××

2. 技术负责人：×××

3. 电缆敷设项目负责人：×××

4. 附件安装项目负责人：×××

5. 现场安全负责人：×××

6. 环境管理负责人：×××

7. 施工质量负责人：×××

8. 材料供应负责人：×××

9. 机具供应负责人：×××

10. 资料员：×××

11. 分包单位名称：×××

三、安全生产保证措施

1. 一般安全措施

（1）全体施工人员必须严格遵守电力建设安全工作规程和电力建设安全施工管理规定。

（2）开工前对施工人员及民工进行技术和安全交底。

（3）使用搅拌机工作时，进料斗下不得站人；料斗检修时，应挂上保险链条。

（4）材料运输应由指定专人负责，配合司机勘察道路，做到安全行车。

（5）施工现场木模板应随时清理，防止朝天钉扎脚。

（6）严格按照钢筋混凝土工程施工及验收规范进行施工。

（7）严格按照本工程施工设计图纸进行施工。

（8）全体施工人员进入施工现场必须正确佩戴个人防护用具。

（9）现场使用的水泵、照明等临时电源必须加装剩余电流动作保护器，电源的拆接必须由电工担任。

2. 特殊安全措施

（1）电缆沟开挖。电缆沟的开挖应严格按设计给定路径进行，遇有难以解决的障碍物时，应及时与有关部门接触，商讨处理方案。

沟槽开挖施工中要做好围挡措施，并在电缆沟沿线安装照明、警示灯具。

电缆沟槽开挖时，沟内施工人员之间应保持一定距离，防止碰伤；沟边余物应及时清理，防止回落伤人。

电缆沟开挖后，在缆沟两侧应设置护栏及布标等警示标志，在路口及通道口搭设便桥供行人通过。夜间应在缆沟两侧装红灯泡及警示灯，夜间破路施工应符合交通部门的规定，在被挖掘的道路口设警示灯，并设专人维持交通秩序。道路开挖后应及时清运余土、回填或加盖铁板，保证道路畅通。

（2）电缆排管及过道管的敷设。电力管的装卸采用吊车或大绳溜放，注意溜放的前方不得有人管子应放在凹凸少的较平坦的地方保管，管子堆放采用井字形叠法或单根依次摆放法，而且要用楔子、桩和缆绳等加固，防止管子散捆。沟内有水时应有可靠的防触电措施。

（3）现浇电缆沟槽的制作及盖板的敷设。沟槽、盖板的吊装采用吊车，施工时注意吊臂的回转半径与建筑物、电力线路间满足安全距离规定，吊装作业有专人指挥，吊件下不得站人，夜间施工有足够的照明。运输过程不得超载，沟槽不得超过汽车护栏。

（4）电缆敷设。电缆运输前应查看缆轴情况，应派专人查看道路。严格按照布缆方案放置缆轴。电缆轴的支架应牢固可靠，并且缆轴两端调平，防止展放时缆轴向一侧倾斜。电缆轴支架距缆沟应不小于2m，防止缆沟塌方。电缆进过道管口应通过喇叭口或垫软木，以防止电缆损伤。在进管口处不得用手触摸电缆，以防挤手。

（5）电缆接头制作及交接试验。电缆接头制作必须严格按照电缆接头施工工艺进行施工，做好安装记录。冬雨季施工应做好防冻、防雨、防潮及防尘措施。电缆接头制作前必须认真核对相色。电缆接头完成后，按照电力电缆交接试验规程规定的项目和标准进行试验，及时、准确填写试验报告。

3. 防火措施

施工及生活中使用电气焊、喷灯、煤气等明火作业时，施工现场要配备消防器材。工作完工后工作人员要确认无留有火种后方可离去。进入严禁动用明火作业场所时，要按规定办理明火作业票，并设安全监护人。

四、文明施工要求和具体措施

（1）工程开工前办理各种施工赔偿协议，与施工现场所在地人员意见有分歧时，应根据有关文件、标准协商解决。

（2）施工中合理组织，精心施工减少绿地赔偿，尽量减少对周围环境的破坏，减少施工占地。

（3）现场工具及材料码放整齐，完工后做到工完、料净、场地清。

（4）现场施工人员统一着装，佩戴胸卡。

（5）加强对民工、合同工的文明施工管理，在签订劳务合同时增加遵守现场文明施工管理条款。

（6）各工地现场均设立文明施工监督巡视岗，负责督促落实文明施工标准的执行。

（7）现场施工期间严禁饮酒，一经发现按有关规定处理。

（8）在施工现场及驻地，制作标志牌、橱窗等设施，加大文明施工和创建文明工地的宣传力度。

五、工程质量计划

1. 质量目标

（1）质量事故0次；

（2）工程本体质量一次交验合格率100%；

（3）工程一次试发成功；

（4）竣工资料按时移交，准确率100%，归档率100%；

（5）不合格品处置率100%；

（6）因施工质量问题需停电处缺引起的顾客投诉0次；

（7）顾客投诉处理及时率100%；

（8）顾客要求的创优工程响应率100%。

2. 关键部位的保证措施

（1）电缆敷设施工质量控制：

1）准备工作。检查施工机具是否齐备，包括放缆机、滑车、牵引绳及其他必需设备等；

确定好临时电源：本工程临时电源为外接电源和自备发电机；

施工前现场施工负责人及有关施工人员进行现场调查工作；

检查现场情况是否与施工图纸一致，施工前对于已完工可以敷设电缆的隧道段核实实长和井位，并逐一编号，在拐弯处要注意弯曲半径是否符合设计要求，有无设计要求的电缆放置位置；

检查已完工可以敷设电缆的土建工程是否满足设计要求和规程要求且具备敷设条件；

检查隧道内有无积水和其他妨碍施工的物品并及时处理，检查隧道有无杂物、积水等，注意清除石子等能将电缆硌坏的杂物；

依照设计要求，在隧道内和引上部分标明每条电缆的位置、相位；

根据敷设电缆分段长度选定放线点，电缆搭接必须在直线部位，尽量避开积水潮湿地段；

电缆盘护板严禁在运到施工现场前拆除。电缆盘拖车要停在接近入线井口的地势平坦处，高空无障碍，如现场条件有限，可适当调整电缆盘距入井口的距离，找准水平，并对正井口，钢轴的强度和长度与电缆盘重量和宽度相配合，并防止倒盘；

电缆敷设前核实电缆型号、盘号、盘长及分段长度，必须检查线盘外观有无破损及电缆有无破损，及时粘贴检验状态标识，发现破损应保护现场，并立即将破损情况报告有关部门；

在无照明的隧道，每台放缆机要保证有一盏手把灯；

隧道内所有拐点和电缆的入井处必须安装特制的电缆滑车，要求滑轮齐全，所有滑车的入口和出口处不得有尖锐棱角，不得刮伤电缆外护套；

摆放好放缆机，大拐弯及转角滑车用涨管螺栓与步道固定；

隧道内在每个大拐弯滑车电缆牵引侧10m内放置一台放缆机；

敷设电缆的动力线截面大于25mm^2。

2）电缆敷设。对参与放线的有关人员进行一次技术交底，尤其是看守放缆机的工作人员，保证专人看守。

电缆盘要安装有效刹车装置，并将电缆内头固定，在电话畅通后方可空载试车，敷设电缆过程中，必须要保持电话畅通，如果失去联系立即停车，电话畅通后方可继续敷设，放线指挥要由工作经验丰富的人员担任，听从统一指挥。线盘设专人看守，有问题及时停止转动，进行处理，并向有关负责人进行汇报，当电缆盘上升约2圈电缆时，立即停车，在电缆尾端捆好绳，用人牵引缓慢放入井口，严禁线尾自由落下，防止摔坏电缆和弯曲半径过小。

本工程要求敷设时电缆的弯曲半径不小于2.6m。

切断电缆后，立即采取措施密封端部，防止受潮，敷设电缆后检查电缆封头是否密封完好，有问题及时处理。

电缆敷设时，电缆从盘的上端引出，沿线码放滑车，不要使电缆在支架上及地面摩擦拖拉，避免损坏外护套，如严重损伤，必须按规定方法及时修补，电缆不得有压扁、绞拧、护层开裂等未消除的机械损伤。

敷设过程中，如果电缆出现余度，立即停车将余度拉直后方可继续敷设，防止电缆弯曲半径过小或撞坏电缆。

在所有复杂地段、拐弯处要配备一名有经验的工作人员进行巡查，检查电缆有无刮伤和余度情况，发现问题要及时停车解决。

电缆穿管或穿孔时设专人监护，防止划伤电缆。

电缆就位要轻放，严禁破碰支架端部和其他尖锐硬物。

电缆拿蛇形弯时，严禁用有尖锐棱角铁器撬电缆，可用手扳弯，再用木块（或拿弯器）支或用圆抱箍固定，电缆蛇形敷设按照设计要求执行。

电缆就位后，按设计要求固定、绑绳，支点间的距离符合设计规定，卡具牢固、美观。

电缆进入隧道、建筑物以及穿入管子时，出入口封闭，管口密封，本工程两侧站内夹层与隧道接口处均需使用橡胶阻水法兰封堵。

在电缆终端处依据设计要求留裕度。

敷设工作结束后，对隧道进行彻底清扫，清除所有杂物和步道上的胀管螺栓。

移动和运输放缆机要用专用运输车，移动放缆机、滑车时注意不得挂碰周围电缆。

现场质量负责人定期组织有关人员对每一段敷设完的电缆质量进行检查验收，发现问题及时处理。

及时填写施工记录和有关监理资料。

（2）电缆附件安装的施工质量控制：

1）附件安装准备工作。接头图纸及工艺说明经审核后方可使用。

湿度大于70%的条件下，无措施禁止进行电缆附件安装。

清除接头区域内的污水及杂物，保持接头环境的清洁。

每个中间接头处要求有不少于两个150W防爆照明灯。

终端接头区域在不满足接头条件或现场环境复杂的情况下，进行围挡隔离，以保证接头质量。

对电缆外护套按要求进行耐压试验，发现击穿点要及时修补，并详细记录所在位置及相位，外护套试验合格后方可进行接头工作。

电缆接头前按设计要求加工并安装好接头固定支架，支架接地良好。

组织接头人员进行接头技术交底，技术人员了解设计原理、所用材料的参数及零配件的检验方法，熟练掌握附件的制作安装工艺及技术要求；施工人员熟悉接头工艺要求，掌握所用材料及零配件的使用和安装方法，掌握接头操作方法。

在接头工作开始前，清点接头料，开箱检查时报请监理工程师共同检验，及时填写检查记录并上报，发现与接头工艺不相符时及时上报。

在安装终端和接头前，必须对端部一段电缆进行加热校直和消除电缆内应力，避免电缆投运后因绝缘热收缩而导致的尺寸变化。

2）制作安装。接头工作要严格执行厂家工艺要求及有关工艺规程，不得擅自更改。

安装交叉互联箱、接地箱时要严格执行设计要求及有关工艺要求。

施工现场的施工人员对施工安装的成品质量负责，施工后对安装的成品进行自检、互检后填写施工记录，并由施工人员在记录上签字，自检、互检中发现的问题立即处理，不合格不能进行下道工序。

施工中要及时填写施工记录，记录内容做到准确真实。

质检员随时审核施工记录。

每相中间接头要求在负荷侧缠相色带，相色牌拴在接头的电源侧，线路名牌拴在B相电缆接头上。

所有接头工作结束后，及时按电缆规程要求挂线路铭牌、相色牌。

六、材料清单和主要施工设备、器械

1. 电缆教设分盘长度和各段配盘方案

路径长度	相序	订货长度（m）	路径长度	相序	订货长度（m）
第一段	A相	××××	第五段	A相	××××
终端塔－1号井	B相	××××	4号井－5号井	B相	××××
××m	C相	××××	××m	C相	××××
第二段	A相	××××	第六段	A相	××××
I号井－2号井	B相	××××	5号井－6号井	B相	××××
××m	C相	××××	××m	C相	××××
第三段	A相	××××	第七段	A相	××××
2号井－3号井	B相	××××	6号井－7号井	B相	××××
××m	C相	××××	××m	C相	××××
第四段	A相	××××			
3号井－4号井	B相	××××			
××m	C相	××××			

2. 机具设备使用计划表

序号	类别	名称	规格	单位	数量	进场时间	出场时间	解决办法
1	施工车辆							
2								
3	电缆敷设							
4								
5	电缆接头							
6								
7	接地系统							
8								

【思考与练习】

1. 施工方案主要包括哪些项目？

2. 工程概况应包括哪些内容？

3. 施工组织措施包括哪些内容？

4. 工程质量计划包括哪些内容？

10.2 电缆作业指导书的编制

本章节介绍电缆作业指导书的编制。通过要点讲解和示例介绍，掌握电缆作业指导书编制依据、结构、具体的内容和方法。

10.2.1 电缆作业指导书编制依据

（1）法律、法规、规程、标准、设备说明书。

（2）缺陷管理、反措要求、技术监督等企业管理规定和文件。

10.2.2 电缆作业指导书的结构

电缆作业指导书由封面、范围、引用文件、工作前准备、作业程序、消缺记录、验收总结、指导书执行情况评估八项内容组成。

10.2.3 电缆作业指导书的内容

（1）封面。封面包括作业名称、编号、编写人及时间、审核人及时间、批准人及时间、编写单位六项内容。

1）作业名称包括电压等级、线路名称、具体作业的杆塔号、作业内容。

2）编号应具有唯一性和可追溯性，由各单位自行规定，编号位于封面右上角。

3）编写、审核、批准：单一作业及综合、大型的常规作业由班组技术人员负责编制，二级单位生产专业技术人员及安监人员审核，二级单位主管生产领导批准；大型复杂、危险性较大、不常进行的作业，其“作业指导书”的编制应涵盖“三措”的所有内容，由生产管理人员负责编制，本单位主管部门审核，由主管领导批准签发。

4）作业负责人为本次作业的工作负责人，负责组织执行作业指导书，对作业的安全、质量负责，在指导书负责人一栏内签名。

5）作业时间：现场作业计划工作时间，应与作业票中计划工作时间一致。

6）编写单位：填写本指导书的编写单位全称。

（2）范围。范围指作业指导书的使用效力，如“本指导书适用于××kV ××线电缆检修工作”。

（3）引用文件。明确编写作业指导书所引用的法规、规程、标准、设备说明书及企业管理规定和文件（按标准格式列出）。例如：

GB 50168—2006《电气装置安装工程电缆线路施工及验收规范》

《电力电缆运行规程》[（79）电生字第53号]
《国家电网公司电力安全工作规程　变电站和发电厂电气部分》
《国家电网公司电力安全工作规程　电力线路部分》
DL/T 5221—2005《城市电力电缆线路设计技术规定》
GB 50217—2007《电力工程电缆设计规范》

【案例10-2】

电缆设备巡视作业指导书

1. 目的

为了规范电缆线路及附属设备的管理，及时掌握线路运行状况，预防事故发生，特制定本作业规程。

2. 适用范围

适用于上海市电力公司市区供电公司管辖范围内的35kV及以下电缆线路及附属设备的巡视工作。巡视设备包括：线路设备、附属设备、土建设备。

3. 工作程序

3.1　巡视周期及要求

3.1.1　定期巡视

运行班组根据《电力电缆线路运行规程》和《电力电缆线路检修规程》中的周期，安排日常工作，确保设备按周期巡视。

35kV 设备巡视周期

设备类型	地　点	巡视周期
35kV 电缆线路	长路全线	每月2次
	终端	每季度1次
共性地点	电缆层/竖井	每季度1次

10kV 设备巡视周期

设备类型	地　点	巡视周期
10kV 电缆线路	长路全线	不少于每季度1次
	终端	不少于2年1次
共性地点	电缆层/竖井	每季度1次

注：1. 对于供泵站、唧站的电缆线路，应根据汛期特点，在每年汛期前进行巡查。

2. 对于供电可靠性要求较高的重要用户及其上级电源电缆，每年应进行不少于一次的巡查。有特殊情况时，应按上级要求做好特巡工作。

3. 对于污秽地区的主设备户外电缆终端，应根据污秽地区的定级情况及清扫维护要求，每年进行一次巡查。

土建设备巡视周期

设备类型	巡视周期
电缆桥	每季度1次
长路工井	每季度1次

3.1.2　特巡及保电

在接到特巡及保电工作任务后，运行班工作人员按照该任务要求的巡视周期及工作内容开展巡视工作并做好记录、汇报工作。

3.1.3　缺陷线路巡视

在电缆线路存在严重缺陷的时候，需要缩短该线路的巡视周期，具体巡视周期及要求视线路的缺陷情况而定。

3.1.4　巡视要求

（1）运行专业工程师根据巡视周期，进行年度和月度工作计划安排，确保设备巡视完成。

（2）若巡视范围内涉及工地，需检查工地电缆保护措施落实情况，发现问题应在现场督促施工单位停工并整改，并及时通知配合人员协调解决，回单位后填写《每周工地情况表》。

（3）发现缺陷及时填写缺陷单并根据《电缆设备缺陷处理控制程序》进行运转。

（4）在巡视过程中发现紧急情况时除填写缺陷单外还应立即向班长或相关专业工程师汇报。

（5）班长将巡视中需要协调、处理的事项通过填写《信息处理记录表》交于专业工程师，专业工程师在签收后应在《信息处理记录表》上填写处理意见，并落实处理。

（6）运行班员应对管辖区内的工厂、街道、小区物业、园林绿化及施工队伍进行保护电缆常识的宣传，并向区内各单位发放优质服务卡，在施工前能及时联系线路负责人或护线办公室，以保护电缆在施工时不被损坏。对于部分已建于电缆上的建筑、绿化等设施要主动和该设施单位取得联系，并签订互保协议，请他们协助共同保护地下电缆的安全运行。

（7）运行班巡视人员对 35kV 重要线路有条件的应树标识牌。对易撞的分支箱、桥梁上应做好护线宣传标识牌，起警示作用，以确保电缆安全运行。

（8）巡视中发现线路上有野蛮施工的情况要及时制止，向他们宣传市建委关于办理施工交底卡的精神，免费为施工单位办理绿卡。并及时将情况向汇报班长。如发现有影响电缆运行、违章建筑、异常情况要先积极和用户交涉，并将情况向班长汇报。

（9）在设备发生重大缺陷、改接或改变运行方式后，应按时做好资料登记和修改工作。

3.2　线路设备巡视

电缆本体：

（1）直埋电缆巡视。在电缆通道上不允许建造任何建筑物、不准竖杆打接地桩、不准堆放重物和垃圾，电缆的保护区域内，未经许可严禁开挖动土。护线员巡视中发现有违章作业或威胁电缆运行安全的情况，应当面制止，提出整改意见，指导施工单位采取保护措施直至整改结束，并及时与施工方的上级单位联系，情况严重汇报护线专业工程师。

（2）电缆排管电缆工井敞开井巡视。电缆排管位置严禁开挖打桩，路面应无沉降，以保证管位无形变、畅通，电缆工井敞开井上严禁堆物覆盖，工井敞开井无形变、无响声、无翘角，拼缝严密，发现问题及时填写缺陷单按缺陷流程处理。

（3）检查电缆护套和护层有无破损现象，外形是否异样。

（4）电缆工地的质量监控。巡视人员应对外单位施工工地的电缆保护措施和施工质量进行监控。班长将工地定级后向巡视人员布置监控工地情况，巡视人员接到任务后，应对每一工地的安措、施工范围、施工质量、绿卡办理、交底等情况进行检查。发现有危险隐患或不规范的情况应立即与负责该工地的配合人员联系，要求采取必要措施予以整改，并将情况填写在《每日线路巡视记录》上。

3.3 其他

3.3.1 检查线路铭牌与电缆铭牌是否相符，铭牌是否缺失、锈烂、字迹不清，对于杆端电缆还应检查铭牌位置是否标准。

3.3.2 查看线路电流表计，以检查电缆是否过负荷、过电压。载流量计算方法参照IEC287－94的规定，电缆线路正常工作电压一般不应超过电缆额定电压的15%。

3.3.3 检查支架、夹头、接地线铭牌装置是否整齐。铭牌应安装在电缆本体的夹头上；电缆夹头不应缺档，少螺丝；接地线应布置整齐，穿越终端下方零流互感器。

3.3.4 户外电缆应检查保护管是否锈烂、变形，底部是否露出地面。检查抱箍、夹头是否缺档、遗失，装置位置是否适当；35kV龙门支架第一档应高于1.8m。

3.3.5 户外电缆应检查电缆本体是否有弯头；外表是否完整；电缆尾线是否有脱落、松散。

3.3.6 检查相色带是否脱落，不清晰。

3.4 土建设备巡视

3.4.1 排水装置

（1）检查水泵是否完好，检查水泵手动和自动控制装置是否完好，能否正常启动工作。

（2）检查排水管是否通畅，阀门和逆止阀是否正常。

3.4.2 通风装置

（1）检查通风风机是否完好，检查通风控制装置是否完好，能否正常启动工作。

（2）检查通风管是否通畅。

3.4.3 照明装置

（1）检查照明是否全亮。

（2）检查照明是否能正常开启和关闭。

3.4.4 电源装置

（1）检查电源是否能正常开启和关闭，常用和备用电源能否正常切换，指示灯是否正常。

（2）检查电源是否缺相。

3.4.5　其他土建设备

（1）检查土建设施内支架和接地网是否锈蚀。

（2）检查塞止井和隧道井盖是否密封，是否锈蚀。

（3）检查电缆穿线孔是否封堵严密，是否渗漏水。

（4）检查土建设施本体是否有裂纹，是否渗漏水。

3.5　防火措施

3.5.1　检查各种敷设方式的防火措施是否符合规范要求。检查工井、电缆沟、电缆桥、隧道、竖井和电缆层内电缆裸露部分是否做好防火带、防火漆、防火盒或填埋黄沙等防火措施。

3.5.2　检查设备地点消防器材是否完备，是否在有效日期内。

3.6　铭牌标识

3.6.1　检查各类设备铭牌、标识是否完好、清晰。

3.6.2　按《铭牌命名标准》和《设备装置规范》检查标识铭牌是否正确。

3.6.3　电缆警示标志是否完好

3.7　支架和接地

3.7.1　检查是否有支架，电缆是否上支架，支架间距是否符合《电力电缆敷设规程》要求。

3.7.2　检查电缆支架是否锈烂、缺档。

3.7.3　检查搁在支架上的电缆是否有衬垫。

3.7.4　检查接地扁铁是否锈烂，接地电阻应符合规程 GB 50169—92《电气装置安装工程接地装置施工及验收规范》。

3.8　桥梁

3.8.1　检查桥梁两侧路面是否下沉。

3.8.2　检查上支架电缆是否绑扎带。

3.8.3　检查桥面上盖板是否完好无损。

3.9　分支箱

3.9.1　检查分支箱和换位箱外表油漆是否脱落，表面是否锈烂。

3.9.2　检查水泥底座是否高于路面 20cm 以上。

3.9.3　检查分支箱和换位箱是否倾斜、移位。

3.9.4　检查是否被偷盗及撞击。

4. 相关文件

4.1　电力电缆运行规程

4.2　电力电缆线路检修规程

4.3　电力电缆敷设规程

4.4　电力电缆线路铭牌命名规程

4.5　电力电缆线路试验规程

4.6　电力电缆线路验收规程

4.7　消防安全规程

4.8　电力电缆线路铭牌命名标准

4.9　电气装置安装工程接地装置施工及验收规范

4.10　运行班班组职责

4.11　市建委（98）第0331号

电 缆 敷 设

11.1 电缆的直埋敷设

11.1.1 电缆的直埋敷设简介

埋设在土壤中，一般散热条件比较好，线路输送容量比较大。直埋敷设较易遭受机械外力损坏和周围土壤的化学或电化学腐蚀，以及白蚁和老鼠危害。地下管网较多的地段，可能有熔化金属、高温液体和对电缆有腐蚀液体溢出的场所，待开发、有较频繁开挖的地方，不宜采用直埋。直埋敷设法不宜敷设电压等级较高的电缆，通常 10kV 及以下电压等级铠装电缆可直埋敷设于土壤中。

图 11－1 位直埋敷设沟槽电缆布置断面图。其中，A 为边支架电缆沟通道宽度；A_s 为双边支架电缆沟通道宽度；G_s 为最上层支架与沟盖距离；G_d 为最下层支架与沟底距离；m 为多层支架之间的距离；t 为敷设在支架上的电缆间距。

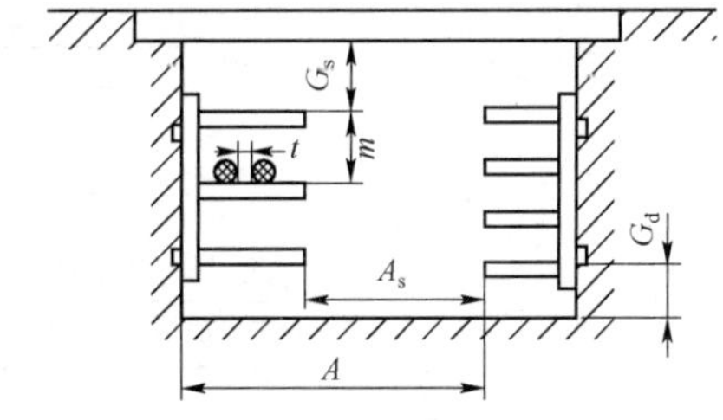

图 11－1 直埋敷设沟槽电缆布置断面图

11.1.2 直埋敷设的施工方法

（1）直埋敷设作业前准备。根据敷设施工设计图所选择的电缆路径，必须经城市规划管路部门确认。敷设前应申办电缆线路管线制执照、掘路执照和道路施工许可证。沿电缆路径开挖样洞，查明电缆线路路径上邻近地下管线和土质情况，按电缆电压等级、品种结构和分盘长度等，制订详细的分段施工敷设方案。如有邻近地下管线、建筑物或树木迁让，应明确各公用管线和绿化管理单位的配合、赔偿事宜，并签订书面协议。

明确施工组织机构，制定安全生产保证措施、施工质量保证措施及文明施工保证措施。熟悉施工图纸，根据开挖样洞的情况，对施工图作必要修改。确定电缆分段长度和接头位置。编制敷设施工作业指导书。

确定各段敷设方案和必要的技术措施，施工前对各盘电缆进行验收，检查电缆有无机械损伤，封端是否良好，有无电缆“保质书”，进行绝缘校潮试验、油样试验和护层绝缘试验。

除电缆外，主要材料包括各种电缆附件、电缆保护盖板、过路导管。机具设备包括各种挖掘机械、敷设专用机械、工地临时设施（工棚）、施工围栏、临时路基板。运输方面的准备，应根据每盘电缆的重量制订运输计划，同时应备有相应的大件运输装卸设备。

（2）直埋作业敷设操作步骤。直埋电缆敷设作业操作步骤应按照图 11－2 直埋电缆施工步骤图操作。

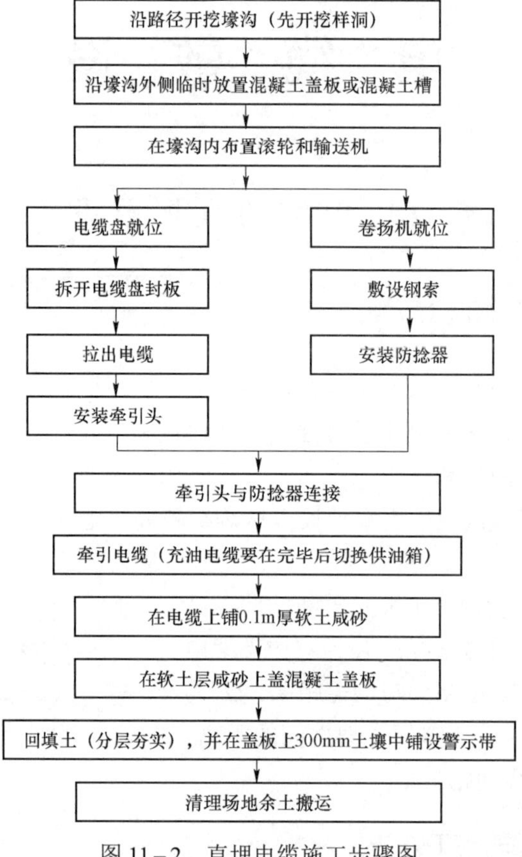

图 11－2　直埋电缆施工步骤图

直埋沟槽的挖掘应按图纸标示电缆线路坐标位置，在地面划出电缆线路位置及走向。凡电缆线路经过的道路和建筑物墙壁，均按标高敷设过路导管和过墙管。根据划出电缆线路位置及走向开挖电缆沟，直埋沟的形状挖成上大下小的倒梯形，电缆埋设深度应符合标准，其宽度由电缆数量来确定，但不得小于 0.4m；电缆沟转角处要挖成圆弧形，并保证电缆的允许弯曲半径。保证电缆之间、电缆与其他管道之间平行和交叉的最小净距离。

在电缆直埋的路径上凡遇到以下情况，应分别采取以下保护措施：

1）机械损伤：加保护管。

2）化学作用：换土并隔离（如陶瓷管），或与相关部门联系，征得建议后绕开。

3）地下电流：屏蔽或加套陶瓷管。

4）腐蚀物质：换土并隔离。

5）虫鼠危害：加保护管或其他隔离保护等。

挖沟时应注意地下的原有设施，遇到电缆、管道等应与有关部门联系，不得随意损坏。

在安装电缆接头处，电缆土沟应加宽和加深，这一段沟称为接头坑。接头坑应避免设置在道路交叉口、有车辆进出的建筑物门口、电缆线路转弯处及地下管线密集处。电缆接头坑的位置应选择在电缆线路直线部分，与导管口的距离应在 3m 以上。接头坑的大小要能满足接头的操作需要。一般电缆接头坑宽度为电缆土沟宽度的 2～3 倍；接头坑深度要使接头保护盒与电缆有相同埋设深度；接头坑的长度需满足全部接头安装和接头外壳临时套在电缆上的一段直线距离需要。

对挖好的沟进行平整、清除杂物和全线检查，应符合前述要求。合格后可将细砂、细土铺在沟内，厚度 100mm，沙子中不得有石块、锋利物及其他杂物。所有堆土应置于沟的一侧，且距离沟边 1m 以外，以免放电缆时滑落沟内。

在开挖好的电缆沟槽内敷设电缆时必须用放线架，电缆的牵引可用人工牵引和机械牵引。将电缆放在放线支架上，注意电缆盘上箭头方向不要相反。

电缆的埋设与热力管道交叉或平行敷设，如不能满足允许距离要求时，应在接近或交叉点前后做隔热处理。隔热材料可用泡沫混凝土、石棉水泥板、软木或玻璃丝板。埋设隔热材料时除热力的沟（管）宽度外，两边各伸出 2m。电缆宜从隔热后的沟下面穿过，任何时候不能将电缆平行敷设在热力沟的上、下方。穿过热力沟部分的电缆除隔热层外，还应穿管保护。

人工牵引展放电缆就是每隔几米有人肩扛着放开的电缆并在沟内向前移动，或在沟内每隔几米有人持展开的电缆向前传递而人不移动。在电缆轴架处有人分别站在两侧用力转动电缆盘。牵引速度宜慢，转动轴架的速度应与牵引速度同步。遇到保护管时，应将电缆穿入保护管，并有人在管孔守候，以免卡阻或意外。

机械牵引和人力牵引基本相同。机械牵引前应根据电缆规格先沿沟底放置滚轮，并将电缆放在滚轮上。滚轮的间距以电缆通过滑轮不下垂碰地为原则，避免与地面、沙面的摩擦。电缆转弯处需放置转角滑轮来保护。电缆盘的两侧应有人协助转动。电缆的牵引端用牵引头或牵引网罩牵引。牵引速度应小于 15m/min。

敷设时电缆不要碰地，也不要摩擦沟沿或沟底硬物。

电缆在沟内应留有一定的波形余量，以防冬季电缆收缩受力。多根电缆同沟敷设时，应排列整齐。先向沟内充填 0.1m 的细土或砂，然后盖上保护盖板，保护板之间要靠近。也可把电缆放入预制钢筋混凝土槽盒内填满细土或砂，然后盖上槽盒盖。

为防止电缆遭受外力损坏，应在电缆接头做完后再砌井或铺砂盖保护板。在电缆保护盖板上铺设印有“电力电缆”和管理单位名称的标志。

回填土应分层填好夯实，保护盖板上应全新铺设砮示带，覆盖土要高于地面 0.15～0.2m，以防沉陷。将覆土略压平，把现场清理和打扫干净。

在电缆直埋路径上按要求规定的适当间距位置埋标志桩牌。

冬季环境温度过低，电缆绝缘和塑料护层在低温时物理性能发生明显变化，因此不宜进行电缆的敷设施工。如果必须在低温条件下进行电缆敷设，应对电缆进行预加热措施。

当施工现场的温度不能满足要求时，应采用适当的措施，避免损坏电缆，如采取加热法或躲开寒冷期等。一般加温预热方法有如下两种：

1）用提高周围空气温度的方法加热。当温度为5～10℃时，需72h；如温度为25℃，则需用24～36h。

2）用电流通过电缆导体的方法加热。加热电缆不得大于电缆的额定电流，加热后电缆的表面温度应根据各地的气候条件决定，但不得低于5℃。

经烘热的电缆应尽快敷设，敷设前放置的时间一般不超过1h。但电缆冷至低于规定温度时，不宜弯曲。直埋敷设电缆机械牵引施工机具纵向施工布置图如图11－3所示。

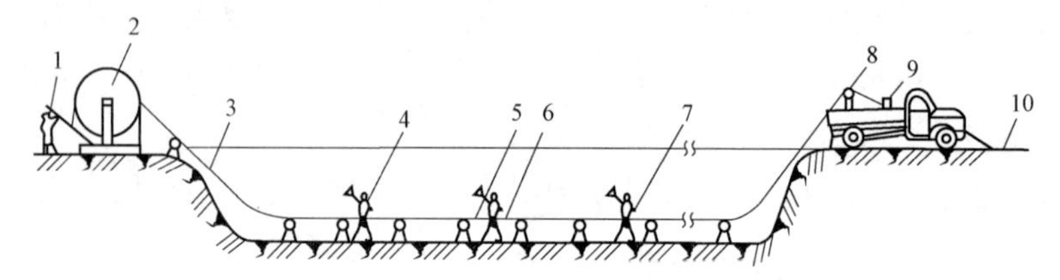

图11－3　电缆直埋敷设施工纵向断面示意图

1—制动；2—电缆盘；3—电缆；4、7—滚轮监视人；5—牵引头及监视人；6—防捻器；8—张力计；9—卷扬机；10—锚定装置

（3）直埋敷设作业质量标准及注意事项：

1）直埋电缆一般选用铠装电缆。只有在修理电缆时，才允许用无铠装电缆，但必须外加机械保护。选择直埋电缆路径时，应注意直埋电缆周围的土壤中不得含有腐蚀电缆的物质。

2）电缆表面距地面的距离应不小于0.7m。冬季土壤冻结深度大于0.7m的地区，应适当加大埋设深度，使电缆埋于冻土层以下。引入建筑物或地下障碍物交叉时可浅一些，但应采取保护措施，并不得小于0.3m。

3）电缆壕沟底必须具有良好的土层，不应有石块或其他硬质杂物，应铺0.1m的软土或砂层。电缆敷设好后，上面再铺0.1m的软土或砂层。沿电缆全长应盖混凝土保护板，覆盖宽度应超出电缆两侧0.05m。在特殊情况下，可以用砖代替混凝土保护板。

4）电缆中间接头盒外面应有防止机械损伤的保护盒（有较好机械强度的塑料电缆中间接头例外）。

5）电缆线路全线，应设立电缆位置的标志，间距合适。

6）电缆与电缆、管道、道路、构筑物等之间的容许最小距离，应符合表11－1中规定。

表11－1　电缆与电缆、管道、道路、构筑物等之间的容许最小距离

电缆直埋敷设时的配况		平行	交叉
控制电缆之间		—	0.5*
电力电缆之间或与控制电缆之间	10kV及以下电力电缆	0.1	0.5*
	10kV以上电力电缆	0.25**	0.5*
不同部门使用的电缆		0.5**	0.5*

续表

电缆直埋敷设时的配况		平行	交叉
电缆与地下管沟	热力管道	2**	0.5*
	油管或易（可）燃气管道	1	0.5*
	其他管道	0.5	0.5*
电缆与铁路	非直流电气化铁路路轨	3	1.0
	直流电气化铁路路轨	10	1.0
电缆与建筑物基础		0.6**	—
电缆与公路边		1.0**	—
电缆与排水沟		1.0**	—
电缆与树木的主干		0.7	—
电缆与 1kV 以下架空线电杆		1.0**	—
电缆与 1kV 以上架空线杆塔基础		4.0**	—

* 表示用隔板分隔或电缆穿管时不得小于 0.25m；

** 表示用隔板分隔或电缆穿管时不得小于 0.1m。

特殊情况应按下列规定执行：

a. 电缆与公路平行的净距，当情况特殊时可酌减。

b. 当电缆穿管或者其他管道有保温层等防护措施时，表中净距应从管壁或防护设施的外壁算起。

7）电力电缆间、控制电缆间以及它们相互之间，不同使用部门的电缆间在交叉点前后 1m 范围内，当电缆穿入管中或用隔板隔开时，其交叉净距可降低为 0.25m。

8）电缆与热管道（沟）、油管道（沟）、可燃气体及易燃液体管道（沟）、热力设备或其他管道（沟）之间，虽净距能满足要求，但检修路可能伤及电缆时，在交叉点前后 1m 范围内应采取保护措施；电缆与热管道（沟）及热力设备平行、交叉时，应采取隔热措施，使电缆周围土壤的温升不超过 10℃。

9）当直流电缆与电气化铁路路轨平行、交叉，其净距不能满足要求时，应采取防电化腐蚀措施；防止的措施主要有增加绝缘和增设保护电极。

10）直埋电缆穿越城市街道、公路、铁路，或穿过有载重车辆通过的大门，进入建筑物的墙角处，进入隧道、人井，或从地下引出到地面时，应将电缆敷设在满足强度要求的管道内，并将管口封堵好。

11）直埋敷设的电缆与铁路、公路或街道交叉时，应穿保护管，保护范围应超出路基、街道路两边以及排水沟边 0.5m 以上。引入构筑物，在贯穿墙孔处应设置保护管，管口应施阻水堵塞。

12）直埋敷设电缆采取特殊换土回填时，回填土的土质应对电缆外护层无腐蚀性。在电缆线路路径上有可能使电缆受到机械性损伤、化学作用、地下电流、振动、热影响、腐蚀物质、虫害等危害的地段，应采取保护措施（如穿管、铺砂、筑槽、毒土处理等）。

13）直埋电缆回填土前，应经隐蔽工程验收合格，并分层夯实。

11.1.3 直埋敷设的危险点分析与控制

（1）高处坠落：

1）直埋敷设作业中，起吊电缆上终端塔时如遇登高工作，应检查杆根或铁塔基础是否牢固，必要时加设拉线。在高度超过 1.5m 的工作地点工作时，应系安全带或采取其他可靠的措施。

2）作业过程中起吊电缆工作时必须系好安全带，安全带必须绑在牢固物件上，转移作业位置时不得失去安全带保护，并应有专人监护。

3）施工现场的所有孔洞应设可靠的围栏或盖板。

（2）高空落物：

1）直埋敷设作业中起吊电缆遇到高处作业必须使用工具包防止掉东西。

2）所用的工器具、材料等必须用绳索传递，不得乱扔，终端塔下应防止行人逗留。

3）现场人员应按安规标准戴安全帽。

4）起吊电缆时应避免上下交叉作业，上下交叉作业或多人一处作业时应相互照应、密切配合。

（3）烫伤、烧伤：

1）封电缆牵引头和电缆帽头等动用明火作业时，火焰应远离易燃易爆品，工作人员应穿长袖工作服。

2）不熟悉喷灯或喷枪使用方法的人员不得擅自使用喷灯或喷枪。

3）使用喷枪应先检查本体是否漏气或堵塞，禁止在明火附近进行放气或点火。

4）喷枪使用完毕应放置在安全地点，冷却后装运。

（4）机械损伤：

1）在使用电锯锯电缆时，应使用合格的带有保护罩的电锯。

2）不准使用无合格防护罩和有裂纹及其他不良情况的砂轮机和无齿锯。

（5）触电：

1）现场施工电源应采用绝缘导线，并在开关箱的首端处装设合格的剩余电流动作保护器。

2）现场使用的电动工具应按规定周期进行试验合格。

3）移动式电动设备或电动工具应使用软橡胶电缆，电缆不得破损、漏电。

（6）挤伤、砸伤：

1）电缆盘运输、敷设过程中应设专人监护，防止电缆盘倾倒。

2）用滑轮敷设电缆时，不要在滑轮滚动时用手搬动滑轮，工作人员应站在滑轮前进方向。

（7）钢丝绳断裂：

1）用机械牵引电缆时，绳索应有足够的机械强度；工作人员应站在安全位置，不得站在钢丝绳内角侧等危险地段：电缆盘转动时，应用工具控制转速。

2）牵引机需要装设保护罩。

（8）现场勘察不清：

1）必须核对图纸，勘察现场，查明可能向作业点反送电的电源，并断开其断路器、隔离开关。

2）对大型作业及较为复杂的施工项目，勘察现场后，制定“三措”，并报有关领导批准，方可实施。

（9）任务不清。现场负责人要在作业前将工作人员的任务分工，危险点及控制措施予以明确并交代清楚。

（10）人员安排不当：

1）选派的工作负责人应有一定的工作经验、较强的责任心和安全意识，并熟练掌握所承担工作的检修项目和质量标准。

2）选派的工作班成员能安全、保质保量地完成所承担的工作任务。

3）工作人员精神状态和身体条件能够任本职工作。

（11）特种工作作业票不全：进行电焊、起重、动用明火等作业，特殊工作现场作业票、动火票应齐全。

（12）单人留在作业现场：起吊电缆盘及起吊电缆上终端构架时，工作人员不得单独留在作业现场。

（13）违反监护制度：

1）被监护人在作业过程中，工作监护人的视线不得离开被监护人。

2）专责监护人不得做其他工作。

（14）违反现场作业纪律：

1）工作负责人应及时提醒和制止影响工作的安全行为。

2）工作负责人应注意观察工作班成员的精神和身体状态，必要时可对作业人员进行适当的调整。

3）工作中严禁喝酒、谈笑、打闹等。

（15）擅自变更现场安全措施：

1）不得随意变更现场安全措施。

2）特殊情况下需要变更安全措施时，必须征得工作负责人同意，完成后及时恢复原安全措施。

（16）穿越临时遮栏：

1）临时遮栏的装设需在保证作业人员不能误登带电设备的前提下，方便作业人员进出现场和实施作业。

2）严禁穿越和擅自移动临时遮栏。

（17）工作不协调：

1）多人同时进行工作时，应互相呼应，协同作业。

2）多人同时进行工作，应设专人指挥，并明确指挥方式。使用通信工具应事先检查工具是否完好。

（18）交通安全：

1）工作负责人应提醒司机安全行车。

2）乘车人员严禁在车上打闹或将头、手伸出车外。

3）注意防止随车装运的工器具挤、砸、碰伤乘车人员。

（19）交通伤害：在交通路口、人口密集地段工作时应设安全围栏、挂标示牌。

【思考与练习】

1. 电缆直埋敷设的特点是什么？

2. 电缆直埋敷设的前期准备有哪些？

3. 在电缆直埋的路径上遇到哪些情况时，应采取保护措施？

11.2 电缆的排管敷设

本节包含电缆排管敷设的要求和方法。通过概念解释、要点讲解和流程介绍，熟悉排管敷设的特点、基本要求，掌握排管敷设的施工方法。

将电缆敷设于预先建设好的地下排管中的安装方法，称为电缆排管敷设。排管敷设断面示意图如图 11－4 所示。

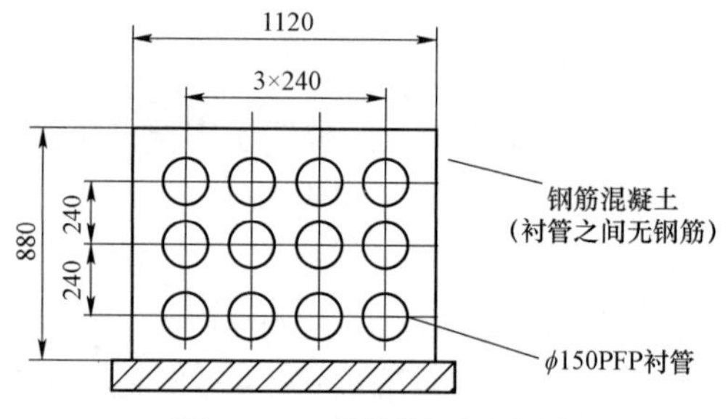

图 11－4　排管断面示意图

11.2.1　排管敷设的特点

电缆排管敷设保护电缆效果比直埋敷设好，电缆不容易受到外部机械损伤，占用空间小，且运行可靠。当电缆敷设回路数较多、平行敷设于道路的下面、穿越公路、铁路和建筑物时，排管敷设是一种较好的选择。排管敷设适用于交通比较繁忙、地下走廊比较拥挤、敷设电缆数较多的地段。敷设在排管中的电缆应有塑料外护套，不得有金属铠装层。

工井和排管的位置一般在城市道路的非机动车道，也可设在人行道或机动车道。工井和排管的土建工程完成后，除敷设近期的电缆线路外，以后相同路径的电缆线路安装维修或更新电缆不必重复挖掘路面。

电缆排管敷设施工较为复杂，敷设和更换电缆不方便，散热差，影响电缆载流量；土建工程投资较大，工期较长。当管道中电缆或工井内接头发生故障，往往需要更换两座工井之间的整段电缆，修理费用较大。

11.2.2 排管敷设的施工方法

电缆排管敷设示意图如图11－5所示，其作业顺序如图11－6所示。

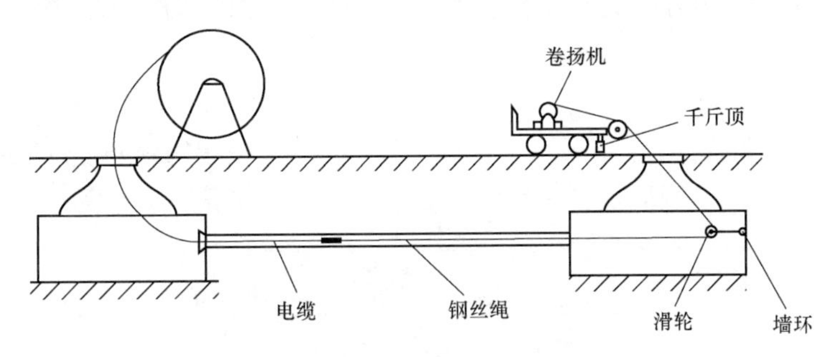

图11－5 电缆排管敷设示意图

其中，电缆是被牵引的用于传输和分配电能的电力电缆；钢丝绳是电缆敷设时的牵引缆绳索；开口单滑轮是改变电缆牵引力方向的设备；墙环是引缆时滑轮的攀根；千斤顶是搁置牵引机械或电缆盘钢轴的油泵设备；卷扬机是牵引电缆的机械。

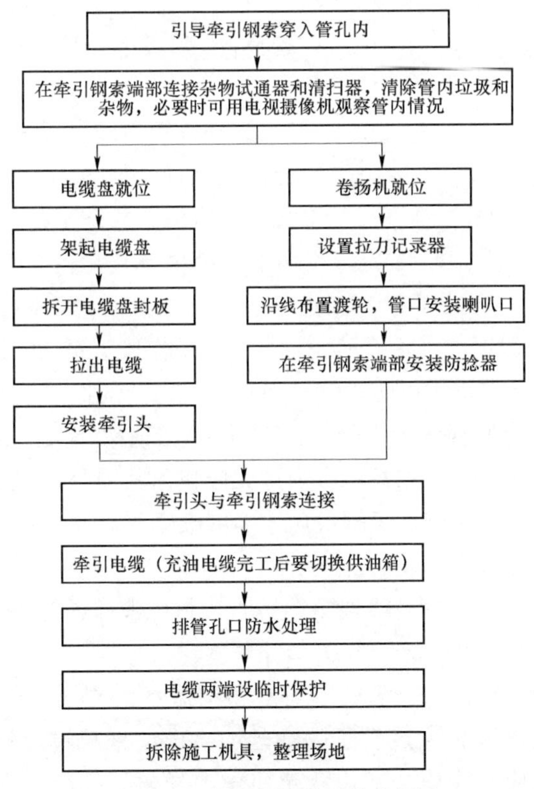

图11－6 排管电缆敷设作业顺序

（1）排管敷设作业前的准备。排管建好后，敷设电缆前，应检查电缆管安装时的封堵是否良好。电缆排管内不得有因漏浆形成的水泥结块及其他残留物。衬管接头处应光滑，不得有尖突。如发现问题，应进行疏通清扫，保证管内无积水、无杂物堵塞。在疏通检查过程中发现排管内有可能损伤电缆护套的异物时必须及时清除，可用钢丝刷、铁链和疏通器来回牵拉。必要时用管道内窥镜探测检查。只有当管道内异物清除、整条管道双向畅通后，才能敷设电缆。

（2）排管敷设的操作步骤：

1）在疏通排管时，可用直径不小于0.85倍管孔内径、长度约600mm的钢管来回疏通，再用与管孔等直径的钢丝刷清除管内杂物。试验棒疏通电缆导管示意图如图11－7所示。

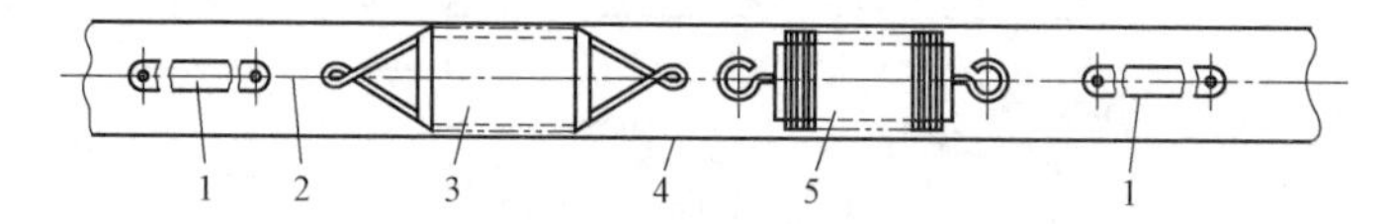

图11－7　试验棒疏通电缆导管示意图

1—防捻器；2—钢丝绳；3—试验棒；4—电缆导管；5—圆形钢丝刷

2）敷设在管道内的电缆一般为塑料护套电缆。为了减少电缆和管壁间的摩擦阻力，便于牵引，电缆入管前可在护套表面涂以润滑剂（如滑石粉等）。润滑剂不得采用对电缆外护套产生腐蚀的材料。敷设电缆时，应特别注意避免机械损伤外护层。

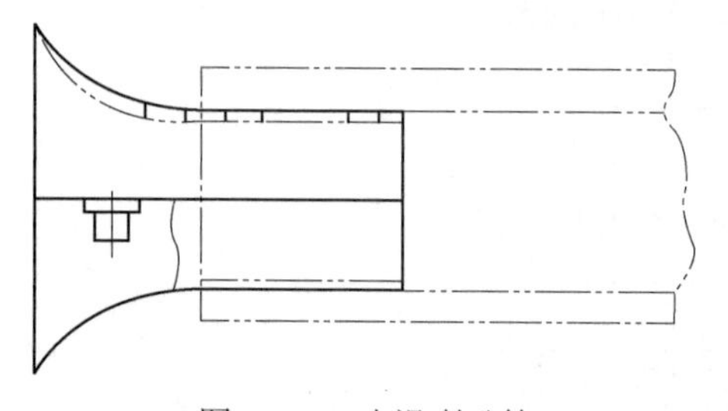

图11－8　光滑喇叭管

3）在排管口应套以波纹聚乙烯或铝合金制成的光滑喇叭管（见图11－8）用以保护电缆。如果电缆盘搁置位置离开工井口有一段距离，则需在工井外和工井内安装滚轮支架组，或采用保护套管，以确保电缆敷设牵引时的弯曲半径，减小牵引时的摩擦阻力，防止损伤电缆外护套。

4）润滑钢丝绳。一般钢丝绳涂有防锈油脂，但用作排管牵引，进入管孔前仍要涂抹润滑剂。这不但可减小牵引力，还可防止钢丝绳对管孔内壁的擦损。

5）牵引力监视。装有监视张力表是保证牵引质量的较好措施，除了克服启动时的静摩擦力大于允许的牵引力外，一般如发现张力过大应找出其原因，如电缆盘的转动是否和牵引设备同步，制动有可能未释放，等解决后才能继续牵引。比较牵引力记录和计算牵引力的结果，可判断所选用的摩擦因数是否适当。

6）排管敷设采用人工敷设时，短段电缆可直接将电缆穿入管内，稍长一些的管道或有直角弯时，可采用先穿入导引铁丝的方法牵引电缆。

7）管路较长时需用牵引，一般采用人工和机械牵引相结合的方式敷设电缆。将电缆盘放在工井口，然后借预先穿过管子的钢丝绳将电缆拖拉过管道到另一个工井。对大长度、重量大的电缆，应制作电缆牵引头牵引电缆导体。可在线路中间的工井内安装输送机，并与卷扬机采用同步联动控制。在牵引力不超过外护套抗拉强度时，还可用网套牵引。

8）电缆敷设前后应用绝缘电阻表测试电缆外护套绝缘电阻，并做好记录，以监视电缆外护套在敷设过程中有无受损。如有损伤，应立即采取修补措施。

9）从排管口到接头支架之间的一段电缆，应借助夹具完成两个相切的圆弧形状，即形成“伸缩弧”，以吸收排管电缆因温度变化所引起的热胀冷缩，从而保护电缆和接头免受热机械力的影响。伸缩弧的弯曲半径应不小于电缆允许弯曲半径。

10）在工井的接头和单芯电缆，必须用非磁性材料或经隔磁处理的夹具固定。每只夹具应加熟料或橡胶衬垫。

11）电缆敷设完成后，所有管口应严密封堵，所有备用孔也应封堵。

12）工井内电缆应有防火措施，可以涂防火漆、绕包防火带、填沙等。

（3）排管敷设的质量标准及注意事项：

1）电缆排管内径应不小于电缆外径的 1.5 倍，且最小不宜小于 75mm，管子内部必须光滑。管子连接时，管孔应对准，接缝应严密，不得有地下水和泥浆深入，管子接头相互之间必须错开。

2）电缆管的埋设深度，自管子顶部至地面的距离，一般地区应不小于 0.7m，在人行道下不应小于 0.5m，室内不宜小于 0.2m。

3）为了便于检查和敷设电缆，在埋设的电缆管其直线段电缆牵引张力限制的间距处（包含转弯、分支、接头、管路坡度较大的地方）设置电缆工作井，电缆工作井的高度应不小于 1.9m，宽度应不小于 2.0m，应满足施工和运行要求。

4）穿入管中的电缆应符合设计要求，交流单芯电缆穿管不得使用铁磁性材料或形成磁性闭合回路材质的管材，以免因电磁感应在钢管内产生损耗。

5）排管内部应无积水，且无杂物堵塞。穿电缆时，不得损伤护层，可采用无腐蚀性的润滑剂。

6）电缆排管在敷设电缆前，应进行疏通，清除杂物。

7）管孔数应按发展预留适当备用。

8）电缆芯工作温度相差较大的电缆，宜分别置于适当间距的不同排管组。

9）排管地基应坚实、平整，不得有沉陷。不符合要求时，应对地基进行处理并夯实，并在排管和地基之间增加垫块，以免地基下沉损坏电缆。管路顶部土壤覆盖厚度不宜小于 0.5m。纵向排水坡度不宜小于 0.2%。

10）管路纵向连接处的弯曲度应符合牵引电缆时不致损伤的要求。

11）管孔端口应进行防止损伤电缆的处理。

11.2.3 排管敷设的危险点分析与控制

（1）烫伤、烧伤：

1）排管敷设作业中封电缆牵引头、封电缆帽头或对管接头进行热连接处理等动用明火作业时，火焰应远离易燃易爆品，工作人员应穿长袖工作服。

2）不熟悉喷灯或喷枪使用方法的人员不得擅自使用喷灯或喷枪。

3）使用喷枪应先检查本体是否漏气或堵塞，禁止在明火附近进行放气或点火。喷枪使用完毕应放置在安全地点，冷却后装运。

4）排管敷设作业中动火作业票应齐全完善。

（2）机械损伤：

1）在使用电锯锯电缆时，应使用合格的带有保护罩的电锯。

2）不准使用无合格防护罩和有裂纹及其他不良情况的砂轮机和无齿锯。

（3）触电：

1）现场施工电源应采用绝缘导线，并在开关箱的首端处装设合格的漏电保安器。

2）现场使用的电动工具应按规定周期进行试验合格。

3）移动式电动设备或电动工具应使用软橡胶电缆，电缆不得破损、漏电。

（4）挤伤、砸伤：

1）电缆盘运输、敷设过程中应设专人监护，防止电缆盘倾倒。

2）用滑轮敷设电缆时，不要在滑轮滚动时用手搬动滑轮，工作人员应站在滑轮前进方向。

（5）钢丝绳断裂：

1）用机械牵引电缆时，绳索应有足够的机械强度，工作人员应站在安全位置，不得站在钢丝绳内角侧等危险地段，电缆盘转动时应用工具控制转速。

2）牵引机需要装设保护罩。

（6）现场勘察不清：

1）必须核对图纸，勘察现场，查明可能向作业点反送电的电源，并断开其断路器、隔离开关。

2）对大型作业及较为复杂的施工项目，勘察现场后，制定“三措”并报有关领导批准，方可实施。

（7）任务不清。现场负责人要在作业前将工作人员的任务分工，危险点及控制措施予以明确地并交代清楚。

（8）人员安排不当：

1）选派的工作负责人应有一定的工作经验、较强的责任心和安全意识，并熟练掌握所承担工作的检修项目和质量标准。

2）选派的工作班成员能安全、保质保量地完成所承担的工作任务。

3）工作人员精神状态和身体条件能够任本职工作。

（9）单人留在作业现场。起吊电缆盘及起吊电缆上终端构架时，工作人员不得单独留在作业现场。

（10）违反监护制度：

1）被监护人在作业过程中，工作监护人的视线不得离开被监护人。

2）专责监护人不得做其他工作。

（11）违反现场作业纪律：

1）工作负责人应及时提醒和制止影响工作的安全行为。

2）工作负责人应注意观察工作班成员的精神和身体状态，必要时可对作业人员进行适当的调整。

3）工作中严禁喝酒、谈笑、打闹等。

（12）擅自变更现场安全措施：

1）不得随意变更现场安全措施。

2）特殊情况下需要变更安全措施时，必须征得工作负责人同意，完成后及时恢复原安全措施。

（13）穿越临时遮栏：

1）临时遮栏的装设需在保证作业人员不能误登带电设备的前提下进行，方便作业人员进出现场和实施作业。

2）严禁穿越和擅自移动临时遮栏。

（14）工作不协调：

1）多人同时进行工作时，应互相呼应，协同作业。

2）多人同时进行工作，应设专人指挥，并明确指挥方式。使用通信工具应事先检查工具是否完好。

（15）交通安全：

1）工作负责人应提醒司机安全行车。

2）乘车人员严禁在车上打闹或将头、手伸出车外。

3）注意防止随车装运的工器具挤、砸、碰伤乘车人员。

（16）交通伤害。在交通路口、人口密集地段工作时应设安全围栏、挂标示牌。

【思考与练习】

1. 电缆排管敷设的特点是什么？

2. 电缆排管的埋设深度是多少？

3. 电缆排管敷设的基本要求有哪些？

11.3 电缆的沟道敷设

本节包含电缆沟道敷设的要求和方法。通过概念解释、要点讲解和流程介绍，熟悉电缆沟和电缆隧道敷设的特点、基本技术要求，掌握电缆沟和电缆隧道敷设施工方法。

电缆的沟道敷设主要是指电缆沟敷设和电缆隧道敷设。

11.3.1 电缆沟敷设

封闭式不通行、盖板与地面相齐或稍有上下、盖板可开启的电缆构筑物为电缆沟，其断面如图 11-9 所示（1 是电级，2 是支架，3 是益板，4 是沟边齿口）。将电缆敷设于预先建设好的电缆沟中的安装方法，称为电缆沟敷设。

（1）电缆沟敷设的特点。电缆沟敷设适用于并列安装多根电缆的场所，如发电厂及变

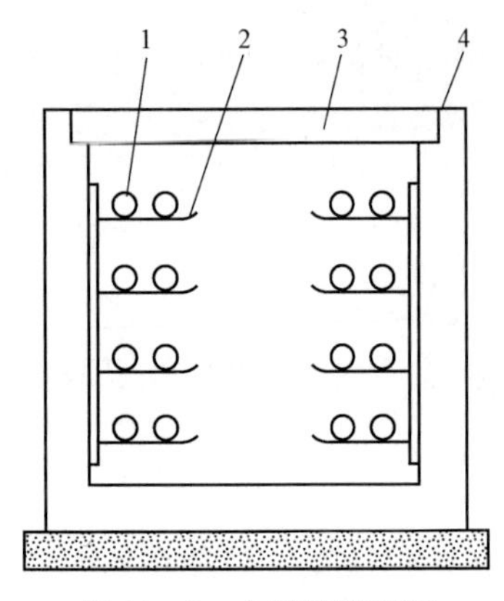

图 11－9　电缆沟断面图

电站内、工厂厂区或城市人行道等。电缆不容易受到外部机械损伤，占用空间相对较小。根据并列安装的电缆数量，需在沟的单侧或双侧装置电缆支架，敷设的电缆应固定在支架上。敷设在电缆沟中的电缆应满足防火要求，如具有不延燃的外护套或钢带铠装，重要的电缆线路应具有阻燃外护套。

地下水位太高的地区不宜采用普通电缆沟敷设，因为电缆沟内容易积水、积污，而且清除不方便。电缆沟施工复杂，周期长，电缆沟中电缆的散热条件较差，影响其允许载流量，但电缆维修和抢修相对简单，费用较低。

（2）电缆沟敷设的施工方法。电缆沟敷设作业顺序如图 11－10 所示。

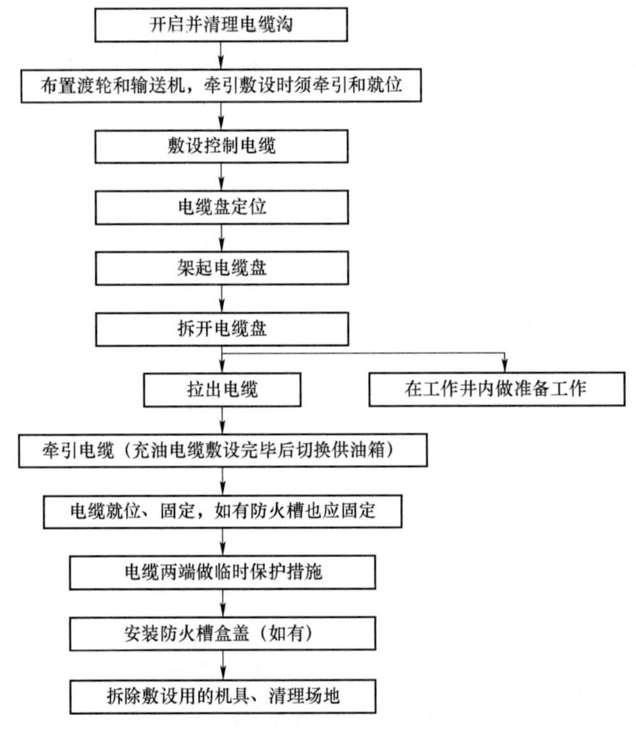

图 11－10　电缆沟敷设作业顺序

1）电缆沟敷设前的准备。电缆施工前需揭开部分电缆沟盖板。在不妨碍施工人员下电缆沟工作的情况下，可以采用间隔方式揭开电缆沟盖板。然后在电缆沟底安放滑轮，清除沟内外杂物，检查支架预埋情况并修补，并把沟盖板全部置于沟上面不利展放电缆的一侧，另一侧应清理干净。采用钢丝绳牵引电缆，电缆牵引完毕后，用人力将电缆定位在支架上。最后将所有电缆沟盖板恢复原状。

2）电缆沟敷设的操作步骤。施放电缆的方法，一般情况下是先放支架最下层、最里侧的电缆，然后从里到外、从下层到上层依次展放。

电缆沟中敷设牵引电缆，与直埋敷设基本相同，需要特别注意的是，要防止电缆在牵引过程中被电缆沟边或电缆支架刮伤。因此，在电缆引入电缆沟处和电缆沟转角处，必须搭建转角滑轮支架，用滚轮组成适当圆弧，减小牵引力和侧压力，以控制电缆弯曲半径，防止电缆在牵引时受到沟边或沟内金属支架擦伤，从而对电缆起到很好的保护作用。

电缆搁在金属支架上应加一层塑料衬垫。在电缆沟转弯处使用加长支架，让电缆在支架上允许适当位移。单芯电缆要有固定措施，如用尼龙绳将电缆绑扎在支架上，每2档支架扎一道，也可将三相单芯电缆呈品字形绑扎在一起。

在电缆沟中应有必要的防火措施，这些措施包括适当的阻火分割封堵。如将电缆接头用防火槽盒封闭，电缆及电缆接头上包绕防火带等阻燃处理；或将电缆置于沟底再用黄砂将其覆盖；也可选用阻燃电缆等。

电缆敷设完后，应及时将沟内杂物清理干净，盖好盖板。必要时应将盖板缝隙密封，以免水、汽、油、灰等侵入。

（3）电缆沟敷设的质量标准及注意事项：

1）电缆沟采用钢筋混凝土或砖砌结构，用预制钢筋混凝土或钢制盖板覆盖，盖板顶面与地面相平。电缆可直接放在沟底或电缆支架上。

2）电缆固定于支架上，在设计无明确要求时，各支撑点间距应符合相关规定。

3）电缆沟的内净距尺寸应根据电缆的外径和总计电缆条数决定。电缆沟内最小允许距离应符合表11－2的规定。

表11－2　　电缆沟内最小允许距离

项　　目		最小允许距离（mm）
通道高度	两侧有电缆支架时	500
	单侧有电缆支架时	450
电缆支架的层间净距	电缆为10kV及以下	200
	电缆为20kV及以下	250
	电缆在防火槽盒内	1.6×槽盒高度

4）电缆沟内金属支架、裸铠装电缆的金属护套和铠装层应全部和接地装置连接。为了避免电缆外皮与金属支架间产生电位差，从而发生交流腐蚀或电位差过高危及人身安全，电缆沟内全长应装设连续的接地线装置，接地线的规格应符合规范要求。电缆沟中应用扁钢组成接地网，接地电阻应小于4Ω。电缆沟中预埋铁件与接地网应以电焊连接。

电缆沟中的支架按结构不同有装配式和工厂分段制造的电缆托架等种类。以材质分有金属支架和塑料支架。金属支架应采用热浸镀锌，并与接地网连接。以硬质塑料制成的塑料支架又称绝缘支架，其具有一定的机械强度并耐腐蚀。

5）电缆沟盖板必须满足道路承载要求。钢筋混凝土盖板应有角钢或槽钢包边。电缆沟的齿口也应有角钢保护。盖板的尺寸应与齿口相吻合，不宜有过大间隙。盖板和齿口的角钢或槽钢要除锈后刷红丹漆二遍，黑色或灰色漆一遍。

6）室外电缆沟内的金属构件均应采取镀锌防腐措施，室内外电缆沟也可采用涂防锈漆的防腐措施。

7）为保持电缆沟干燥，应适当采取防止地下水流入沟内的措施。在电缆沟底设不小于0.5%的排水坡度，在沟内设置适当数量的积水坑。

8）充砂电缆沟内，电缆平行敷设在沟中，电缆间净距不小于35mm，层间净距不小于100mm，中间填满砂子。

9）敷设在普通电缆沟内的电缆，为防火需要，应采用裸铠装或阻燃性外护套的电缆。

10）电缆线路上如有接头，为防止接头故障时殃及邻近电缆，可将接头用防火保护盒保护或采取其他防火措施。

11）电力电缆和控制电缆应分别安装在沟的两边支架上。若不能时，则应将电力电缆安置在控制电缆之下的支架上，高电压等级的电缆宜敷设在低电压等级电缆的下方。

11.3.2 电缆隧道敷设

容纳电缆数量较多、有供安装和巡视的通道、全封闭的电缆构筑物为电缆隧道，其断面如图 11－11 所示。将电缆敷设于预先建设好的隧道中的安装方法，称为电缆隧道敷设。

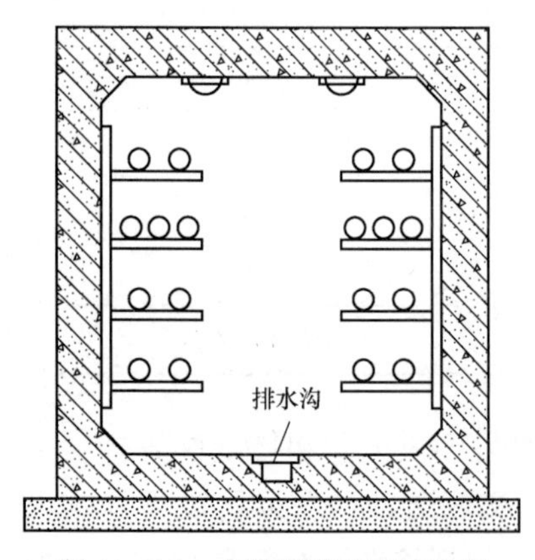

图 11－11　电缆隧道断面示意图

（1）电缆隧道敷设的特点。电缆隧道应具有照明、排水装置，并采用自然通风和机械通风相结合的通风方式。隧道内还应具有烟雾报警、自动灭火、灭火箱、消防栓等消防设备。

电缆敷设于隧道中，消除了外力损坏的可能性，对电缆的安全运行十分有利。但是隧道的建设投资较大，建设周期较长。

电缆隧道适用的场合有：

1）大型电厂或变电站，进出线电缆在 20 根以上的区段；

2）电缆并列敷设在 20 根以上的城市道路；

3）有多回高压电缆从同一地段跨越的内河河堤。

（2）电缆隧道敷设的施工方法。电缆隧道敷设示意图如图 11－12 所示，其作业顺序如图 11－13 所示。

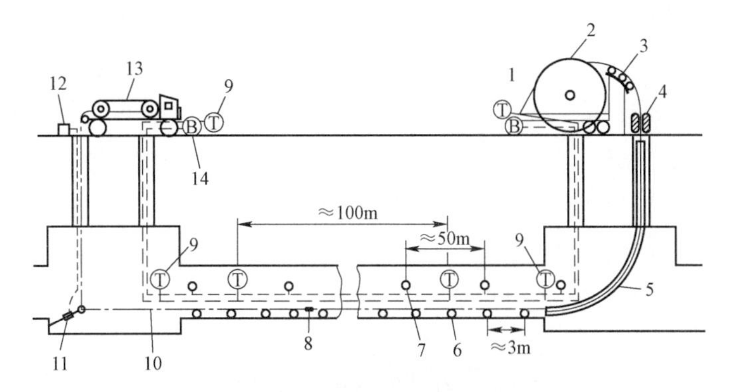

图 11－12 电缆隧道数设示意图

1—电缆盘制动装置；2—电缆盘；3—上弯曲滑轮组；4—履带牵引机；5—波纹保护管；6—滑轮；7—紧急停机按钮；8—防捻器；9—电话；10—牵引钢丝绳；11—张力感受器；12—张力自动记录仪；13—卷扬机；14—紧急停机报警器

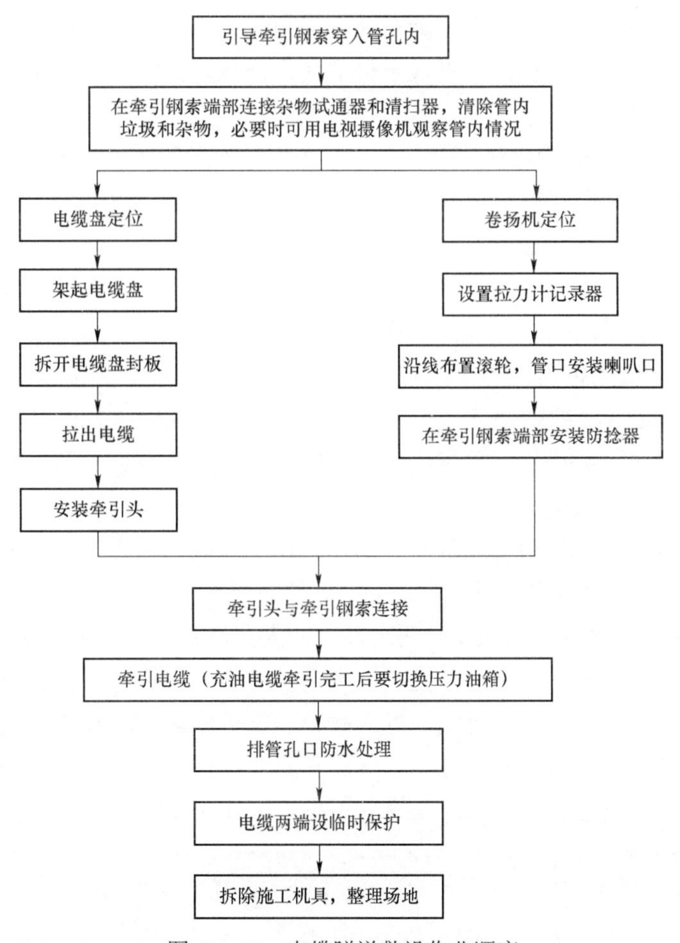

图 11－13 电缆隧道敷设作业顺序

1）电缆隧道敷设前的准备：

a. 电缆隧道敷设一般采用卷扬机钢丝绳牵引和电缆输送机牵引相结合的办法。在敷设电缆前，电缆端部应制作牵引端。将电缆盘和卷扬机分别安放在隧道入口处，并搭建适当的滑轮、滚轮支架。在电缆盘处和隧道中转弯处设置电缆输送机，以减小电缆的牵引力和侧压力。

b. 当隧道相邻入口相距较远时，电缆盘和卷扬机安置在隧道的同一入口处，牵引钢丝绳经隧道底部的开口葫芦反向。

c. 电缆隧道敷设必须有可靠的通信联络设施。

2）电缆隧道敷设的操作步骤：

a. 电缆隧道敷设牵引一般采用卷扬机钢丝绳牵引和输送机（或电动滚轮）相结合的方法，其间使用联动控制装置。电缆从工作井引入，端部使用牵引端和防捻器。牵引钢丝绳如需应用葫芦及滑车转向，可选择隧道内位置合适的拉环。在隧道底部每隔 2～3m 安放一只滑轮，用输送机敷设时，一般根据电缆重量每隔 30m 设置一台，敷设时关键部位应有人监视。高度差较大的隧道两端部位，应防止电缆引入时因自重产生过大的牵引力、侧压力和扭转应力。隧道中宜选用交联聚乙烯电缆，当敷设充油电缆时，应注意监视高、低端油压变化。位于地面电缆盘上油压应不低于最低允许油压，在隧道底部最低处电缆油压应不高于最高允许油压。

b. 电缆敷设时卷扬机的启动和停车，一定要执行现场指挥人员的统一指令。常用的通信联络手段是架设临时有线电话或专用无线通信。

c. 电缆敷设完后，应根据设计施工图规定将电缆安装在支架上，单芯电缆必须采用适当夹具将电缆固定。高压大截面单芯电缆应使用可移动式夹具，以蛇形方式固定。

（3）电缆隧道敷设的质量标准及注意事项：

1）电缆隧道一般为钢筋混凝土结构，也可采用砖砌或钢管结构，可视当地的土质条件和地下水位高低而定。一般隧道高度为 1.9～2m，宽度为 1.8～2.2m。

2）电缆隧道两侧应架设用于放置固定电缆的支架。电缆支架与顶板或底板之间的距离，应符合规定要求。支架上蛇形敷设的高压、超高压电缆应按设计节距用专用金具固定或用尼龙绳绑扎。电力电缆与控制电缆最好分别安装在隧道的两侧支架上。如果条件不允许，则控制电缆应该放在电力电缆的上方。

3）深度较浅的电缆隧道应至少有两个以上的人孔，长距离一般每隔 100～200m 应设一人孔。设置人孔时，应综合考虑电缆施工敷设。在敷设电缆的地点设置两个人孔，一个用于电缆进入，另一个用于人员进出。近人孔处装设进出风口，在出风口处装设强迫排风装置。深度较深的电缆隧道，两端进出口一般与竖井相连接，并通常使用强迫排风管道装置进行通风。电缆隧道内的通风要求在夏季不超过室外空气温度 UTC 为原则。

4）在电缆隧道内设置适当数量的积水坑，一般每隔 50m 左右设积水坑一个，以使水及时排出。

5）隧道内应有良好的电气照明设施、排水装置，并采用自然通风和机械通风相结合的通风方式。隧道内还应具有烟雾报警、自动灭火、灭火箱、消防栓等消防设备。

6）电缆隧道内应装设贯通全长的连续的接地线，所有电缆金属支架应与接地线连通。电缆的金属护套、铠装除有绝缘要求（如单芯电缆）以外，应全部相互连接并接地。这是为了避免电缆金属护套或铠装与金属支架间产生电位差，从而发生交流腐蚀。

电缆隧道敷设方式选择应遵循以下几点：

a. 同一通道的地下电缆数量众多，电缆沟不足以容纳时，应采用隧道。

b. 同一通道的地下电缆数量较多，且位于有腐蚀性液体或经常有地面水流溢的场所，或含有 35kV 以上高压电缆，或穿越公路、铁路等地段，宜用隧道。

c. 受城镇地下通道条件限制或交通流量较大的道路下，与较多电缆沿同一路径有非高温的水、气和通信电缆管线共同配置时，可在公用性隧道中敷设电缆。

11.3.3 电缆沟道敷设的危险点分析与控制

（1）高处坠落。沟道敷设作业中起吊电缆在高度超过 1.5m 的工作地点工作时，应系安全带，或采取其他可靠的措施。

作业过程中起吊电缆时必须系好安全带，安全带必须绑在牢固物件上，转移作业位置时不得失去安全带保护，并应有专人监护。

施工现场的所有孔洞应设可靠的围栏或盖板。

（2）高空落物。沟道敷设作业中起吊电缆遇到高处作业必须使用工具包防止掉东西。

所用的工器具、材料等必须用绳索传递，不得乱扔，终端塔下应防止行人逗留。

现场人员应按安规标准戴安全帽。

起吊电缆时应避免上下交叉作业，上下交叉作业或多人一处作业时应相互照应、密切配合。

（3）烫伤、烧伤。封电缆牵引头和电缆帽头等动用明火作业时，火焰应远离易燃易爆品，工作人员应穿长袖工作服；

不熟悉喷灯或喷枪使用方法的人员不得擅自使用喷灯或喷枪；

使用喷枪应先检查本体是否漏气或堵塞，禁止在明火附近进行放气或点火。喷枪使用完毕应放置在安全地点，冷却后装运。

（4）机械损伤。在使用电锯锯电缆时，应使用合格的带有保护罩的电锯；

不准使用无合格防护罩和有裂纹及其他不良情况的砂轮机和无齿锯。

（5）触电。现场施工电源应采用绝缘导线，并在开关箱的首端处装设合格的漏电保安器；

现场使用的电动工具应按规定周期进行试验合格；

移动式电动设备或电动工具应使用软橡胶电缆，电缆不得破损、漏电。

（6）挤伤、砸伤。电缆盘运输、敷设过程中应设专人监护，防止电缆盘倾倒；

用滑轮敷设电缆时，不要在滑轮滚动时用手搬动滑轮，工作人员应站在滑轮前进方向。

（7）钢丝绳断裂。用机械牵引电缆时，绳索应有足够的机械强度，工作人员应站在安全位置，不得站在钢丝绳内角侧等危险地段，电缆盘转动时应用工具控制转速；

牵引机需要装设保护罩。

（8）现场勘察不清。必须核对图纸，勘察现场，查明可能向作业点反送电的电源，并断开其断路器、隔离开关。

对大型作业及较为复杂的施工项目，勘察现场后，制定“三措”，并报有关领导批准方可实施。

（9）任务不清。现场负责人要在作业前将工作人员的任务分工，危险点及控制措施予以明确并交代清楚。

（10）人员安排不当。选派的工作负责人应有一定的工作经验、较强的责任心和安全意识，并熟练地掌握所承担工作的检修项目和质量标准；

选派的工作班成员能安全、保质保量地完成所承担的工作任务；

工作人员精神状态和身体条件能够任本职工作。

（11）特种工作作业票不全。进行电焊、起重、动用明火等作业时，特殊工作现场作业票、动火票应齐全。

（12）单人留在作业现场。起吊电缆盘及起吊电缆上终端构架时，工作人员不得单独留在作业现场。

（13）违反监护制度。被监护人在作业过程中，工作监护人的视线不得离开被监护人；

专责监护人不得做其他工作。

（14）违反现场作业纪律。工作负责人应及时提醒和制止影响工作的安全行为；

工作负责人应注意观察工作班成员的精神和身体状态，必要时可对作业人员进行适当的调整；

工作中严禁喝酒、谈笑、打闹等。

（15）擅自变更现场安全措施。不得随意变更现场安全措施；

特殊情况下需要变更安全措施时，必须征得工作负责人同意，完成后及时恢复原安全措施。

（16）穿越临时遮栏。临时遮栏的装设需在保证作业人员不能误登带电设备的前提下进行，应方便作业人员进出现场和实施作业；

严禁穿越和擅自移动临时遮栏。

（17）工作不协调。多人同时进行工作时，应互相呼应，协同作业；

多人同时进行工作，应设专人指挥，并明确指坪方式。使用通信工具应事先检查工具是否完好。

（18）交通安全。工作负责人应提醒司机安全行车；

乘车人员严禁在车上打闹或将头、手伸出车外；

注意防止随车装运的工器具挤、砸、碰伤乘车人员。

（19）交通伤害。在交通路口、人口密集地段工作时，应设安全围栏、挂标示牌。

【思考与练习】

1. 电缆沟敷设的特点是什么？

2. 电缆隧道敷设的特点是什么？

3. 电缆隧道敷设时，对接地有哪些要求？

11.4 电缆敷设的一般要求

本节介绍电缆敷设的基本要求。通过概念解释和要点讲解，熟悉电缆敷设牵引、弯曲半径、电缆排列固定和标志牌装设等基本要求，掌握电缆牵引力和侧压力的计算方法，掌握电缆敷设施工基本方法和各种技术要求。

11.4.1 电缆敷设基本要求

（1）电缆敷设一般要求。敷设施工前应按照工程实际情况对电缆敷设机械力进行计算。敷设施工中应采取必要措施，确保各段电缆的敷设机械力在允许范围内。根据敷设机械力计算，确定敷设设备的规格，并按最大允许机械力确定被牵引电缆的最大长度和最小弯曲半径。

（2）电缆的牵引方法。电缆的牵引方法主要有制作牵引头和网套牵引两种。为消除电缆的扭力和不退扭钢丝绳的扭转力传递作用，牵引前端必须加装防捻器。

1）牵引头。连接卷扬机的钢丝绳和电缆首端的金具，称作牵引头。它的作用不仅是电缆首端的一个密封套头，而且还是牵引电缆时将卷扬机的牵引力传递到电缆导体的连接件。对有压力的电缆，它还带有可拆接的供油或供气的油嘴，以便需要时连接供气或供油的压力箱。

常用的牵引头有单芯充油电缆牵引头、35kV 及以下交联电缆牵引端图，如图 11－14～图 11－16 所示。

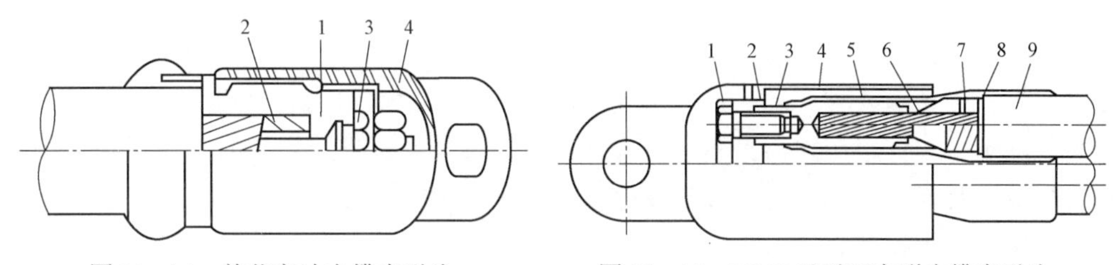

图 11－14 单芯充油电缆牵引头

图 11－15 35kV 及以下交联电缆牵引头

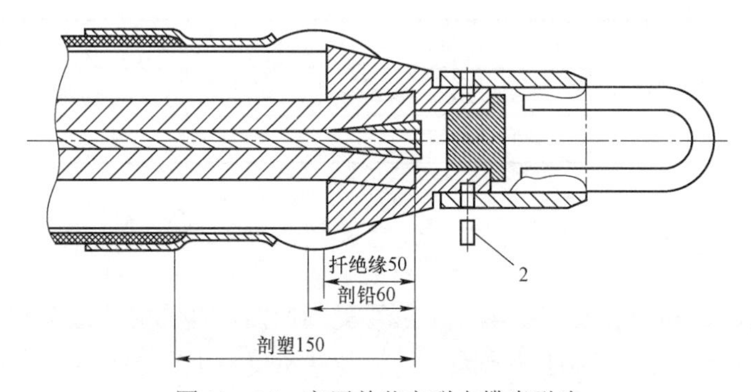

图 11－16 高压单芯交联电缆牵引头

1—拉环套；2—螺钉；3—帽盖；4—密封圈；5—锥形钢衬管；6—锥形帽罩；7—封铅；8—热缩管

2）牵引网套。牵引网套用钢丝绳（也有用尼龙绳或白麻绳）由人工编织而成。由于牵引网套只是将牵引力过渡到电缆护层上，而护层允许牵引强度较小，因此不能代替牵引头。只有在线路不长，经过计算的牵引力小于护层的允许牵引力时才可单独使用。图 11－17 所示为安装在电缆端头的牵引网套，其中 1 为电缆，2 为铅扎线，3 为钢丝网套。

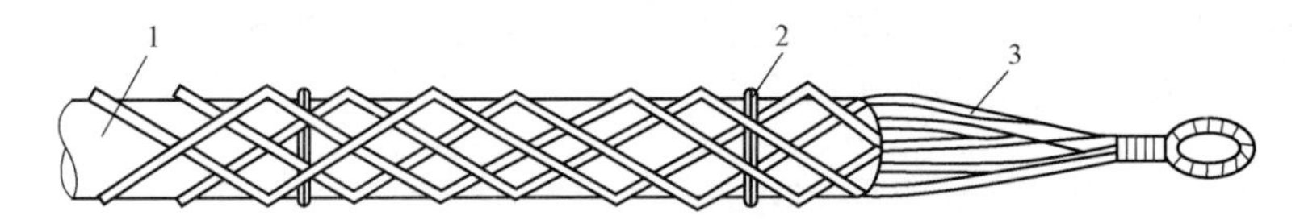

图 11－17　电缆牵引网套

3）防捻器。用不退扭钢丝绳牵引电缆时，在达到一定张力后，钢丝绳会出现退扭。卷扬机将钢丝绳收到收线盘上时增大了旋转电缆的力矩，如不及时消除这种退扭力，电缆会受到扭转应力，不但能损坏电缆结构，而且，在牵引完毕后，积聚在钢丝绳上的扭转应力能使钢丝绳弹跳，容易击伤施工人员。为此，在电缆牵引前应串联一只防捻器，如图 11－18 所示。

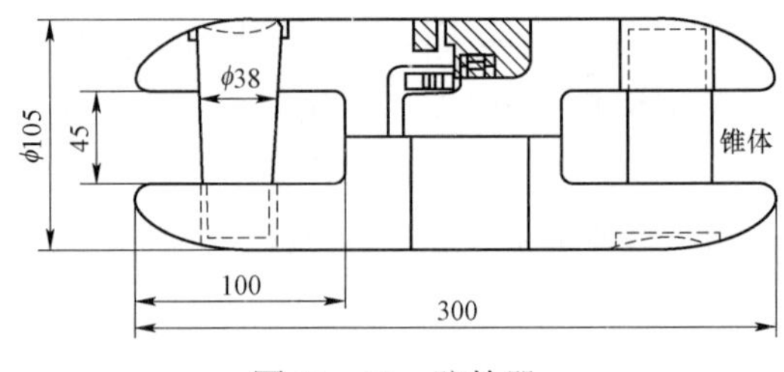

图 11－18　防捻器

（3）牵引力技术要求。电缆导体的允许牵引应力，用钢丝网套牵引塑料电缆。如无金属护套，则牵引力作用在塑料护套和绝缘层上；有金属套式锴装电缆时，牵引力作用在塑料护套和金属套式铠装上。用机械敷设电缆时的最大牵引强度宜符合表 11－3 的规定，充油电缆总拉力不应超过 27kN。

表 11－3　电缆最大允许牵引强度　N/mm^2

牵引方式	牵引头		钢丝网衮			
受力部位	铜芯	铝芯	铅套	铝套	皱纹铝护套	塑料护衮
允许牵引强度	70	40	10	40	20	7

11.4.2　电缆弯曲半径

电缆在制造、运输和敷设安装施工中总要受到弯曲，弯曲时电缆外侧被拉伸，内侧被挤压。由于电缆材料和结构特性的原因，电缆能够承受弯曲，但有一定的限度。过度的弯曲容易对电缆的绝缘层和护套造成损伤，甚至破坏电缆，因此规定电缆的最小弯曲半径应满足电缆供货商的技术规定数据。制造商无规定时，按表 11－4 规定执行。

表 11－4　　　　　　　　　电缆最小弯曲半径

<table>
<tr><th colspan="3">电缆型式</th><th>多芯</th><th>单芯</th></tr>
<tr><td rowspan="3">控制电缆</td><td colspan="2">非铠装、屏蔽型软电缆</td><td>$6D$*</td><td rowspan="3">—</td></tr>
<tr><td colspan="2">铠装、铜屏蔽型</td><td>$12D$</td></tr>
<tr><td colspan="2">其他</td><td>$10D$</td></tr>
<tr><td rowspan="3">橡皮绝线电缆</td><td colspan="2">无铅包、钢铠护套</td><td colspan="2">$10D$</td></tr>
<tr><td colspan="2">裸铅包护套</td><td colspan="2">$15D$</td></tr>
<tr><td colspan="2">钢铠护衮</td><td colspan="2">$20D$</td></tr>
<tr><td rowspan="2">塑料绝缘电缆</td><td colspan="2">无铠装</td><td>$15D$</td><td>$20D$</td></tr>
<tr><td colspan="2">有铠装</td><td>$12D$</td><td>$15D$</td></tr>
<tr><td rowspan="3">油没纸绝线电缆</td><td colspan="2">铝套</td><td colspan="2">$30D$</td></tr>
<tr><td rowspan="2">铅轾</td><td>有铠装</td><td>$15D$</td><td>$20D$</td></tr>
<tr><td>无铠装</td><td>$20D$</td><td>—</td></tr>
<tr><td colspan="3">自容式充油电缆</td><td>—</td><td>$20D$</td></tr>
</table>

*　D 为电缆外径。

11.4.3　电缆敷设机械力计算

（1）牵引力。电缆敷设施工时牵引力的计算，要根据电缆敷设路径分段进行。比较常见的敷设路径有水平直线敷设、水平转弯敷设和斜坡直线敷设三种。总牵引力等于各段牵引力之和。

1）敷设电缆的三种典型路径，其牵引力计算公式如下：

水平直线敷设 $T=\mu WL$

水平转弯敷设 $T_2=T_1 e^{\mu\theta}$

斜坡直线敷设上行时 $T=WL(\mu\cos\theta+\sin\theta)$

下行时 $T=WL(\mu\cos\theta-\sin\theta)$

竖井中直线牵引上引法的牵引力为 $T=WL$

式中，T 为牵引力，N；T_1 为弯曲前牵引力，N；T_2 为弯曲后牵引力，N；μ 为摩擦因数；W 为电缆每米重量，N/m；L 为电缆长度，m；θ 为转弯或倾斜角度，rad。

2）在靠近电缆盘的第一段，计算牵引力时，需将克服电缆盘转动时盘轴孔与钢轴间的摩擦力计算在内，这个摩擦力可近似相当于 15m 长电缆的重量。

3）电缆在牵引中与不同物材相接触称为摩擦，产生摩擦力。其摩擦因数的大小对牵引力的增大影响不可忽视。电缆与各种不同接触物之间的摩擦因数见表 11－5。

表 11-5　　摩擦因数表

牵引时电缆接触物	摩擦因数 μ	牵引时电缆接触物	摩擦因数 μ
钢管	0.17～0.19	砂土	1.5～3.5
塑料管	0.4	混凝土管、有润滑剂	0.3～0.4
滚轮	0.1～0.2		

（2）侧压力。作用在电缆上与其本体呈垂直方向的压力，称为侧压力。

侧压力主要发生在牵引电缆时的弯曲部分。控制侧压力的重要性在于：避免电缆外护层遭受损伤；避免电缆在转弯处被压扁变形。自容式充油电缆当受到过大的侧压力时，会导致油道永久变形。

1）侧压力的规定要求。电缆侧压力的允许值与电缆结构和转角处设置状态有关。电缆允许侧压力包括滑动允许值和滚动允许值，可根据电缆制造厂提供的技术条件计算；无规定时，电缆侧压力允许值应满足表 11-6 的规定。

表 11-6　　电缆护层最大允许侧压力

电缆护层分类	滑动状态（涂抹润滑剂圆弧滑板或排管，kN/m）	滚动状态（每只滚轮，kN）
铅护层	3.0	0.5
皱纹铝护层	3.0	2.0
无金属护层	3.0	1.0

2）侧压力的计算：

a. 在转弯处经圆弧形滑板电缆滑动时的侧压力与牵引力成正比，与弯曲半径成反比，计算公式为 $P=T/R$。其中，P 为侧压力，N/m；T 为牵引力，N；R 为弯曲半径，m。

b. 转弯处设置滚轮。电缆在滚轮上受到的侧压力，与各滚轮之间的平均夹角或滚轮间距有关。每只滚轮对电缆的侧压力计算公式为 $P=2t\times\sin(\theta/2)$，其中 $\sin(\theta/2)=0.5s/R$，P 为侧压力，N/m；T 为牵引力，N；R 为转弯滚轮所设置的圆弧半径，m；θ 为滚轮间平均夹角，rad；s 为滚轮间距，m。

c. 当电缆呈 90° 转弯时，每只滚轮上的侧压力计算公式可简化为 $p=\pi T/2(n-1)$。计算出每只滚轮上的侧压力后，可得出转弯处需设置滚轮的只数。

d. 显而易见，降低侧压力的措施是减少牵引力和增加弯曲半径。为控制侧压力，通常在转弯处使用特制的呈 L 状的滚轮，均匀地设置在以为半径的圆弧上，间距要小。每只滚轮都要能灵活地转动，滚轮要固定好，防止牵引时倾翻或移动。

（3）扭力。扭力是作用在电缆上的旋转机械力。作用在电缆上的扭力如果超过一定限度会造成电缆绝缘与护层的损伤，有时积聚的电缆上的扭力，还会使电缆打成“小圈”。

作用在电缆上的扭力有扭转力和退扭力两种。敷设施工牵引电缆时，采用钢丝绳和电缆之间装置防捻器，来消除钢丝绳在牵引中产生的扭转力向电缆传递。在敷设水底电缆施工中，采用控制扭转角度和规定退扭架高度的办法，消除电缆装船时潜存的退扭力。

在水下电缆敷设中，允许扭力以圈形周长单位长度的扭转角不大于 25℃为限度。退扭架的高度一般不小于 0.7 倍电缆圈形外圈直径。

11.4.4 电缆的排列要求

（1）同一通道同侧多层支架敷设。同一通道内电缆数量较多时，若在同一侧的多层支架上敷设，应符合下列规定：

1）应按电缆等级由高至低的电力电缆、强电至弱电的控制和信号电缆、通信电缆由上而下的顺序排列。

当水平通道中含有 35kV 以上高压电缆，或为满足引入柜盘的电缆符合允许弯曲半径要求时，宜按由下而上的顺序排列；

在同一工程中或电缆通道延伸于不同工程的情况，均应按相同的上下排列顺序配置。

2）支架层数受到通道空间限制时，35kV 及以下的相邻电压等级电力电缆，可排列于同一层支架上；1kV 及以下电力电缆，可与强电控制和信号电缆配置在同一层支架上。

3）同一重要回路的工作与备用电缆实行耐火分隔时，应配置在不同层的支架上。

（2）同层支架电缆配置。同一层支架上电缆排列的配置，宜符合下列规定：

1）控制和信号电缆可紧靠或多层叠置。

2）除交流系统用单芯电力电缆的同一回路可采取正三角形配置外，对重要的同一回路多根电力电缆不宜叠置。

3）除交流系统用单芯电缆情况外，电力电缆的相互间宜有不小于 0.1m 的空隙。

11.4.5 电缆及附件的固定

垂直敷设或超过 30°倾斜敷设的电缆，水平敷设转弯处或易于滑脱的电缆，以及靠近终端或接头附近的电缆，都必须采用特制的夹具将电缆固定在支架上。其作用是把电缆的重力和因热胀冷缩产生的热机械力分散到各个夹具上或得到释放，使电缆绝缘、护层、终端或接头的密封部位免受机械损伤。电缆固定要求如下：

（1）刚性固定。采用间距密集布置的夹具将电缆固定，两个相邻夹具之间的电缆在受到重力和热胀冷缩的作用下被约束不能发生位移的夹紧固定方式称为刚性固定，如图 11－19（1 为电缆，2 为电缆夹具）所示。

刚性固定通常适用于截面不大的电缆。当电缆导体受热膨胀时，热机械力转变为内部压缩应力，可防止电缆由于严重局部应力而产生纵向弯曲。在电缆线路转弯处，相邻夹具的间距应较小，约为直线部分的 1/2。

（2）挠性固定。允许电缆在受到热胀冷缩影响时可沿固定处轴向产生一定的角度变化或稍有横向位移的固定方式称为挠性固定，如图 11－20（1 为电缆，为移动夹具，A 为电缆挠性固定夹具节距，B 为电缆至中轴线固定幅值，C 为挠性固定电缆移动幅值，M 为移动夹具转动方向，W 为两只夹具之间中轴线）所示。

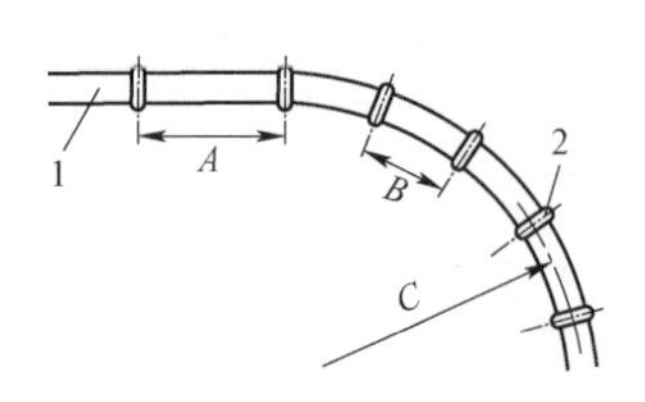

图 11－19　电缆刚性固定示意图

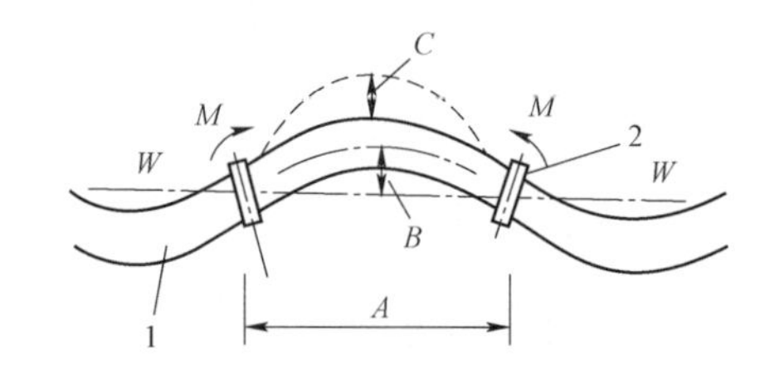

图 11－20　电缆挠性固定示意图

采取挠性固定时，电缆呈蛇形状敷设。即将电缆沿平面或垂直部位敷设成近似正弦波的连续波浪形，在波浪形两头电缆用夹具固定，而在波峰（谷）处电缆不装夹具或装设可移动式夹具，以使电缆可以自由平移。

蛇形敷设中，电缆位移量的控制要求要以电缆金属护套不产生过分应变为原则，并据此确定波形的节距和幅值。一般蛇形敷设的波形节距为 4～6m，波形幅值为电缆外径的 1～1.5 倍。由于波浪形的连续分布，电缆的热膨胀均匀地被每个波形宽度所吸收，而不会集中在线路的某一局部。在长距离桥梁的伸缩间隙处设置电缆伸缩弧，或者采用能垂直和水平方向转动的万向铰链架，在这种场合的电缆固定均为挠性固定。

高压单芯电缆水平蛇形敷设施工竣工图如图 11－21 所示，位于隧道内蛇形敷设施工竣工图如图 11－22 所示。

图 11－21　高压单芯电缆水平蛇形敷设施工竣工图

图 11－22　隧道内电缆蛇形敷设施工竣工图

（3）固定夹具安装：

1）选用。电缆的固定夹具一般采用两半组合结构。固定电缆用的夹具、扎带、捆绳或支托件等部件，应具有表面光滑、便于安装、足够的机械强度和适合使用环境的耐久性等性能。单芯电缆夹具不得以铁磁材料构成闭合磁路。

2）衬垫。在电缆和夹具之间，要加上衬垫。衬垫材料有橡皮、塑料、铅板和木质垫圈，也可用电缆上剥下的塑料护套作为衬垫。衬垫在电缆和夹具之间形成一个缓冲层，使得夹具既夹紧电缆，又不夹伤电缆。裸金属护套或裸铠装电缆以绝缘材料作衬垫可使电缆护层对地绝缘免受杂散电流或通过护层入地的短路电流的伤害。过桥电缆在夹具间加弹性衬垫有防振作用。

3）安装。在电缆隧道、电缆沟的转弯处及电缆桥架的两端采用挠性固定方式时，应选用移动式电缆夹具。固定夹具应当由有经验的人员安装。所有夹具的松紧程度应基本一致，夹具两边的螺母应交替紧固，不能过紧或过松，以应用力矩扳手紧固为宜。

（4）电缆附件固定要求。35kV 及以下电缆明敷时，应适当设置固定的部位，并应符合下列规定：

1）水平敷设，应设置在电缆线路首、末端和转弯处以及接头的两侧，且宜在直线段每隔不少于 100m 处；

2）垂直敷设，应设置在上、下端和中间适当数量位置处；

3）斜坡敷设，应遵照相关要求，并因地制宜设置；

4）当电缆间需保持一定间隙时，宜设置在每隔 10m 处；

5）交流单芯电力电缆，还应满足按短路电动力确定所需予以固定的间距。

在 35kV 以上高压电缆的终端、接头与电缆连接部位，宜设置伸缩节。伸缩节应大于电缆容许弯曲半径，并应满足金属护层的应变不超出容许值的要求。未设置伸缩节的接头两侧，应采取刚性固定或在适当长度内将电缆实施蛇形敷设。

（5）电缆支架的选用。电缆支架除支持工作电流大于 1500A 的交流系统单芯电缆外，宜选用钢制。

11.4.6　电缆线路标志牌

（1）标志牌装设要求。电缆敷设排列固定后，及时装设标志牌。

电缆线路标志牌装设应符合位置规定。

标志牌上应注明线路编号。无编号时，应写明电缆型号、规格及起讫地点。

并联使用的电缆线路应有顺序号。

标志牌字迹应清晰不易脱落。

标志牌规格宜统一。标志牌应能防腐，挂装应牢固。

高压单芯电缆排管敷设标志牌装设如图 11－23 所示。

图 11－23　高压单芯电缆排管敷设标志牌装设

（2）标志牌装设位置：

1）生产厂房或变电站内，应在电缆终端头和电缆接头处装设电缆标志牌。

2）电力电网电缆线路应在下列部位装设标志牌：

电缆终端头和电缆接头处；

电缆管两端电缆沟、电缆井等敞开处；

电缆隧道内转弯处、电缆分支处、直线段间隔 50～100m 处。

【思考与练习】

1. 不同牵引方式时，电缆最大允许牵引强度各是多少？
2. 橡皮和塑料绝缘电缆的最小弯曲半径各是多少？
3. 电缆的固定有哪几种方式，各有什么特点？
4. 电缆标志牌装设有哪些要求？

电缆在线监测

电缆运维单位应按照《电力电缆线路运行规程》（国家电网科〔2010〕134 号）、Q/GDW 168—2008《输变电设备状态检修试验规程》和 Q/GDW 643—2011《配网设备状态检修试验规程》要求，定期开展电缆及通道的检测工作。

在线监测重点应根据电缆运行情况，对电缆本体、电缆终端、中间接头、接地箱等设备进行温度、局部放电、接地电流监测；根据通道运行情况，对沟道、隧道等设施进行视频、水位、气体、温湿度监测。

电缆 0.1Hz 超低频试验和电缆阻尼振荡波局部放电测试技术是评估电缆绝缘水平的有效方法之一。

12.1 超低频试验

12.1.1 适用范围

用于额定电压为 10～35kV 电缆线路 0.1Hz 超低频试验。

12.1.2 试验方法概述

在 0.1Hz 正弦波超低频耐压试验的同时对电缆进行介质损耗，并对测试数据进行分析，根据 IEEE 400.2 的电缆绝缘老化判别标准，对交联聚乙烯绝缘电力电缆绝缘老化状态进行评估，可作为判断投运后的交联聚乙烯绝缘电力电缆能否继续投入运行的重要参考依据。

12.1.3 试验设备

超低频（0.1Hz）耐压试验设备一般由 0.1Hz 电压发生器、输出试验电压的波形或频率批示器、显示输出峰值电压和电流的仪表、记录试验时间的计时器、保护电阻、长度不小于 30m 的特制柔性连接电缆等部分组成。试验设备必须具备有可靠的过流或过压保护功能、启动功能以及内置放电功能。

（1）0.1Hz 电压发生器。0.1Hz 电压发生器，提供正弦波或余弦方波电压，能够连续升压，输出电压幅值不稳定性应小于 1%，在其额定电压下，波形不失真的负载电容能力不小于 1.5μF。

（2）试验电压的波形和频率。试验电压的波形为正弦波或余弦方波；

正弦波的峰值函数应在范围内，频率应在 0.1Hz 范围内；

余弦方波极性变换时间不大于 2ms，频率应在 0.1Hz 范围内。

（3）显示仪器。电流表和电压表的精度等级等于或高于 1.5 级，每年校正一次。

（4）计时器。分度为 1。

（5）保护电阻。保护电阻的阻值不小于 100kΩ，功率不小于 800W。

（6）连接电缆。柔性连接电缆的线芯对地的工频耐受电压值不小于 120kV，长度不小于 30m。

12.1.4 操作步骤

按照作业流程，对每一个试验项目，明确作业标准、注意事项等内容，见表 12－1。

表 12－1　　作业流程标准

序号	试验项目	试验方法	试验标准	注意事项	备注
1	试验前准备工作	1）做安全措施； 2）拆开、清扫电缆两端连接线	具备进行电缆试验项目的条件	电缆测试终端保持清洁。且建议试验屏蔽罩。 试品电缆的电容量应在试验设备负载电容能力范围内时，可以将试品电缆三要线芯并联后，同时对地进行耐压试验	
2	绝缘电阻测试	使用绝缘电阻表测量试验电缆绝缘电阻。 绝缘电阻应读取加压后 15s 和 60s 的数值	绝缘电阻应大于 100MΩ	1）在试验绝缘前后，应将被测电缆对地充分放电； 2）在试验电缆绝缘时，应取得许可并通知对端后方可进行	
3	拆除校准线后，进行耐压、介质损耗测试	在预先设置各个测试电压等级（如：$0.5U_0$、U_0 和 $1.5U_0$ 时）进行介质损耗测试，同时进行耐压测试	在每一电压等级阶段需进行多次测量并获取以下数值：介质损耗值（6～8 个介质损耗测量值），每一电压等级 6～8 个介质损耗测量值的平均值。每一电压等级的介质损耗标准偏差值（介质损耗的稳定性），相邻电压等级之间介质损耗差值（$1.5U_0$～$0.5U_0$）。介质损耗测量将在各个电压等级的设置测量持续时间（如 2min）后结束	1）用柔性连接电缆将试验设备与试品电缆相连接，合上电源，开始升压进行试验。升压过程应密切监视高压回路，监听试品电缆是否有异常响声。升至试验电压时，即开始记录试验时间并读取试验电压值。 2）试验时间到后，先将电压降至零位，然后切断电源，连接接地线，试验中若无破坏性放电发生，则认为通过耐压试验。 3）在升压和耐压过程中，如发现电压表指针摆动较大，电流表指示急剧增加，调压器继续升压值电压基本不变甚至显下降趋势，而电流增加幅度较大，试品电缆发出异味，烟雾或异常响声或闪络等现象，应立即停止升压，降压停电后查明原因，这些现象如查明是试品电缆绝缘部分薄弱引起的，则认为耐压试验不合格。如确定是试品电缆由于空气湿度或表面脏污等原因所致，应将试品电缆清洁干燥处理后，再进行试验	
4	数据保存	数据保存无误后，关机，拆线			
5	试验结束	测试结束后对设备和电缆进行放电和验电，并对电缆进行绝缘电阻测试后	绝缘电阻大于 100 MΩ		
6	恢复电缆两端连接线	1）搭头前核对相位； 2）恢复电缆两端接线； 3）恢复送电	1）相位准确； 2）搭头连接处应接触良好		

注　1. 已执行项打“√”，不执行项打“/”；

2. 须在“序号”栏中数字的左侧用“★”符号标识出关键工序项，执行时在“√”栏中签字确认。

12.1.5 注意事项

（1）容升效应和电压谐振。由于试品电缆为容性负载，在超低频（0.1Hz）耐压试验时，容性电流在电压发生器绕组上产生频抗压降，造成实际作用在试品电缆上的电压值较高，超过按变比计算的高压侧所输出的电压值，产生容升效应，试品电缆电容量及电压发生器的阻抗越大，则容升效应越明显。因此，要求在试品电缆端侧进行试验电压值测量，以免试品电缆承受过高的电压作用而损伤。

由于试品电缆电容与电压发生器端抗形成串联回路，当试品电缆电容与电压发生器的漏抗相等或接近时，极易发生串联谐振，造成试品电缆端电压显著升高，危及试验设备和试品电缆绝缘。因此，需在电压输出端接适当阻值的阻尼电阻，削弱敏阻尼电阻的谐频程度。

（2）测量仪器。现场使用较多的电压表所测得试验电压值是电压有效值，应改用峰值电压表进行超低频（0.1Hz）耐压试验电压值测量。

（3）低压保护回路。为保护测量仪表和控制回路元件，可在测量仪器的输出端上并联适当的电压的放电管或氧化锌压敏电阻器、浪涌吸收器等。

控制电源和测量仪器用电源应采取良好的隔离措施和接电措施、防止试品电缆闪络或击穿时，在被接地线上产生的较高的暂态地电位，升高近电压，将仪器和控制回路元件反击损坏。

12.1.6 绝缘老化状态评估

根据 IEEE P400.2—2013《有屏蔽电力电缆系统 1Hz 以下超低频方法现场试验》，绝缘老化状态评估方法见表 12－2。

表 12－2　　绝缘老化状态评估方法

电缆绝缘层老化状态评价结论	标准偏差 U_0 [10^{-3}]	值	介质损耗变化率 DTD $1.5U_0$～$0.5U_0$ [10^{-3}]	值	TanDelta 介质损耗平均值 U_0 [10^{-3}]
无需采取检修行动	＜0.1	与	＜5	与	＜4
建议进一步关注	0.1～0.5	或	5～80	或	4～50
需要采取检修行动	＞0.5	或	＞80	或	＞50

试验报告模板

电缆超低频试验报告

报告编号：______________

试验日期	××年××月××日	所属单位	××供电公司
天气	晴/雨	温度/湿度	××℃/××%
试验设备编号		试验设备厂家	

续表

电缆名称		电缆型号	
电压等级	××kV	电缆长度	××m
投运时间	××年××月××日	试验地点	××站
试验部门		试验人员	
报告编写		报告日期	××年××月××日
审核		批准	

绝缘电阻

试验电压：___V

超低频试验前（MΩ）：

A：___〉___，B：___〉___，C：___〉___

超低频试验后（MΩ）：

A：___〉___，B：___〉___，C：___〉___

测 试 数 据

检测次数		1	2	3	4	5	6
A相介质损耗值（10^{-3}）	$0.5U_0$						
	$1.0U_0$						
	$1.5U_0$						
B相介质损耗值（10^{-3}）	$0.5U_0$						
	$1.0U_0$						
	$1.5U_0$						
C相介质损耗值（10^{-3}）	$0.5U_0$						
	$1.0U_0$						
	$1.5U_0$						

数 据 分 析

相别	A相	B相	C相
介质损耗稳定值（10^{-3}）			
介质损耗变化率（10^{-3}）			
介质损耗平均值（10^{-3}）			

介 损 测 量 数 据

A相	
B相	
C相	

介质损耗值随电压变化曲线图

结论

根据 IEEE P400.2—2013《有屏蔽电力电缆系统 1Hz 以下超低频方法现场试验》，本次试验三个主要指标如下：

介质损耗值	超低频介质损耗随时间稳定性 VLF－TD Stability（U_0下测得的标准偏差［10^{-3}］）	介质损耗变化率 DTD（$1.5U_0$～$0.5U_0$）［10^{-3}］	介质损耗平均值 VLF－TD，U_0下［10^{-3}］
A 相（L1）			
B 相（L2）			
C 相（L3）			

A、B、C 三相 U_0 下的

“介质损耗值随时间稳定性”在标准之内；

“介质损耗变化率”指标在标准之内；

“U_0 下的介质损耗平均值”在标准之内。

结论及建议：

12.2 振荡波试验

12.2.1 适用范围

本节适用于额定电压为 10～35kV 电缆线路振荡波局部放电的测试。

12.2.2 试验原理

振荡波电压试验方法的基本思路是利用电缆等值电容与电感线圈的串联谐振原理，使振荡电压在多次极性变换过程中电缆缺陷处会激发出局部放电信号，通过高频耦合器测量该信号从而达到检测目的。试验接线图如图 12－1 所示，整个试验回路分为两个部分：一

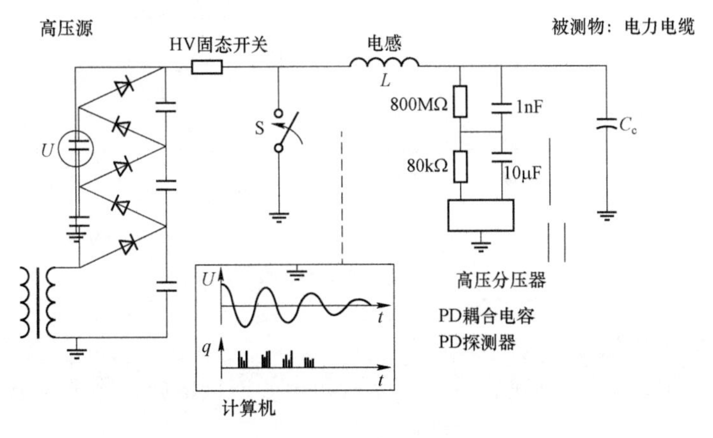

图 12－1　试验接线

是直流预充电回路；二是电缆与电感充放电过程，即振荡过程。这两个回路之间通过快速关断开关实现转换。

12.2.3 操作步骤

（1）试验环境：

1）温度：－10～＋40℃。

2）相对湿度：不大于 85%（25℃），无凝露。

（2）操作准备：

1）工器具及材料的准备。工具：绝缘手套、警示牌、放电棒等。

试验用设备：高压连线、急停线、补偿电容、毫安表、均压帽、波反射仪及附件，绝缘电阻表。其中，高压连线用于连接阻尼振荡波和试品，急停线是外部安全控制单元和阻尼振荡波单元的连线，补偿电容用于测试较短电缆，波反射仪及附件用于测量电缆全长和中间接头。

材料：接地线若干、试验接线、红白带若干、待测电缆等。

2）测试前，记录试验环境条件。确认待测电缆已断电，使用放电棒充分放电并保持接地。拆除试品电缆与其他设备的连接，将试验设备和试品电缆的接地极全部采用裸铜线可靠接地。电缆端部悬空，三相分开，非试验相保持接地，必要时清除终端表面的污秽。

3）使用绝缘电阻表在 2500V 或 5000V 量程下测量电缆绝缘电阻，记录试验值，阻值小于 30MΩ时，不宜进行局部放电测试。

（3）操作步骤：

1）设备接线如图 12－2 所示，正确连接设备。

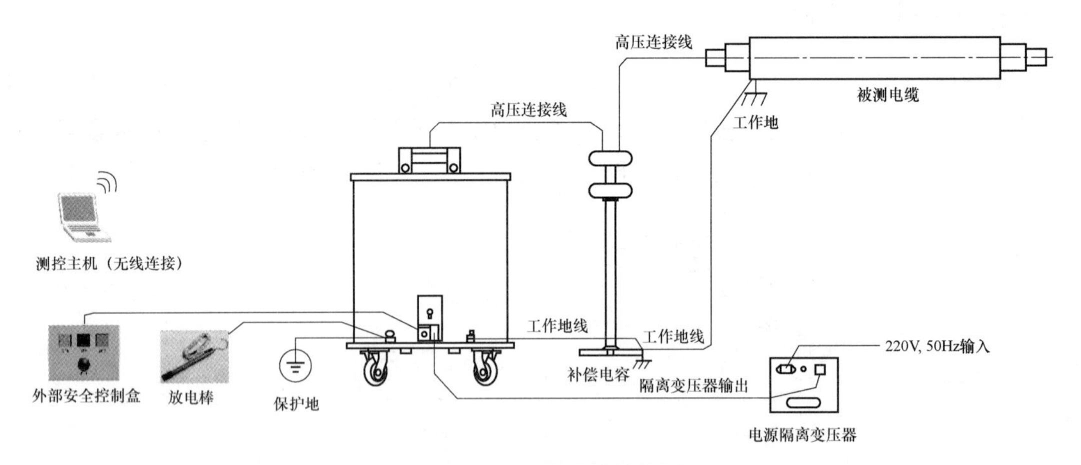

图 12－2 阻尼振荡波接线图

2）试验。将电缆接地进行充分放电；

试验应尽可能采用单点接地，高压端采取防电晕连接措施。测试长电缆时，为提高局部放电测量和定位的准确度，宜从电缆两端分别进行测试。

使用低压时域反射仪测量电缆长度及电缆接头位置；

进行设备接线，确认无误后，启动系统，输入电缆基本信息；

使用低压时域反射仪确认电缆的长度和接头位置，参见附录A。

局部放电，在20pC～20nC范围内进行逐档校准，校准完成后移除校准器；

加压测试，分别对三相电缆按表12-3要求进行测试，保存数据。在开始出现局部放电信号时，保存局部放电起始电压和熄灭电压数据。

表12-3　测　试　要　求

<table>
<tr><th>电压等级</th><th>电压等级（×U_0）</th><th>加压次数</th><th>测 试 目 的</th></tr>
<tr><td rowspan="7">35kV及以下</td><td>0</td><td>1次</td><td>测量环境背景局放水平</td></tr>
<tr><td>0.5、0.7、0.9</td><td>各1次</td><td rowspan="4">1. 测试局放起始电压；
2. 测试电缆在U_0电压下的局放情况；
3. 电缆在1.7U_0电压下测试局放熄灭电压</td></tr>
<tr><td>1.0</td><td>3次</td></tr>
<tr><td>1.1、1.3、1.5</td><td>各1次</td></tr>
<tr><td>1.7</td><td>3次</td></tr>
<tr><td>2.0</td><td>3次</td><td>对新投运电缆所加最高电压测试局放熄灭电压</td></tr>
<tr><td>0</td><td>1次</td><td>测量环境背景局放水平，放电</td></tr>
</table>

测试中，阻尼振荡波单元必须连接外部安全控制单元。

在结束测试后，对设备和电缆放电并可靠接地，确认无残留电压后，才允许相关人员进入测试区域。

拆除试验设备，清理工作现场。

使用绝缘电阻表在2500V或5000V量程下测量电缆绝缘电阻，记录试验值。

12.2.4　测试结果判断及处理

对于存在局部放电的电缆线路，根据电缆类型、部件及局部放电水平，参考DL/T 1576—2016《6kV～35kV电缆振荡波局部放电测试方法》中的判据开展电缆维护工作。

交联聚乙烯电缆（XLPE）：新投运及投运1年以内的电缆线路：最高试验电压2U_0，接头局部放电超过300pC、本体超过100pC应及时进行更换；终端超过3000pC时，应及时进行更换。已投运1年以上的电缆线路：最高试验电压1.7U_0，接头局部放电超过500pC、本体超过300pC应及时进行更换；终端超过5000pC时，应及时进行更换。

油纸绝缘电缆（PILC）：新投运及投运1年以内的电缆线路：最高试验电压2U_0，接头局部放电超过2000pC、本体超过1000pC应及时进行更换；终端超过3000pC时，应及时进行更换。已投运1年以上的电缆线路：最高试验电压1.7U_0，接头局部放电超过2000pC、本体超过1000pC应及时进行更换；终端超过5000pC时，应及时进行更换。

当基本确定电缆中存在集中性的局部放电现象时，就需要对局部放电信号的严重程度进行评估，给出合理的状态检修建议。

确定分析结果是否由电缆局部放电导致，可参考以下几点进行判断：① 放电幅值和次数随着电压的升高而增加；② 可明显分辨出“入射波”与“反射波”；③ 典型180°原则；

④ 局部放电定位结果在图谱上集中性较强（见表 12－4）。

表 12－4　　典型的交联聚乙烯（XLPE）和油纸绝缘（PILC）电缆参考临界局部放电量

电缆及其附件类型	投运年限	参考临界值（pC）
电缆本体（XLPE）	—	100
电缆本体（PILC）	—	1000
接头（XLPE－XLPE）	1 年以内	300
	1 年以上	500
接头（PILC－PILC）	1 年以内	2000
	1 年以上	3000
接头（XLPE－PILC）	1 年以内	300
	1 年以上	500
终端	1 年以内	3000
	1 年以上	5000

试验报告模板

电缆振荡波局放试验报告

报告编号：____________

试验日期	××××年××月××日	所属单位	××供电公司
天气	晴/雨	温度/湿度	××℃/××%
试验设备编号		试验设备厂家	
电缆名称		电缆型号	
电压等级	××kV	电缆长度	×× m
投运时间	××××年××月××日	中间接头结构	绕包/预制/冷缩
试验地点	××站	对端地点	××站
绝缘试验	试验电压：___V 振荡波试验前（MΩ）： A：___〉___，B：___〉___，C：___〉___ 振荡波试验后（MΩ）： A：___〉___，B：___〉___，C：___〉___		
局放试验	1. 基本试验数据：		

项目	A 相	B 相	C 相
背景噪声（pC）			
试验频率（Hz）			
最高试验电压（U_0）	1.7	1.7	1.7

续表

<table>
<tr><td>局放试验</td><td colspan="3">2. A 相/B 相/C 相局放图谱
3. 测试数据分析：
1）A、B、C 三相通过最高 $1.7U_0$ 电压阻尼振荡波试验，未发生电缆及附件击穿
2）局放起始放电电压：$1.5U_0$
3）电缆最大局放量：
A 相：××pC
B 相：××pC
C 相：××pC</td></tr>
<tr><td>试验结论</td><td colspan="3">☑正常；
☐异常：____________#接头；
☐超标：____________#接头；
其他：</td></tr>
<tr><td>试验部门</td><td></td><td>试验人员</td><td></td></tr>
<tr><td>报告编写</td><td></td><td>报告日期</td><td>××年××月××日</td></tr>
<tr><td>审核</td><td></td><td>批准</td><td></td></tr>
</table>

12.3 主要工具图片

高压连线（见图 12-3），用于连接阻尼振荡波和试品。

急停线（见图 12-4）：是外部安全控制单元和阻尼振荡波单元的连线。

图 12-3 高压连线

图 12-4 急停线

补偿电容（见图 12-5）：用于测试较短电缆。

波反射仪及附件（见图 12－6）：用于测量电缆全长和中间接头。

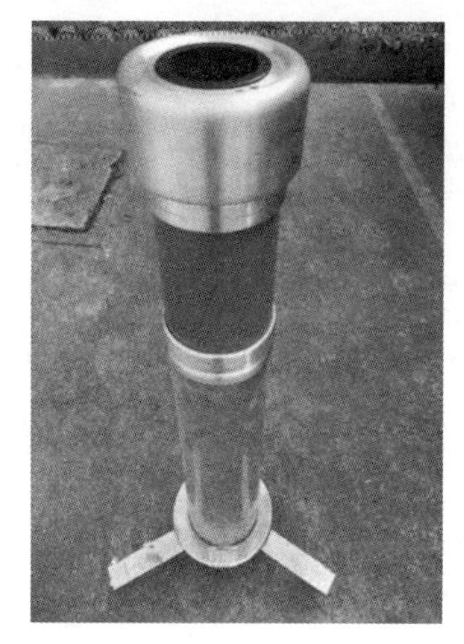

图 12－5　补偿电容

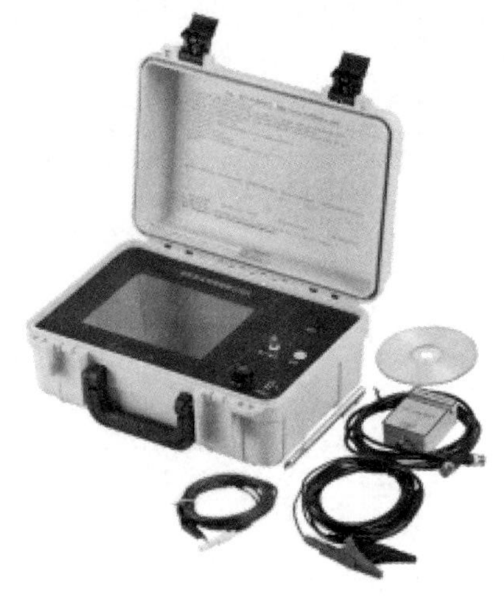

图 12－6　波反射仪及附件

电缆交接、预防性试验

13.1 电缆交接试验的要求和内容

本节介绍电缆线路交接试验内容和要求。通过要点讲解，掌握电缆交接试验的项目、标准和要求。

电缆线路交接试验应按照 GB 50150—2006《电气装置安装工程电气设备交接试验标准》进行。

13.1.1 电缆交接试验项目

（1）橡塑绝缘电力电缆试验项目：

1）测量绝缘电阻；

2）交流耐压试验；

3）测量金属屏蔽层电阻和导体电阻比；

4）检查电缆线路两端的相位；

5）交叉互联系统试验。

（2）纸绝缘电缆试验项目：

1）测量绝缘电阻；

2）直流耐压试验及泄漏电流测量；

3）检查电缆线路两端的相位。

（3）自容式充油电缆试验项目：

1）测量绝缘电阻；

2）直流耐压试验及泄漏电流测量；

3）检查电缆线路两端的相位；

4）充油电缆的绝缘油试验；

5）交叉互联系统试验。

13.1.2 电缆线路交接试验的一般规定

（1）对电缆的主绝缘作耐压试验或测量绝缘电阻时，应分别在每一相上进行。对一相进行试验或测量时，其他两相导体、金属屏蔽或金属套和铠装层一起接地。

（2）对金属屏蔽或金属套一端接地，另一端装有护层过电压保护器的单芯电缆主绝缘作耐压试验时，必须将护层过电压保护器短接，使这一端的电缆金属屏蔽或金属套临时接地。

（3）对额定电压为 0.6/1kV 的电缆线路应用 2500V 绝缘电阻表测量导体对地绝缘电阻代替耐压试验，试验时间为 1min。

13.1.3 绝缘电阻测量

测量各电缆导体对地或对金属屏蔽层间和各导体间的绝缘电阻，应符合下列规定：

（1）耐压试验前后，绝缘电阻测量应无明显变化。

（2）橡塑电缆外护套、内衬套的绝缘电阻不低于 0.5MΩ/km。

（3）测量电缆主绝缘用绝缘电阻表的额定电压，宜采用如下等级：

1）0.6/1kV 电缆用 1000V 绝缘电阻表。

2）0.6/1kV 以上电缆用 2500V 绝缘电阻表，6/6kV 及以上电缆也可用 5000V 绝缘电阻表。

（4）橡塑电缆外护套、内衬套的测量一般用 500V 绝缘电阻表。

13.1.4 直流耐压试验及泄漏电流测量

（1）直流耐压试验电压标准。纸绝缘电缆直流耐压试验电压可采用表 13－1 和表 13－2 来计算，试验电压见表 13－1 的规定。

对于统包绝缘 $U_t = \dfrac{5\times(U_0+U)}{2}$；

对于分相屏蔽绝缘 $U_t = 5\times U_0$。

表 13－1　　纸绝缘电缆直流耐压试验电压标准　　kV

电缆额定电压	1.8/3	3/3.6	3.6/6	6/6	6/10	8.7/10	21/35	26/35
直流试验电压	12	17	24	30	40	47	105	130

充油绝缘电缆直流耐压试验电压，应符合表 13－2 的规定。

表 13－2　　充油绝缘电缆直流耐压试验电压标准　　kV

电缆额定电压 U_0/U	雷电冲击耐受电压	直流试验电压
48/66	325	165
	350	175
64/110	450	225
	550	275
127/220	850	425
	950	475
	1050	510
200/330	1175	585
	1300	650

续表

电缆额定电压 U_0/U	雷电冲击耐受电压	直流试验电压
290/500	1425	710
	1550	775
	1675	835

（2）试验时，试验电压可分 4～6 阶段均匀升压，每阶段停留 1min，并读取泄漏电流值。试验电压升至规定值后维持 15min，其间读取 1min 和 15min 时泄漏电流。测量时应消除杂散电流的影响。

（3）纸绝缘电缆泄漏电流的三相不平衡系数（最大值与最小值之比）不应大于 2；当 6/10kV 及以上电缆的泄漏电流小于 20 和 6kV 及以下电压等级电缆泄漏电流小于 10 时，其不平衡系数不作规定。泄漏电流值和不平衡系数只作为判断绝缘状况的参考，不作为是否能投入运行的判据。其他电缆泄漏电流值不做规定。

（4）电缆的泄漏电流具有下列情况之一者，电缆绝缘可能有缺陷，应找出缺陷部位，并予以处理。

1）泄漏电流很不稳定；

2）泄漏电流随试验电压升高急剧上升；

3）泄漏电流随试验时间延长有上升现象。

13.1.5 交流耐压试验

（1）橡塑电缆采用 20～300Hz 交流耐压试验。20～300Hz 交流耐压试验电压及时间见表 13-3。

表 13-3　　橡塑电缆 20～300Hz 交流耐压试验电压及时间

额定电压	试验电压	时间（min）	额定电压	试验电压	时间（min）
18/30 及以下	$2.5U_0$ 或 $2U_0$	5 或 60	190/330	$1.7U_0$ 或 $1.3U_0$	60
21/35～64/110	$2U_0$	60	290/500	$1.7U_0$ 或 $1.1U_0$	60
127/220	$1.7U_0$ 或 $1.4U_0$	60			

（2）不具备上述试验条件或有特殊规定时，可采用施加正常系统相对地电压 24h 方法代替交流耐压。

13.1.6 测量金属屏蔽层电阻和导体电阻比

测量在相同温度下的金属屏蔽层和导体的直流电阻。

13.1.7 检查电缆线路的两端相位

两端相位应一致，并与电网相位相符合。

【思考与练习】

1. 橡塑绝缘电力电缆交接试验项目有哪些?

2. 电缆线路交接试验的一般规定有哪些?

13.2 电缆预防性试验要求和内容

本节介绍电缆线路预防性试验内容和要求。通过要点讲解，掌握纸绝缘电缆、橡塑绝缘电缆和自容式充油电缆线路预防性试验项目、周期、标准和要求。

电缆线路预防性试验应按照 DL/T 596—1996《电力设备预防性试验规程》进行。

13.2.1 电缆预防性试验的项目

（1）纸绝缘电缆试验项目：

1）绝缘电阻测量；

2）直流耐压试验。

（2）橡塑绝缘电缆试验项目：

1）主绝缘电阻；

2）外护套绝缘电阻；

3）内衬层绝缘电阻：

4）铜屏蔽层电阻和导体电阻比；

5）主绝缘直流耐压试验；

6）交叉互联系统试验。

13.2.2 电缆预防性试验的一般规定

（1）对电缆的主绝缘作直流耐压试验或测量绝缘电阻时，应分别在每一相上进行。对一相进行试验或测量时，其他两相导体、金属屏蔽或金属套和铠装层一起接地。

（2）新敷设的电缆线路投入运行 3～12 个月，一般应作 1 次直流耐压试验，以后再按正常周期试验。

（3）试验结果异常，但根据综合判断允许在监视条件下继续运行的电缆线路，其试验周期应缩短。如在不少于 6 个月时间内经连续 3 次以上试验，试验结果不变坏，则以后可以按正常周期试验。

（4）对金属屏蔽或金属套一端接地，另一端装有护层过电压保护器的单芯电缆主绝缘作直流耐压试验时，必须将护层过电压保护器短接，使这一端的电缆金属屏蔽或金属套均临时接地。

（5）耐压试验后，使导体放电时，必须通过每千伏约 80kΩ 的限流电阻反复几次放电直至无火花后，才允许直接接地放电。

（6）除自容式充油电缆线路外，其他电缆线路在停电后投运之前，必须确认电缆的绝缘状况良好。凡停电超过 1 星期但不满 1 个月的电缆线路，应用绝缘电阻表测量该电缆导体对地绝缘电阻。如有疑问时，必须用低于预防性试验规程直流耐压试验电压的直流电压进行试验，加压时间 1min；停电超过 1 个月但不满 1 年的电缆线路，必须作 50%预防性试验规程试验电压值的直流耐压试验，加压时间 1min；停电超过 1 年的电缆线路，必须做预防性试验。

（7）对额定电压 0.6/1kV 的电缆线路，可用 1000V 绝缘电阻表测量衰体对地绝缘电阻代替直流耐压试验。

（8）直流耐压试验时，应在试验电压升至规定值后 1min 以及加压时间达到规定时测量泄漏电流。泄漏电流值和不平衡系数（最大值与最小值之比）只作为判断绝缘状况的参考，不作为是否能继续运行的判据。但如发现泄漏电流与上次试验值相比有很大变化，或泄漏电流不稳定，随试验电压的升高或加压时间的增加而急剧上升时，应查明原因。如系终端头表面泄漏电流或对地杂散电流等因素的影响，则应加以消除；如怀疑电缆线路绝缘不良，则可提高试验电压（以不超过产品标准规定的出厂试验直流电压为宜）或延长试验时间，确定能否继续运行。

（9）运行部门根据电缆线路的运行情况和历年的试验报告，可以适当延长试验周期。

13.2.3 纸绝缘电力电缆线路

本条规定适用于黏性油纸绝缘电力电缆和不滴流油纸绝缘电力电缆线路。纸绝缘电力电缆线路的试验项目、周期和要求见表 13－4、表 13－5。

表 13－4　　纸绝缘电力电缆线路的试验项目、周期和要求

序号	项目	周期	要求	说明
1	绝缘电阻	在直流耐压试验之前进行	自行规定	额定电压 0.6kV 电缆用 1000V 绝缘电阻表；0.6kV 以上电缆用 2500V 绝线电阻表（6/6kV 及以上电缆也可用 5000V 绝缘电阻表）
2	直流耐压试验	1）1～3 年； 2）新作终端或接头后进行	1. 试验电压值按表 13－5 规定，加压时间 5min，不击穿。 2. 耐压 5min 时的泄漏电流值不应大于耐压 1min 时的泄漏电流值。 3. 三相之间的泄漏电流不平衡系数不应大于 2	6/6kV 及以下电缆的泄漏电流小于 10μA，8.7/10kV 电缆的泄漏电流小于 20μA 时，对不平衡系数不做规定

表 13－5　　纸绝缘电力电缆的直流耐压试验电压　　kV

电缆额定电压 U_0/U	直流试验电压	电缆额定电压 U_0/U	直流试验电压
1.0/3	12	6/10	40
3.6/6	17	8.7/10	47
3.6/6	24	21/35	105
6/6	30	26/35	130

13.2.4 橡塑绝缘电力电缆线路

橡塑绝缘电力电缆是指聚氯乙烯绝缘、交联聚乙烯绝缘和乙丙橡皮绝缘电力电缆。橡

塑绝缘电力电缆线路的试验项目、周期和要求见表 13－6～表 13－9。

表 13－6　　橡塑绝缘电力电缆线路的试验项目、周期和要求

序号	项目	周期	要求	说明
1	主绝缘绝缘电阻	重要电缆：1 年。 一般电缆：3.6/6kV 及以上 3 年；3.6/6kV 以下 5 年	自行规定	0.6/1kV 电缆用 1000V 绝缘电阻表；0.6/1kV 以上电缆用 2500V 绝缘电阻表（6/6kV 及以上电缆也可用 5000V 绝缘电阻表）
2	外护套绝缘电阻	重要电缆：1 年。 一般电缆：3.6/6kV 及以上 3 年；3.6/6kV 以下 5 年	每千米绝线电阻值不应低于 0.5MΩ	用 500V 绝缘电阻表
3	内衬层绝线电阻	重要电缆：1 年。 一般电缆：3.6/6kV 及以上 3 年；3.6/6kV 以下 5 年	每千米绝线电阻值不应低于 0.5MΩ	用 500V 绝缘电阻表
4	铜屏蔽层电阻和导体电阻比	1）投运前； 2）重作终端或接头后； 3）内衬层破损进水后	对照投运前测量数据自行规定。当前者与后者之比与投运前相比增加时，表明铜屏蔽层的过电流电阻大，铜屏蔽层有可能被腐蚀。当该比值与投运前相比减少时，表明附件中的导体连接点的接触电阻有增大的可能	用双臂电桥测量在相同温度下的铜屏蔽层和导体的过电流电阻
5	主绝缘直流耐压试验	新做终端或接头后	射压试验可以是交流或直流试验： 1）直流试验电压值按表 13－7 规定，加压时间 5min，不击穿：交流试验电压值按表 13－8 规定，加压时间 5min，不击穿； 2）附压 5min 时的泄漏电流不应大于耐压 1min 时的泄漏电流	
6	交叉互联系统	2～3 年	试验方法见表 13－9。交叉互联系统除进行定期试验外，如在交叉互联大段内发生故障，则也应对该大段进行试验。如交叉互联系统内直接接地的接头发生故障，则与该接头连接的相邻两个大段都应进行试验	

表 13－7　　橡塑绝缘电力电缆的直流耐压试验电压　　kV

电缆额定电压 U_0/U	直流试验电压	电缆额定电压 U_0/U	直流试验电压
1.8/3	11	21/35	63
3.6/6	18	26/35	78
6/6	25	48/66	144
6/10	25	64/110	192
8.7/10	37	127/220	305

表 13－8　　橡塑绝缘电力电缆的交流耐压试验电压　　kV

电缆额定电压 U_0/U	交流试验电压	电缆额定电压 U_0/U	交流试验电压
8.7/10	$2.0U_0$	64/110	$1.6U_0$
26/35	$1.6U_0$	127/220	$1.361/U_0$

表 13－9　　交叉互联系统试验方法和要求

实验项目	试验方法和要求
电缆外护套、绝缘接头外护套与绝缘夹板的直流耐压试验	试验时必须将护层过电压保护器断开。在互联箱中将另一侧的三段电缆金属套都接地，使绝线接头的绝线夹板也能结合在一起试验，然后在每段电缆金属屏蔽或金属套与地之间施加直流电压 5kV 加压时间 1min，不应击穿
非线性电阻型护层过电压保护器	1）碳化硅电阻片：将连接线拆开后，分别对三组电阻片施加产品标准规定的直流电压，测试过电流电阻片的电流，这三组电阻片的直流电流值应在产品标准规定的极小和极大值之间。如试验时的温度不足20℃，则被测电流值应乘以修正系数(120－t)/100(t为电阻片的温度，℃)。 2）氧化锌电阻片：对电阻片施加直流参考电流后测量其压降，即直流参考电压，其值应在产品标准规定的范围之内。 3）非线性电阻片及其引线的对地绝线电阻：将非线性电阻片的全部引线并联在一起与接地的外壳绝线后，用 1000V 绝线电阻引线与外壳之间的绝线电阻，其值不应小于 10MΩ
互联箱	1）接触电阻：本试验在作完护层过电压保护器的上述试验后进行，将闸刀（或连接片）恢复到正常工作位置后，用双臂电桥测量闸刀（或连接片）的接触电阻，其值不应大于 20μΩ。 2）闸刀（或连接片）连接位置：本试验在以上交叉互联系统的试验合格后密封互联之前进行。连接位置应正确。如发现连接错误而也新连接后，则必须重测闸刀（或连接片）的接触电阻

13.2.5　自容式充油电缆线路

自容式充油电缆线路的试验项目、周期和要求见表 13－10～表 13－12。

表 13－10　　自容式充油电缆线路的试验项目、周期和要求

序号	项目		周期	要求	说　明
1	电缆主绝缘直流耐压试验		1）电缆失去油压并导致受潮或进气经修复后； 2）新作终端或接头后	试验电压值按表 13－11 规定，加压时间 5min，不击穿	
2	电缆外护套和接头外护套的直流耐压试验		2～3 年	试验电压 6kV，试验时间 1min，不击穿	1）根据以往的试验成绩，积累经验后，可以用测绝缘电阻代替，有疑问时再作直流耐压试验。 2）本试验可与交叉互联系统中绝缘接头外护套的直流耐压试验结合在一起进行
3	压力箱	供油特性	与其立接连接的终端或塞止接头发生故障后	压力箱的供油不应小于压力箱供油特性曲线所代表的标称供油量的 90%	试验按 GB 9326.5 进行
		电缆油击穿电压		不低于 50kV	试验按 GB/T 507 规定进行，在室温下测量油击穿电压
		电缆油的 tanJ		不大于 0.005（100℃时）	试验方法同电缆及附件内电缆油 tanδ
4	油压示警系统	信号指示	6 个月	能正确发出相应的示警信号	合上示警信号装置的试验开关，应能正确发出相应的声、光示警信号
		控制电缆线芯对地绝线	1～2 年	每千米绝缘电阻不小于 1MΩ	采用 1000V 或 2500V 绝线电阻表测量
5	交叉互联系统		2～3 年	试验方法见表 13－9，交叉互联系统除进行定期试验外，如在交叉互联大段内发生故障，则也应对该大段进行试验。如交叉互联系统内许接接地的接头发生故障，则与该接头连接的相邻两个大段都应进行试验	

续表

序号	项目		周期	要求	说明
6	电缆及附件内的电缆油	击穿电压	2～3年	不低于45kV	试验按GB/T 507规定进行。在室温下测量油的击穿电压
		$\tan\delta$	2～3年	电缆油在温度（100±1）℃和场强1MV/m下的$\tan\delta$不应大于下列数值： 53/66～127/220kV 0.03 190/330kV01 0.01	采用电桥以及带有加热套能自动控温的专用油杯进行测量。电桥的灵敏度不得低于1×10^{-5}准确度不得低于1.5%，油杯的固有$\tan\delta$不得大于5×10^{-5}，在100℃及以下的电容变化率不得大于2%。加热套控温的控温灵敏度为0.5℃或更小，升温至试验温度100℃的时间不得超过1h
		油中溶解气体	怀疑电缆绝缘过热老化或终端或塞止接头存在严重局部放电时	电缆油中溶解的各气体组分含量的注意值见表13－12	油中溶解气体分析的试验方法和要求按GB 7252规定，注意值不足判断充油电缆有无故障的唯一指标，当气体含量达到注意值时，应进行追踪分析查明原因，试验和判断方法参照GB 7252进行

表13－11　　自容式充油电缆主绝缘直流耐压试验电压　　kV

电缆额定电压U_0/U	GB 311.1规定的雷电冲击耐受电压	直流试验电压	电缆额定电压U_0/U	GB 311.1规定的雷电冲击耐受电压	直流试验电压
48/66	325	163	190/330	1050	525
				1175	590
	350	175		1300	650
64/110	450	225	290/500	1425	715
				1550	775
	550	275		1675	840
127/220	850	425			
	950	475			
	1050	510			

表13－12　　电缆油中溶解气体组分含量的注意值

电缆油中溶解气体的组分	注意值$\times10^{-6}$（体积分数）	电缆油中溶解气体的组分	注意值$\times10^{-6}$（体积分数）
可燃气体总量	1500	CO_2	1000
H_2	500	CH_4	200
C_2H_2	含量	C_2H_6	200
CO	100	C_2H_6	200

【思考与练习】

1. 电缆预防性试验的一般规定有哪些？
2. 橡塑绝缘电缆预防性试验包括哪些项目？

13.3 电力电缆试验操作

本节介绍电缆线路主要试验项目及试验操作方法。通过操作步骤及注意事项介绍，熟悉电缆绝缘电阻、直流耐压、交流耐压试验和相位检查等试验项目的接线、操作步骤及注意事项，掌握测试结果分析方法和试验报告编写内容。

13.3.1 电缆试验的项目

电缆的交接和预防性试验项目有很多，但最主要的是主绝缘及外护套绝缘电阻试验、直流耐压试验、交流耐压试验和相位检查等项目，本模块主要介绍这些项目的试验方法。

13.3.2 电缆试验操作危险点分析及控制措施

（1）挂接地线时，应使用合格的验电器验电，确认无电后再挂接地线。严禁使用不合格验电器验电，禁止不戴绝缘手套强行盲目挂接地线。

（2）接地线截面、接地棒绝缘电阻应符合被测电缆电压等级要求；装设接地线时，应先接接地端，后接导线端；接地线连接可靠，不准缠绕；拆接地线时的程序与此相反。

（3）连接试验引线时，应做好防风措施，保证足够的安全距离，防止其漂浮到带电侧。

（4）电缆及避雷器试验前非试验相要可靠接地，避免感应触电。

（5）所有移动电气设备外壳必须可靠接地，认真检查施工电源，防止漏电伤人，按设备额定电压正确装设漏电保护器。

（6）电气试验设备应轻搬轻放，往杆、塔上传递物件时，禁止抛递抛接。

（7）杆、塔上试验使用斗臂车拆搭火时，现场应设监护人，斗臂车起重臂下严禁站人，服从统一指挥，保证与带电设备保持安全距离。

（8）杆、塔上工作必须穿绝缘鞋、戴安全帽（安全帽系带）、系腰绳。

（9）认真核对现场停电设备与工作范围。

（10）被试电缆与架空线连接断开后，应将架空引下线固定绑牢，防止随风飘动，并保证试验安全距离。

13.3.3 测试前的准备工作

（1）了解被试设备现场情况及试验条件。查勘现场，查阅相关技术资料，包括该电缆历年试验数据及相关规程，掌握该电缆运行及缺陷情况等。

（2）试验仪器、设备准备。选择合适的绝缘电阻表、高压直流发生器、串联谐振装置、测试用屏蔽线、直流电压表、电池、温（湿）度计、放电棒、接地线、梯子、安全带、安全帽、电工常用工具、试验临时安全遮栏、标示牌等，并查阅测试仪器、设备及绝缘工器具的鉴定证书有效期。

（3）办理工作票并做好试验现场安全和技术措施。向试验人员交代工作内容、带电部位、现场安全措施、现场作业危险点，明确人员分工及试验程序。

13.3.4　现场试验步骤及要求

（1）三相电缆芯线对地及相间绝缘电阻试验：

a. 试验接线。试验应分别在每一相上进行，对一相进行试验时，其他两相芯线、金属屏蔽或金属护套（铠装层）接地。试验接线如图 13－1 所示。

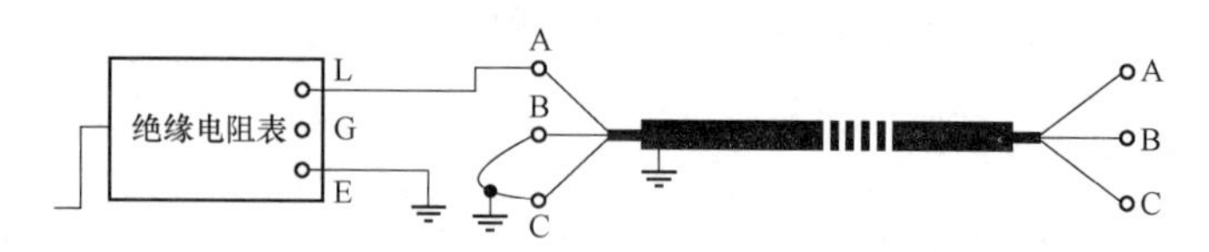

图 13－1　三相电缆芯线绝缘电阻试验接线

b. 操作步骤。① 拉开电缆两端的线路和接地刀闸，将电缆与其他设备连接完全断开，对电缆进行充分放电，对端三相电缆悬空。检验绝缘电阻表完好后，将测量线一端接绝缘电阻表“L”端，另一端接绝缘杆，绝缘电阻表“E”端接地。② 通知对端试验人员准备开始试验，试验人员驱动绝缘电阻表，用绝缘杆将测量线与电缆被试相搭接，待绝缘电阻表指针稳定后读取 1min 绝缘电阻值并记录。试验完毕后，用绝缘杆将连接线与电缆被试相脱离，再关停绝缘电阻表，对被试相电缆进行充分放电。

按上述步骤进行其他两相绝缘电阻试验。

（2）电缆外护套绝缘电阻试验：

1）试验接线。电缆外护套（绝缘护套）的绝缘电阻试验接线如图 13－2 所示。其中，P 为金屈屏蔽层，K 为金属护层（铠装层），Y 为绝线外护衮。

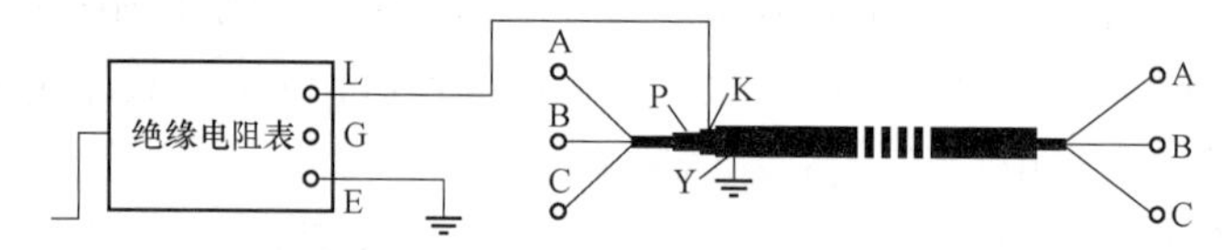

图 13－2　电缆外护套绝缘电阻试验

2）操作步骤：测量外护套的对地绝缘电阻时，将“金属护层”“金属屏蔽层”接地解开。将测试线一端接绝缘电阻表“L”端，另一端接绝缘杆，绝缘电阻表“E”端接地。检验绝缘电阻表完好后，驱动绝缘电阻表，将绝缘杆搭接“金属护层”，读取 1min 绝缘电阻值并记录。测试完毕后，将绝缘杆脱离“金属护层”，再停止绝缘电阻表，并对“金属护层”进行放电。

试验完毕后，恢复金属护层、金属屏蔽层接地。

3）试验注意事项：

a. 在测量电缆线路绝缘电阻时，必须进行感应电压测量。

b. 当电缆线路感应电压超过绝缘电阻表输出电压时，应选用输出电压等级更高的绝缘电阻表。

c. 在测量过程必须保证通信畅通，对侧配合的试验人员必须听从试验负责人指挥。

d. 绝缘电阻测试过程应有明显充电现象。

e. 电缆电容量大，充电时间较长，试验时必须给予足够的充电时间，待绝缘电阻表指针完全稳定后方可读数。

f. 电缆两端都与 GIS 相连，在试验时若连接有电磁式电压互感器，则应将电压互感器的一次绕组末端接地解开，恢复时必须检查。

（3）油纸绝缘电力电缆直流耐压和泄漏电流测试。电力电缆直流耐压和泄漏电流测试主要用来反映油纸绝缘电缆的耐压特性和泄漏特性。直流耐压主要考验电缆的绝缘强度，是检查油纸电缆绝缘干枯、气泡、纸绝缘中的机械损伤和工艺包缠缺陷的有效办法；直流泄漏电流测试可灵敏地反映电缆绝缘受潮与劣化的状况。

1）试验接线：

a. 微安表接在高压侧的试验接线。微安表接在高压侧，微安表外壳屏蔽，高压引线采用屏蔽线，将会屏蔽掉高压对地杂散电流。同时对电缆终端头采取屏蔽措施，将屏蔽掉电缆表面泄漏电流的影响，此时的测试电流等于电缆的泄漏电流，测量结果较准确。试验接线如图 13－3 所示。其中，T 为调压器，PV 为电压表，T1 为升压变压器，R 为保护电阻，VD 为整流二极管，PA 为微安表。

b. 微安表接在低压侧的试验接线。微安表接在低压侧时，存在高压对地杂散电流及高压电源本身对地杂散电流的影响，测试电流（微安表电流）是杂散电流及电缆泄漏电流以及高压电源本身对地杂散电流之和。高压对地杂散电流及高压电源本身对地杂散电流的影响较大，使测量结果偏大，电缆较长时可使用此接线，同时这种接线便于短接电流表。实际应用中可分别测未接入电缆及接入电缆时的电流，然后将两者相减计算出电缆的泄漏电流。微安表接在低压侧的试验接线如图 13－4 所示。其中，T 为调压器，PV 为电压表，T1 为升压变压器，R 为保护电阻，VD 为整流二极迋，PA 为微安表，QK1 为短路开关。

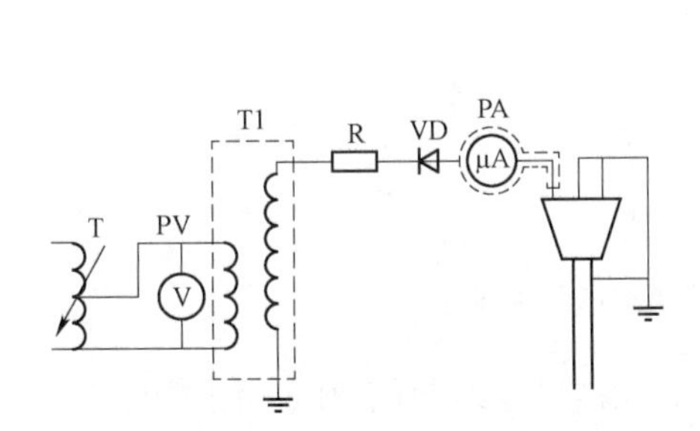

图 13－3　微安表接在高压侧的实验接线图

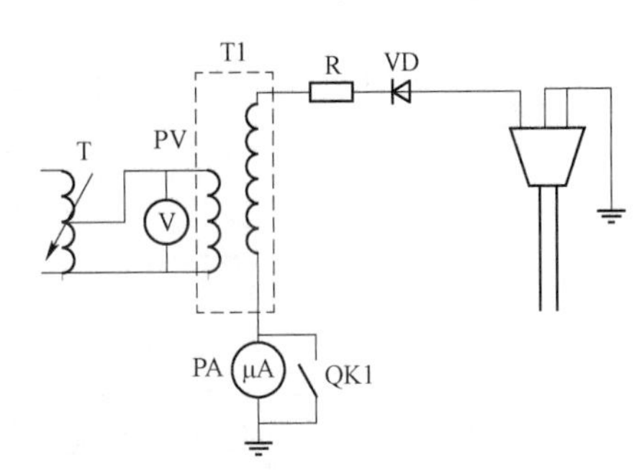

图 13－4　微安表在低压侧的试验接线

2）操作步骤。对被试电缆进行充分放电，拆除电缆两侧终端头与其他设备的连接。

直流高压发生器高压端引出线与电缆被试相连接，被试相对地保持足够距离。三相依次施加电压，电缆金属铠甲、铅护套和非被试相导体均可靠接地。

直流耐压试验和泄漏电流测试一般结合起来进行，即在直流耐压试验的过程中随着电压的升高，分段读取泄漏电流值，最后进行直流耐压试验。试验时，试验电压可分 4～6 阶段均匀升压，每阶段停留 1min，打开微安表短路开关，读取各点泄漏电流值。如电缆较长电容较大时，可取 3～10min。试验电压升至规定值后持续相应耐压时间。

试验结束后，应迅速均匀地降低电压，不可突然切断电源。调压器退到零后方可切断电源，试验完毕必须使用放电棒经放电电阻放电，多次放电至无火花时，再直接通过地线放电并接地。

3）测试注意事项：

a. 试验宜在干燥的天气条件下进行，电缆终端头脏污时应擦拭干净，以减少泄漏电流。温度对泄漏电流测试结果的影响较为显著，环境温度应不低于 5℃空气相对湿度一般不高于 80%。

b. 试验场地应保持清洁，电缆终端头和周围的物体必须有足够的放电距离，防止被试品的杂散电流对试验结果产生影响。

c. 电缆直流耐压和泄漏电流测试应在绝缘电阻和其他测试项目测试合格后进行。

d. 高压微安表应固定牢靠，注意倍率选择和固定支撑物的影响。

e. 试验设备布置应紧凑，直流高压端及引线与周围接地体之间应保持足够的安全距离，与直流高压端邻近的易感应电荷的设备均应可靠接地。

（4）橡塑绝缘电力电缆变频谐振耐压试验：

1）试验接线。工频谐振耐压试验装置体积大和重量大，结构复杂，调节困难，难于满足现场试验要求。而变频串联谐振装置具有重量轻、体积小、结构相对简单、调节灵便、自动化水平高等特点，在现场试验中得到广泛应用。

试验时，将试验设备外壳接地。变频电源输出与励磁变压器输入端相连，励磁变压器高压侧尾端接地，高压输出与电抗器尾端连接。如电抗器两节串联使用，注意上下节首尾连接。电抗器高压端采用大截面软引线与分压器和电缆被试芯线相连，非试验相、电缆屏蔽层及铠装层或外护套接地。电缆变频串联谐振试验接线如图 13－5 所示。

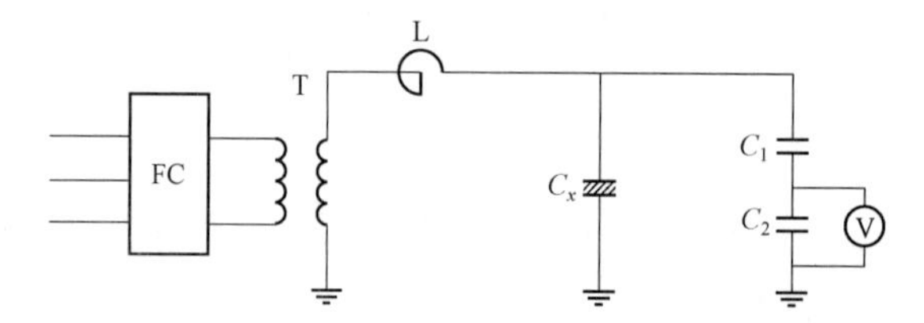

图 13－5　电缆变频串联谐振试验接线

2）试验步骤。试验前充分对被试电缆放电，拆除被试电缆两侧引线，测试电缆绝缘电阻。检查并核实电缆两侧满足试验条件。按图 13－5 接线。检查接线无误后开始试验。

首先合上电源开关，再合上变频电源控制开关和工作电源开关，整定过电压保护动作值为试验电压值的 1.1～1.2 倍，检查变频电源各仪表挡位和指示是否正常。合上变频电源主回路开关，旋转电压旋钮，调节电压至试验电压的 3%～5%，然后调节频率旋钮，观察励磁电压和试验电压。当励磁电压最小，输出的试验电压最高时，回路发生谐振，此时应根据励磁电压和输出的试验电压的比值计算出系统谐振时的 Q 值，根据 Q 值估算出励磁电压能否满足耐压试验值。若励磁电压不能满足试验要求，应停电后改变励磁变压器高压绕组接线，提高励磁电压。若励磁电压满足试验要求，按升压速度要求升压至耐压值，记录电压和时间。升压过程中注意观察电压表和电流表及其他异常现象，到达试验时间后，降压，依次切断变频电源主回路开关、工作电源开关、控制电源开关和电源开关，对电缆进行充分放电并接地后拆改接线，重复上述操作步骤进行其他相试验。

3）试验注意事项：

a. 试验应在干燥良好的天气情况下进行。

b. 为减小电晕损失，提高试验回路 Q 值，高压引线宜采用大直径金属软管。

c. 合理布置试验设备，尽量缩小试验装置与试品之间的接线距离。

d. 试验时必须在较低电压下调整谐振频率，然后才可以升压进行试验。

（5）相位检查。电缆敷设完毕在制作电缆终端头前，应核对相位；终端头制作后应进行相位检查。这项工作对于单个设备关系不大，但对于输电网络、双电源系统和有备用电源的重要用户以及有并联电缆运行的系统有重要意义。

1）试验接线。核对相位的方法较多，比较简单的方法有电池法及绝缘电阻表法等。核对三相电缆相位电池法和绝缘电阻表法接线如图 13－6（a）、图 13－6（b）所示。

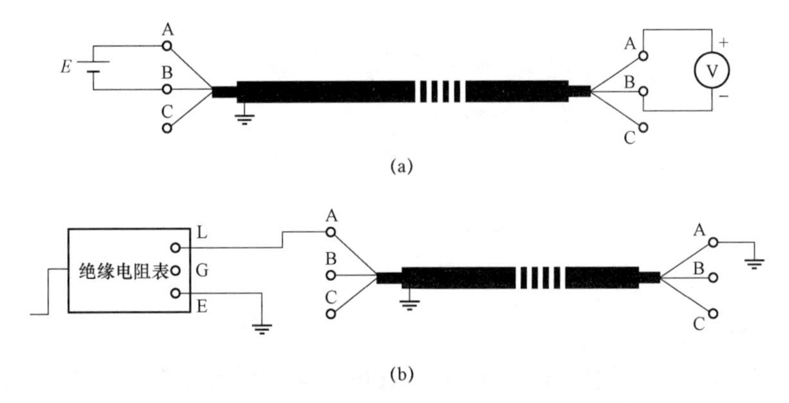

图 13－6　三相电缆相位电池法和绝缘电阻表法接线

（a）三相电缆相位电池法和绝缘电阻表法接线 a；（b）三相电缆相位电池法和绝缘电阻表法接线 b

双缆并联运行时，核对电缆相位试验接线如图 13－7 所示。

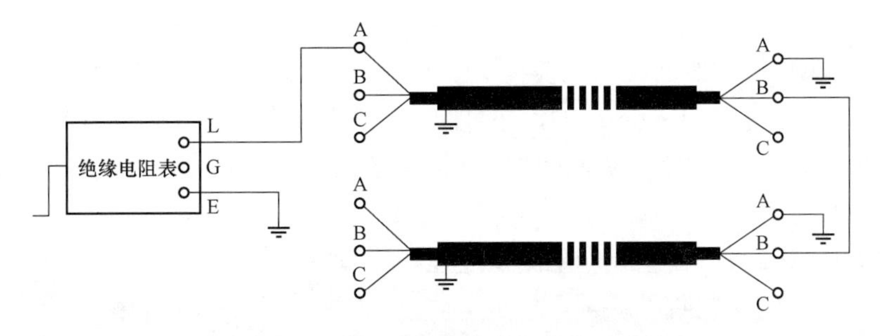

图 13－7　双缆并联核对电缆相位的试验接线

2）操作步骤。采用电池法核对相位时，将电缆两端的线路接地刀闸拉开，对电缆进行充分放电。对侧三相全部悬空。在电缆的一端，A 相接电池组正极，B 相接电池组负极；在电缆的另一端，用直流电压表测量任意二相芯线，当直流电压表止起时，直流电压表正极为 A 相，负极为 B 相，剩下一相则为 C 相。电池组为 2～4 节干电池串联使用。

采用绝缘电阻表法核对相位时，将电缆两端的线路接地刀闸拉开，对电缆进行充分放电，对侧三相全部悬空，将测量线一端接绝缘电阻表“L”端，另一端接绝缘杆，绝缘电阻表“E”端接地。通知对侧人员将电缆其中一相接地（以 A 相为例），另两相空开。试验人员驱动绝缘电阻表，将绝缘杆分别搭接电缆三相芯线，绝缘电阻为零时的芯线为 A 相。试验完毕后，将绝缘杆脱离电缆 A 相，再停止绝缘电阻表。对被试电缆放电并记录。完成上述操作后，通知对侧试验人员将接地线接在线路另一相，重复上述操作，直至对侧三相均有一次接地。

核对双缆并联运行电缆相位时，试验人员在电缆一端将两根电缆 A 相接地，B 相短接，C 相“悬空”，如图 14－7 所示。试验人员再在电缆的另一端用绝缘电阻表分别测量六相导体对地及相间的绝缘情况，将出现下列情况：① 绝缘电阻为零，判定是 A 相；② 绝缘电阻不为零，且两根电缆相通相，判定是 B 相；③ 绝缘电阻不为零，且两根电缆也不通相，判定是 C 相。

3）测试中注意事项：

a. 试验前后必须对被试电缆充分放电。

b. 在核对电缆线路相序之前，必须进行感应电压测量。

13.3.5 测试结果分析及报告编写

（1）测试结果分析。

1）电缆的绝缘电阻：

a. 测试标准及要求。根据 GB 50150—2006《电气装置安装工程电气设备交接试验标准》规定，电缆线路绝缘电阻应在进行交流或直流耐压前后分别进行测量，耐压试验前后绝缘电阻测量值应无明显变化；橡塑电缆外护套、内衬套的绝缘电阻不低于 0.5MΩ/km。

b. 测试结果分析。直埋橡塑电缆的外护套，特别是聚氯乙烯外护套，受地下水的长期浸泡吸水后，或者受到外力破坏而又未完全破损时，其绝缘电阻均有可能下降至规定值以下。

35kV 及以下电压等级的三相电缆（双护层）外护套破损不一定要立即修理，但内衬层破损进水后，水分直接与电缆芯接触，并可能腐蚀铜屏蔽层，一般应尽快检修。35kV 及以上电压等级的单相或三相电缆（单护层）外护套破损一定要立即修复，以免造成金属护层多点接地形成环流。

由于电缆电容量大，在绝缘电阻测试过程如测量时间过短，“充电”还未完成就读数，易引起对试验结果的误判断。

测得的芯线及护层绝缘电阻都应达到上述规定值，在测量过程中还应注意是否有明显的充电过程，以及试验完毕后的放电是否明显。若无明显充电及放电现象，而绝缘电阻值却正常，则应怀疑被试品未接入试验回路。

2）油纸绝缘电力电缆直流耐压和泄漏电流测试：

a. 测试标准及要求。新敷设的电缆线路投入运行3～12个月，一般应作1次直流耐压试验，以后再按正常周期试验。

试验结果异常，但根据综合判断允许在监视条件下继续运行的电缆线路，其试验周期应缩短。如在不少于6个月时间内，经连续3次以上试验，试验结果无明显变化，则可以按正常周期试验。

油纸绝缘电缆直流试验电压可用相应公式计算。对于统包绝缘电缆可用 $U_t = 5\times\frac{U_0+U}{2}$ 计算；对于分相屏蔽绝缘电缆可用 $U_t = 5\times U_0$ 计算。其中，U_t 为直流耐压试验电压，kV；U_0 为电缆导体对地额定电压，kV；U为电缆额定线电压，kV。

现场试验时，试验电压值按表13－13的规定选择。

表13－13　　试验电压值

电缆额定电压 U_0/U	1.8/3	3/3.6	3.6/6	6/6	6/10	8.7/10	21/35	26/35
直流试验电压（kV）	12	17	24	30	40	47	105	130

充油绝缘电缆直流试验电压按表13－14的规定选择。

表13－14　　充油绝缘电缆直流试验电压

电缆额定电压流	直流试验电压（kV）
48/66	165
	175
64/110	225
	275
127/220	425
	475
	510
190/330	585
	650
290/500	710
	775
	835

直流耐压试验标准与有关，测试中不但要考虑相间绝缘，还要考虑相对地绝缘是否合乎要求，以免损伤电缆绝缘。特别应注意的值，如35kV电缆额定电压分为21/35kV和26/35kV等。

交接试验耐压时间为15min；预防性试验耐压时间为5min。耐压15min或5min时的泄漏电流值不应大于耐压1min时的泄漏电流值。

油纸绝缘电缆泄漏电流的三相不平衡系数（最大值与最小值之比）不应大于2。

当6/10kV及以上电压等级电缆的泄漏电流小于20kV和6kV及以下电压等级电缆泄漏电流小于10时，其不平衡系数不作规定。电缆泄漏电流值见表13－15。

表13－15　　油纸绝缘电缆泄漏电流值

系统额定电压（kV）	泄漏电流值（μA/km）
6及以下	20
10及以上	10～60

b. 测试结果分析。

第一，如果在试验期间出现电流急剧增加，甚至直流高压发生器的保护装置跳闸，或被试电缆不能再次耐受所规定的试验电压，则可认为被试电缆已击穿。

第二，泄漏电流三相不平衡系数，系指电缆三相中泄漏电流最大一相的泄漏值与最小一相泄漏值的比值。电缆线路三相的泄漏电流应基本平衡，如果在试验中发现某一相的泄漏电流特别大，应首先分析泄漏电流大的原因，消除外界因素的影响。当确实证明是电缆内部绝缘的泄漏电流过大时，可将耐压时间延长至 10min，若泄漏电流无上升现象，则应根据泄漏值过大的情况，决定 3 月或半年再作一次监视性试验。如果泄漏电流的绝对值很小，即最大一相的泄漏电流：对于10kV及以上电压等级的电缆小于20μA，对于6kV及以下电压等级的电缆小于10μA时，可按试验合格对待，不必再作监视性试验。

第三，泄漏电流值和不平衡系数只作为判断绝缘状况的参考，不作为是否能投入运行的判据，应结合其他测试参数综合判断。

第四，如电缆的泄漏电流属于下列情况中的一种，电缆绝缘则可能有缺陷，应找出缺陷部位并予以处理：泄漏电流很不稳定；泄漏电流随试验电压升高急剧上升；泄漏电流随试验时间延长有上升现象。

第五，测试结果不仅要看试验数据合格与否，还要注意数值变化速率和变化趋势。应与相同类型电缆的试验数据和被试电缆原始试验数据进行比较，把握试验数据的变化规律。

第六，在一定测试电压下，泄漏电流作周期性摆动，说明电缆可能存在局部孔隙性缺陷或电缆终端头脏污滑闪。应处理后复试，以确定电缆绝缘的状况。

第七，如果电流在升压的每一阶段不随时间下降反而上升，说明电缆整体受潮。泄漏电流随时间的延长有上升现象，是绝缘缺陷发展的迹象。绝缘良好的电缆在试验电压下的稳态泄漏电流值随时间的延长保持不变，电压稳定后应略有下降。如果所测泄漏电流值随试验电压值的升高或加压时间的增加而上升较快，或与相同类型电缆比较数值增大较多，或者和被试电缆历史数据比较呈明显的上升趋势，应检查接线和试验方法。综合分析后，判断被试电缆是否能够继续运行。

3）橡塑绝缘电力电缆变频谐振耐压试验：

a. 试验标准及要求。电力电缆的交流耐压试验应符合下列规定：

对电缆的主绝缘进行耐压试验时，应分别在每一相上进行，对一相电缆进行试验时，其他两相导体、屏蔽层及铠装层或金属护层一起接地；

电缆主绝缘进行耐压试验时，如金属护层接有过电压保护器，必须将护层过电压保护器短接；

耐压试验前后，绝缘电阻测量应无明显变化；

橡塑电缆优先采用 20～300Hz 交流耐压试验。根据 GB 50150—2006《电气装置安装工程电气设备交接试验标准》的规定，20～300Hz 交流耐压试验电压和时间见表 13－16。

表 13－16　　20～300Hz 交流耐压试验电压和时间

额定电压（kV）	试验电压（kV）	试验时间（min）	额定电压（（kV）	试验电压（kV）	试验时间（min）
18/30 及以下	2.5 或 $2U_0$	5 或 60	190/330	1.7 或 $1.3U_0$	60
21/35～64/110	$2U_0$	60	290/500	1.7 或 $1.1U_0$	60
127/220	1.7 或 $1.4U_0$	60			

b. 试验结果分析。试验中如无破坏性放电发生，则认为通过耐压试验。

4）相位检查：

a. 试验标准及要求。相位核对应与电缆两端所接系统相序准确无误。

b. 试验结果分析。试验结果应与电缆相位标志相符。

（2）试验报告编写。试验报告编写应包括以下项目：被试电缆运行编号、试验时间、试验人员、天气情况、环境温度、湿度、被试电缆参数、运行编号、使用地点、试验结果、试验结论、试验性质（交接、预防性试验、检查、实行状态检修的应填明例行试验或诊断试验）、试验装置名称、型号、出厂编号，备注栏写明其他需要注意的内容，如是否拆除引线等。

【思考与练习】

1. 微安表接在高压侧和微安表接在低压侧对泄漏电流测量有什么影响？

2. 直流耐压试验中不平衡系数的意义是什么？

3. 核对相位的意义是什么？

电缆工程验收

电缆及通道验收除遵循本文件相关规定外，还应按照 GB 50168、DL/T 5161 等标准进行验收。验收分为到货验收、中间验收和竣工验收。

14.1 电缆到货验收

（1）设备到货后，运维单位应参与对现场物资的验收。

（2）检查设备外观、设备参数是否符合技术标准和现场运行条件。

（3）检查设备合格证、试验报告、专用工器具、设备安装与操作说明书、设备运行检修手册等是否齐全。

（4）每批次电缆应提供抽样试验报告。

14.2 电缆中间验收

（1）运维单位根据施工计划参与隐蔽工程（如：电缆管沟土建等工程）和关键环节的中间验收。

（2）运维单位根据验收意见，督促相关单位对验收中发现的问题进行整改并参与复验。

14.3 电缆竣工验收

14.3.1 竣工验收包括资料验收、现场验收及试验

14.3.2 电缆及通道验收时应做好下列资料的验收和归档

（1）电缆及通道走廊以及城市规划部门批准文件。包括建设规划许可证、规划部门对于电缆及通道路径的批复文件、施工许可证等；

（2）完整的设计资料，包括初步设计、施工图及设计变更文件、设计审查文件等；

（3）电缆及通道沿线施工与有关单位签署的各种协议文件；

（4）工程施工监理文件、质量文件及各种施工原始记录；

（5）隐蔽工程中间验收记录及签证书；

（6）施工缺陷处理记录及附图；

（7）电缆及通道竣工图纸应提供电子版，三维坐标测量成果；

（8）电缆及通道竣工图纸和路径图，比例尺一般为1:500，地下管线密集地段为1:100，管线稀少地段，为1:1000。在房屋内及变电所附近的路径用1:50的比例尺绘制。平行敷设的电缆，应标明各条线路相对位置，并标明地下管线剖面图。电缆如采用特殊设计，应有相应的图纸和说明；

（9）电缆敷设施工记录，应包括电缆敷设日期、天气状况、电缆检查记录、电缆生产厂家、电缆盘号、电缆敷设总长度及分段长度、施工单位、施工负责人等；

（10）电缆附件安装工艺说明书、装配总图和安装记录；

（11）电缆原始记录：长度、截面积、电压、型号、安装日期、电缆及附件生产厂家、设备参数，电缆及电缆附件的型号、编号、各种合格证书、出厂试验报告、结构尺寸、图纸等；

（12）电缆交接试验记录；

（13）单芯电缆接地系统安装记录、安装位置图及接线图；

（14）有油压的电缆应有供油系统压力分布图和油压整定值等资料，并有警示信号接线图；

（15）电缆设备开箱进库验收单及附件装箱单；

（16）一次系统接线图和电缆及通道地理信息图；

（17）非开挖定向钻拖拉管竣工图应提供三维坐标测量图，包括两端工作井的绝对标高、断面图、定向孔数量、平面位置、走向、埋深、高程、规格、材质和管束范围等信息。

14.3.3　现场验收包括电缆本体、附件、附属设备、附属设施和通道验收，依据本标准运维技术要求执行

14.4　电缆全过程质量管控流程

14.4.1　适用范围

适用于市区供电公司所辖范围内的35kV及以下基建工程、改扩建工程、技改工程、用户工程等电力电缆线路（电气和土建）质量管控工作。

14.4.2　职责

（1）建设部贯彻落实上级有关单位、部门颁发的相关技术标准和管理规范；负责35kV及以下电缆工程建设全过程管理，对项目进度、安全、质量、技术、信息等负责；负责组织实施35kV及以下电缆线路（电气和土建）工程的中间验收和竣工验收；协助运检部对建设中施工质量事件的分析、认定、整改与考核工作。

（2）建设部和施工部门负责施工信息上报运检部门，确保施工动态信息的准确性、及时性、有效性。

（3）运检部贯彻落实上级有关单位、部门颁发的相关技术标准和管理规范；负责开展35kV及以下电缆线路（电气和土建）工程可研、初设、生产准备、验收（含中间验收、竣工验收）和运行等环节的全过程管控；定期总结与分析35kV及以下电缆工程验收情况；负责投运后施工质量事件的分析、认定、考核与处罚工作。

14.4.3 中间验收流程

（1）建设部应提前提供电缆工程项目清单（月施工计划和月投运计划）。项目负责人提前2个工作日以书面的形式通知运检部参加中间验收，运检部应及时安排相关人员参加中间验收。

（2）施工信息填报。施工单位在开工7天前填写《电缆工程项目开工联系单》（附录A）交运检部电缆专工。

施工单位开工后须于每周五填写好下周的《电缆工程施工日计划周报表》（附录B）交运检部电缆专工。

施工单位在进场施工前1天以短信方式（附录C）通知运检部电缆专工。

运检部电缆专工在收到《电缆工程项目开工联系单》和《电缆工程施工日计划周报表》后交运行班长。

运行班长在收到《电缆工程项目开工联系单》和《电缆工程施工日计划周报表》后，并根据收到短信内容安排中间验收。

（3）电缆敷设前，运检部应参与土建及配套设施中间验收，验收通过后方可进行后续施工。

（4）中间验收按提供的开工单、日计划周报表、短信通知而开展，无上述单据则不予验收，未验收设备运行部门有权提出不于送电投运要求。

（5）非开挖施工：建设部门、工程各参建单位施工前应事先报运检部电缆专工审核。针对非开挖施工未审核或未验收已敷设电缆，将不接受竣工验收。非开挖资料在非开挖施工结束后一周内送交运检部电缆专工。运检部对非开挖资料不合格的有权要求进行复测验收，相关费用由建设部门、工程各参建单位落实。

（6）中间验收记录。验收人员在施工过程中做好电缆线路（电气和土建）工程中隐蔽工程的验收工作，对于验收合格项目填写并保存相应的《电缆及附属设备中间验收单》（附录D）。

验收人员发现施工中有质量隐患发现一般质量问题，验收人员应当场责令整改，可委托建设部项目负责人组织复查。发现严重质量问题须向建设部发放《施工质量整改单》（附录F），建设部、运检部对整改后进行复验。复验合格后填写保存相应的《电缆及附属设备中间验收单》（附录D），如不合格继续进行整改，直至合格为止。

（7）电缆试验验收。35、10kV中压交联聚乙烯电缆线路安装完成后，应按照Q/GDW 11316—2014《电力电缆线路试验规程》标准及上海市电力公司中压交联电缆试验补充规定，开展试验。

电缆试验前，施工单位应通知建设部项目负责人和运检部运行班长试验时间、地点，运行班长根据短信内容安排电试验收。

运检部对电缆试验进行旁站验收（35kV 旁站 100%覆盖），电缆试验完成后工作负责人或试验单位应将试验数据（试验设备机打凭证）及时以短信照片的方式通知电缆专工。

试验单位试验后应在 5 个工作日内提供正式的试验报告和试验设备机打凭证的原件及复印件。新建 35、10kV 电缆的交流耐压试验报告要求盖章并彩色扫描，提供试验报表电子档，每月 20 日前汇总上交。

14.4.4 竣工验收

（1）建设部应提前 2～5 个工作日以书面的形式通知运检部参加竣工验收，同时提供验收设备清单，运检部应及时安排相关人员参加竣工验收。

（2）建设部每月 25 日前编制下月工程验收月度计划，发送公司相关部门。

（3）建设部应安排充足力量，严格做好自检、初检和配合投运前验收工作。

（4）建设部填写《电缆工程项目设备验收清单》（附录 G）后安排各类电缆线路（电气和土建）的竣工验收。同时施工单位应提供按［35kV 及以下电缆及通道工程生产准备及验收工作审查要点中：附表 1 电缆线路工程质量管理数码照片采集及整理要求（土建部分）、附表 2 电缆线路工程质量管理数码照片采集及整理要求（电气部分）］要求的施工全过程影像资料光盘。

（5）运检部应派验收人员参与由建设部门组织的验收，比照《电缆工程项目设备验收清单》和《电缆及附属设备中间验收清单》对施工单位提出的项目验收申请进行验收。参加中压电缆工程竣工验收的覆盖率应达到 100%。

（6）运检部验收人员对于验收工作中发现的缺陷，如果不影响电缆投运的，可填写《电缆线路和排管工程验收缺陷备案单》（附录 H），报相关领导批准后，按验收合格流程操作。

（7）施工单位在电缆线路土建及安装工程施工前需办理绿卡或现场交底，未办理绿卡或现场交底的将不接受竣工验收，不验收的运检部门不同意后续敷设电缆施工。

14.4.5 汇报送电

（1）验收合格：10kV 项目由工作票负责人根据工作票内容或投运单内容直接向调度汇报；35kV 项目采取双汇报方式汇报送电（除 10kV 项目汇报方式外调度还需得到运检部运行人员同意送电的汇报）。

（2）验收不合格或未验收，运检部及时通知项目经理和调控中心，由调控中心汇报相关领导决定是否送电。

（3）不符合以下条件中任意一个条件，有权拒绝电缆线路投入运行（① 工程竣工验收合格，整改内容已完成闭环。② 电缆线路耐压试验合格，并提供正式的试验报告。③ 完成电缆线路及通道三维测绘工作）。

14.4.6 测绘资料验收

（1）工程测量方面要求。

前一工作日或当天早晨 8:30 之前，测量方必须提供日报表通知当日测绘工作情况（含工程名称、施工地点、施工时间、现场施工人员联系方式）。

测量方必须现场正确使用相关测绘仪器（测绘仪器需通过国家认定检测单位年检）。

现场测绘施工人员需无条件接受运行指派人员定期、不定期现场验收，若发现问题需即时纠正。

测量方必须在工程竣工当日及时通报竣工工程，并于工程竣工后 1 个工作日内提供相关测绘数据及成果。

当工程的工期较长时，电缆投运后 1 个工作日内必须将成果信息以及相关的书面信息一并提供给运行部门（根据电力公司要求）并要求在报告中标明未投运电缆的相关信息及未投运原因（按工程设计书的电缆根数统计为准）。当整个工程竣工后，测量方必须再次通知运行部门，将事先未提交的电缆相关信息与点位信息一并提交给运行方，以便资料的收集与管理。

（2）测绘数据及成果包含以下内容。

测量方必须提供完整的施工设计书（若现场施工情况与设计不符，需提供修改设计或者相关负责人书面说明文档）。

测量方必须提供正确、清晰、完整的测量数据坐标点文件（包含测站、校验点、站址、相关管线信息、分支点等），坐标点需符合上海市城市坐标系标准。

工程内如遇排管敷设的电缆时，测量方必须提供相应排管工井电缆穿孔的信息（必须有管道原穿孔情况）及相应照片信息。

当遇预埋导管以及非开挖管道的测量时，测量方必须提供相应的长度、根数、管孔情况以及相应的点位数据、图片信息（如遇非开挖管道时必须标明非开挖并提供非开挖相应资料数据）。

测量方必须提供测绘人员现场情况记录信息。

测量方必须提供测绘施工范围现场地形图纸。

测量方必须提交基于 1:500 或者相关等级电子地图的包含完整施工信息的 CAD 文件（需保留测站、校验点等信息），并且符合上海市城市坐标系统规范。

在 PMS 内业人员接受相关资料时需仔细核对，若有缺失将无条件退回测量人员并要求补充完整后重新提交。

在 PMS 内页人员发现测量工作中的疑问或差错时通知测量人员，相关测量人员须在 1 个工作日内响应，进行补充说明或修改，若未能及时响应，PMS 内业人员将写明原因后退回测量人员。

14.4.7 资料移交

（1）由于电缆线路（电气和土建）工程大部分均为隐蔽工程，在今后日常运行、检修、维护中资料将是唯一依据，如施工单位在施工结束后规定期限内无法提供竣工资料和正确电缆点位资料的，运行方无法对该投运设备进行正常管辖。

（2）运检部在收到点位资料后与《电缆工程项目设备验收清单》进行核对。

（3）建设部协助运检部要求施工单位在设备投运后提供正确点位资料，小型工程（10根线路以下）3 天内提交点位资料，运检部收到后 7 天内完成核对，大型工程（10 根线路以上）7 天内提交点位资料，运检部收到后 18 天内完成核对。如资料不齐、错误的将退回，并重新计算期限。

（4）对于施工中涉及非开挖施工的，施工单位必须提供符合要求的非开挖陀螺仪数据报表、非开挖轨迹图和竣工施工小结等相应的资料光盘。

（5）对于小区排管验收，建设部门必须提供委托书、工程的设计书、施工大纲、竣工资料、竣工施工小结、相关自验收报告和与小区甲方签订的《小区排管投运协议书》。

（6）新建排管点位资料移交时须提供工井及工井之间排管沿线走向点位。

（7）如由于点位资料超时无法按时完成转资，由分管建设部门的领导批准后按《电缆工程项目设备验收清单》进行暂估转资。

（8）反映施工过程中质量控制主要活动、关键环节、隐蔽工程状况的影像资料光盘要求按［35kV 及以下电缆及通道工程生产准备及验收工作审查要点中：附表 1 电缆线路工程质量管理数码照片采集及整理要求（土建部分）、附表 2 电缆线路工程质量管理数码照片采集及整理要求（电气部分）］。

14.4.8 归档

《电缆工程项目设备验收清单》《电缆及附属设备中间验收单》《施工质量整改单》《电缆工程投运单》施工影像资料、电缆点位资料、非开挖资料由建设部门归入竣工资料。

15

大数据与电缆运维

15.1 课题简介

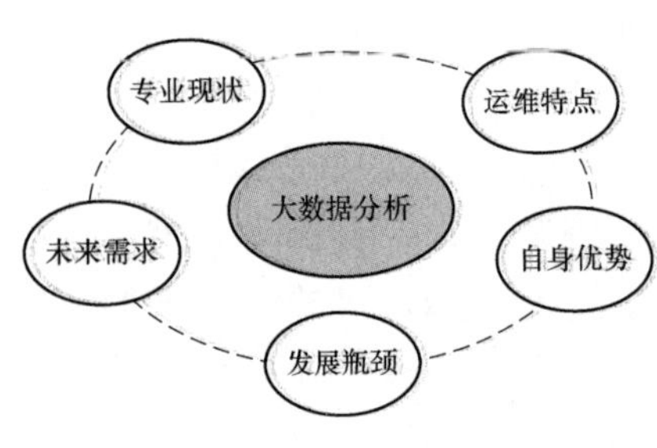

图 15-1 大数据分析

国网上海市电力公司市区供电公司的第一条油纸电缆投运于 1911 年，第一条交联电缆投运于 1975 年。经过百余年的累积，在拥有海量的近 50 余万条电缆信息资料的基础上，通过大数据分析，将“大数据+特大城市+电缆运维”紧密结合，提炼、总结出对确保电缆运维有指针性意义的重要设备、重点监测数据，更加有保障地做好电缆运维工作，尤其是对市属重要用户的供电意义重大（见图 15-1）。

15.1.1 大数据分析的优势

（1）基础数据量丰厚，约 50 万条有效记录涵盖了百余年的上海电缆发展历程。

（2）数据总类齐全，包括出厂信息、安装、试验、缺陷、故障、运维、改接等各领域，囊括了电缆运维的各个阶段。

（3）运用大数据分析，对重要用户设备采取更客观、更具体、更有效的运维。

（4）运用大数据分析，建立远程移动数据 App，使电缆运维迈入数字化、远程化、实时化新阶段（见图 15-2）。

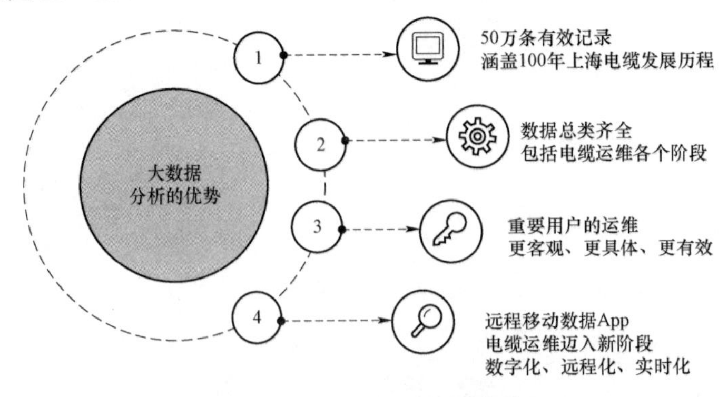

图 15-2 大数据分析的优势

借助于大数据分析，对市区电缆的各参数进行归类并进行模块分析，排摸潜在隐患线路，判断公司电缆整体老化程度及分布状态，为今后电缆运维提供数据支持。

15.1.2 创新思路

项目组在充分考虑公司电缆专业的现状、运维特点、并结合地电缆专业自身优势及丰富历史数据的基础上，为适应上海这一国际特大型城市的未来发展需求，将大数据分析、云处理与精准运维、精益生产相结合。

在电缆运维中，个体电缆的相关运维数据既是其自身运维情况的体现，也是整个电缆网络运维数据的有机组成部分。从以往的运行经验来看，我们对于个体电缆的运行情况往往比较关注，而从定量分析到批量分析直至定性分析，必须要借助大数据的分析才能得以统计、汇总和应用。

国网上海电力公司电缆专业具有 100 多年的电缆运维经验，第一条油纸电缆投运于 1912 年，第一条交联聚乙烯电缆投运于 1975 年。随着城市的不断发展，电力电缆的利用量也越来越大，电力电缆已成为电力系统输变电的非常重要的设备，对电力负荷安全，电力可靠传输具有不可或缺的作用。这些敷设在地下的电力电缆，在电、磁、热以及恶劣的敷设环境影响下，绝缘层逐渐老化，发生不可逆转的物理、化学反应。

借助于大数据分析，对电缆的各参数年份、截面、安装方式，接地方式，不良工况，试验记录、故障记录，运行历史电流、年限，载流量，长度，线路位置等参数进行各模块分析，梳理各类资料数据，排摸潜在隐患线路，判断公司电缆整体老化程度及分布状态，为今后电缆运维提供数据支持。

15.1.3 课题成果

首先，对 100 多年电缆运维中累计的近 50 万条电缆资料信息进行归类、整理、分析、判断，建立各自独立的分析模块，出具相应分析报告，将各报告多维度判别、提炼、分析，多维度判断公司电缆整体老化程度及分布状态。

其次，建立电缆运维精细化数据库，以电缆线路绝缘所处的状态为区分角度，对不同状态下的电缆进行区别化运维管理运用帕列托法则，将通过大数据分析确定为“关注”的电缆及 88 家重要用户电缆纳入电缆“大数据监测系统”。

在此基础上，重要电缆带电局放检测对已纳入电缆监测系统的电缆线路分批进行多维度局放测试。

最后，建立远程移动数据 App，将属重要设备的日常巡查、调度发令特巡及巡查结果统一纳入，做到信息同步传输，使电缆运维迈入数字化、远程化、时事化新阶段。

通过以上各项举措，建立适应中心城市配电网的电缆监测、预警管理平台，将隐患发现于萌芽状态，从而减少停电事故的发生。

15.2 管 理 成 效

15.2.1 设备分级分层管理

以“大数据”分析为依托，建立电缆“大数据监测系统”和市区公司 35、10kV 电缆运维管理数据库。将人力、物力和时间更多地投入到重要设备和关注设备的运维管理中去。

15.2.2 建立运维警示管理模式

在设备特巡、电网薄弱运行、非正常状态运行等状态发生时，由专业工程师、运维班长等发起，对相关设备设置警示提醒，起到相关作业人员有非常明确、清晰的提醒作用，同时也对相应的运维工作实施进程起到非常直观、具体的指导作用。

15.2.3 管理方式变主动为超前

长时期的运维工作，设备主人与班长均以做到主动积极开展各项工作为努力方向，经“互联网+”课题开展，尤其是经以大数据分析后，电缆专业正在逐渐形成化主动为超前的运维管理模式，设备主人凭借自身优越的专业素养、借助大数据的分析、依赖与信息互通资源互享的便利条件，与时间赛跑、对工地反外损工作、隐患查找与消除、在线局放检测等工作提前谋划与实施。

15.2.4 监督方式变事后为同步

运维班长与专业工程师以往均是对运维工作开展事后检查、点评与改进，通过“大数据”分析，我们深刻觉得在运维工作的开展进城中提早参与、及时沟通、尽快反馈、共同协作的工作节奏能取得事半功倍的效果，在将人力资源与物力资源得到充分利用的同时也最大限度地发挥了各级人员的主观能动性，同时构筑了确保人身安全和设备运行安全的双赢机制。

15.2.5 建立电缆运维示范库

结合市区公司重要用户多、电缆密集以及保电时段多的自身特点，电缆专业经历头脑风暴和现场实践，将以往的重要用户运维管理、保电设备特巡和大型工地现场监护的实践操作案例集结成运维示范库。通过设备主人、运维班长和专业工程师的合作，及时将典型操作以文字、照片、现场施工图纸以及小型动画形式加以提炼保存，同时附以实施要点与经验。当开展类似工作或对新员工的培训，这都是非常宝贵的教材。

15.3 技 术 成 效

15.3.1 “大数据”分析，成果显著

对 100 多年电缆运维中累计的近 30 万条电缆资料信息进行归类、整理、分析、判断，

建立各自独立的分析模块，出具相应分析报告，将各报告多维度判别、提炼、分析，判断公司电缆整体老化程度及分布状态。

15.3.2 “大数据监测系统”初见成效

通过电缆“大数据监测系统”建立电缆“大数据监测系统”和市区公司 35、10kV 电缆运维管理数据库。将在用运维设备 3 级，分别为重要设备、关注设备和一般设备。在运维管理中对重要设备、关注设备给予更多的投入。

15.4 案　　例

15.4.1 G20 电缆保电

2016 年 8—9 月。G20 峰会在杭州召开。上海作为交通枢纽和外围保障区域也承担相当繁重的保电任务。市区电缆涉及包括虹桥机场以及众多景观灯光在内 83 家用户，总共有 129 条 35kV 电缆，425 条 10kV 电缆以及 98 条 380V 电缆，总运维里程达 895km，涉及工井数 1935 个。

需在前期完成的工作包括隐患排查、绝缘性能测试以及特巡方案的制定。从接到保电任务到完成一系列前期工作可利用的时间按仅有 10 天，其中还包括了消缺、复查需要的时间。在没有大数据分析系统前，即便有整整 20 天的时间，将所有涉及的运维状况进行摸底、排查以及所有 1935 个电缆工井内情况进行排模也是不可能完成的任务（由于开井检查涉及到需要提前项交警部门提出申请，且需要避开高峰时间，且上海的地下水位较高，往往查看一个工井，必须前后同时对三个工井进行抽水，前期施工准备和安措必须消耗大量时间成本和人力成本）。

借助于大数据分析系统，我们首先提取了涉及线路的历史运维数据（缺陷、故障、年载流量表、巡查记录、沿线工地保护记录、用户走访记录、工井大修验收记录及实拍照片等）以及状态评价表，为每条电缆建立了专档。目的就是尽量全面完成地反映电缆目前运维状况。同时我们也在大数据系统中调取了涉及电缆的同时期电缆的运维数据，尤其是对电缆缺陷、故障数据进行分析。

经过近一天的数据汇总，分析结果表明，120 条 35kV、412 条 10kV 电缆的各项运维数据均非常良好，近 3 年的状态评价均处于正常状态，且这些电缆同批次安装的设备也未发生过运行故障。因此，我们首先将 120 条电缆纳入了“常规”保电线路范畴。

而对于其余 9 条 35kV 电缆，13 条 10kV 电缆，由于其或由于投运时间已超过 20 年属于绝缘水平衰退期，或电缆沿线存在施工工地有潜在外损风险，或由于曾发生过本体运行故障，或由于状态评价现实处于“注意状态”或由于其同批次地曾发生过运行故障。运用时间管理的四象限原则和帕列托法则，我们在接下来的 4 天时间内，非常有针对性地开展包括带电监测、离线绝缘检测、开井接头检查以及施工工地现场值守在内的一系列保障措施。也就是说我们在短短的 5 天时间内完成了以往 20 天都无法完成的保电前期准备工作。

在时间、精力、财力都非常宝贵的情况下，大数据分析系统的运用为我们提供了明确的指针，确保了 G20 正式保电开始时，所有设备均处于稳定、可靠、安全运行状态。

15.4.2 35kV××××电缆更新

通过 35kV 电缆段投运时间、占比数、38 年内故障数据等统计表显示，目前的故障主要集中在 1996～2000 年敷设的电缆和附件（见图 15-3、图 15-4、表 15-1）。

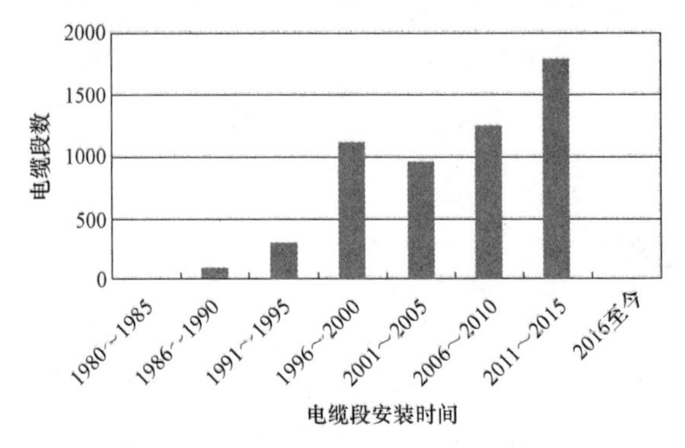

图 15-3　不同时间内电缆段数统计图

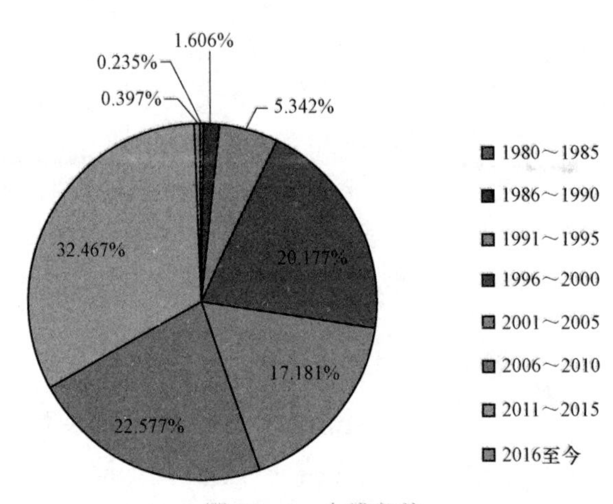

图 15-4　电缆段数

表 15-1　　**数 据 统 计**

时间段	接头故障	本体故障	终端故障	预制头故障	故障总数
1980～1985	2	13	0	0	15
1986～1990	13	11	0	0	24
1991～1995	22	29	4	1	56
1996～2000	18	61	0	0	79
2001～2005	9	19	1	0	29
2006～2010	2	4	0	0	6
2011～2015	0	1	0	0	1
2016 至今	0	0	0	0	0

而在此时间按内段共有1115段电缆进行了敷设，涉及93条电缆，其中有28条为电站进线，其中又4条电缆所供用户含重要用户；1条电缆与220kV电缆同沟敷设距离达到总长的90%；2条电缆与110kV电缆同沟敷设距离为23%。

在进一步调阅这条“同沟率”为“90%”电缆的同时期设备，发现共发生了4次运行故障，故障分析和切片试验报告均定性为绝缘老化。

由此数据背书，35kV××××正是被确定为具备电缆刚更新充要条件的设备。35kV××××现已全线更新。

15.4.3　10kV电缆故障分析

大数据分析显示（见图15-5、图15-6），近10年的10kV电缆故障中间接头故障占比有所上升，而预制式中间接头占比尤其大。

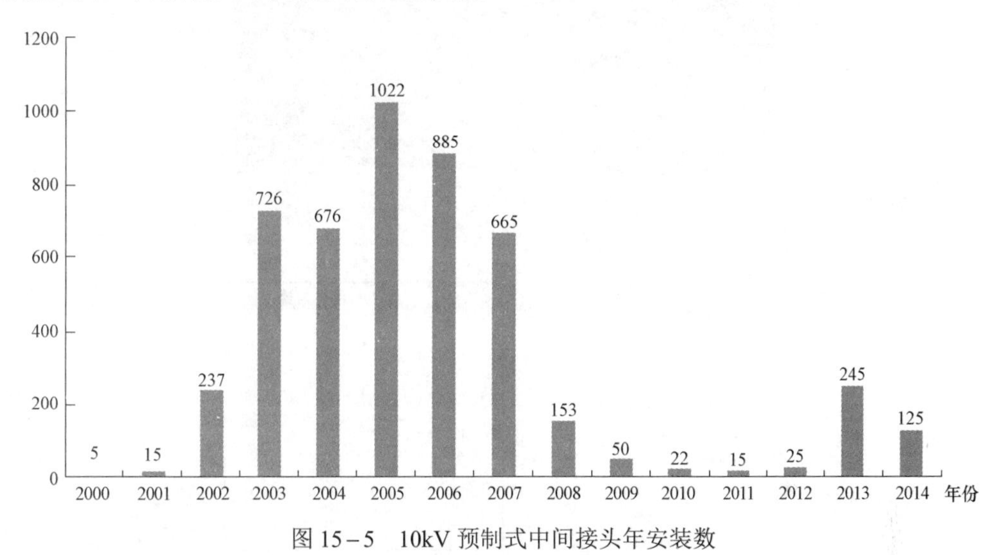

图15-5　10kV预制式中间接头年安装数

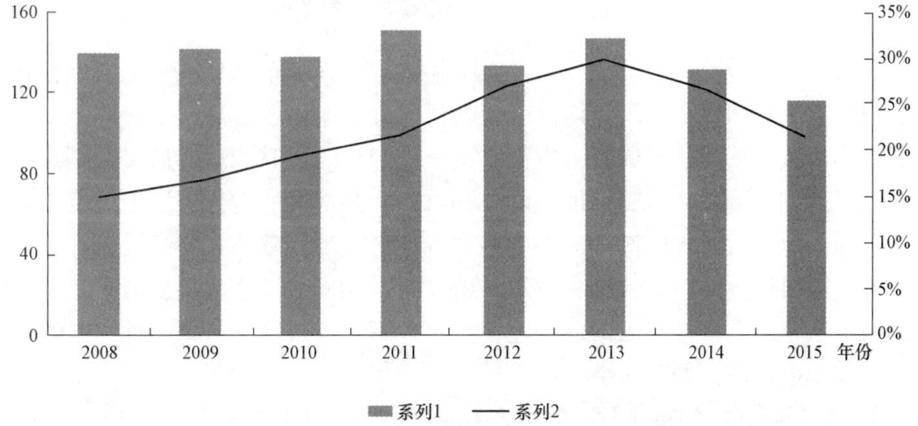

图15-6　10kV电缆故障数与预制式中间接头占比

经解剖分析（见图15-7、图15-8），接头尺寸符合工艺要求，施工工艺规范。故障相位单相。经解剖发现该接头预制件内有水分，从接管至预制件口电缆绝缘表面上有纵向爬电痕迹，预制件口电缆绝缘击穿。分析认为，由于预制绝缘件与电缆本体卡装存在细小缝隙，在直埋于地下或排管敷设的工井内潮湿环境下长时间运行，导致潮气从预制件与本体连接处渗入，逐渐形成爬电通道，最终导致绝缘击穿。

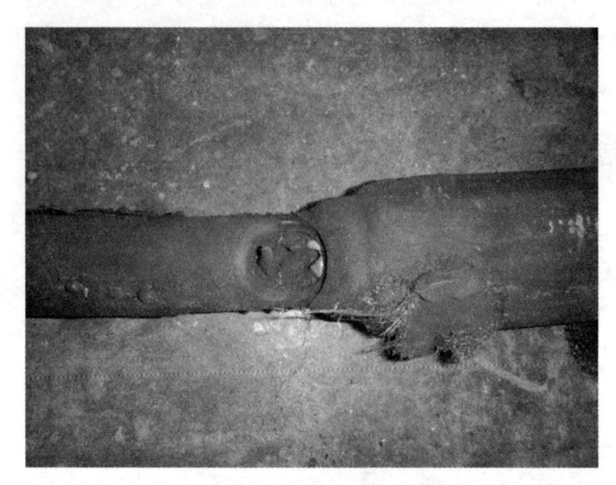

图 15－7　故障电缆 1 图片

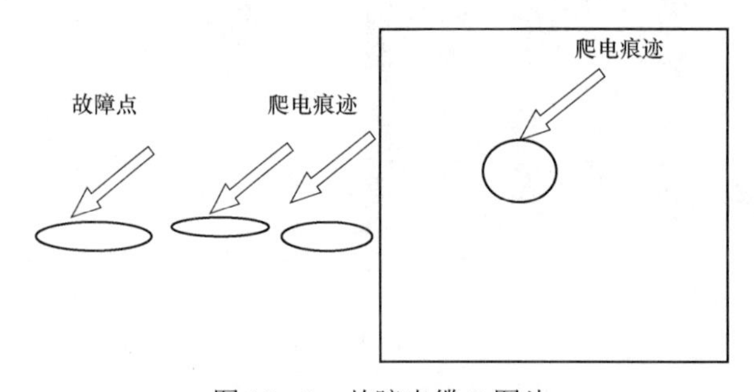

图 15－8　故障电缆 2 图片

经对所有同类型故障逐一解剖分析，故障电缆制作基本符合工艺规范。10kV 预制式中间接头故障现象大体相似，故障点均位于预制件与电缆本体连接处。

我们认为，故障形成的原因有两方面。其一：经过一段时间运行后，预制绝缘件与电缆本体卡装出现细小缝隙，密封性能下降。其二：上海地区的运行环境中湿度较高。当预制式接头直埋于地下时，周围潮湿泥土中的水分逐渐从沿缝隙渗入中间接头，逐步形成水树枝进而形成电树枝，最终导致接头故障。当 10kV 预制式中间接头安装于工井中时，由于上海的地下水位较高，接头长时间浸泡在水中，更易导致潮气从预制件与本体连接处渗入，逐渐形成爬电通道，导致击穿。

针对 10kV 预制式中间接头故障情况，我们采取了以下措施：

（1）预制式故障发生后，逐一更换同一线路上所有同类型接头。

（2）从一级重要用户、二级重要用户、电站出线为先后更换顺序，分批次对该型号电缆中间接头予以更换。

（3）新建工程暂缓使用预制式中间接头。

正是由于有了大数据分析的后台支撑，我们不仅在将此类接头的故障成因得以深入分析，而且可以分批次将其列入大修计划得以改造，确保了类似故障不在高发，从而将10kV电缆的故障数明显下降。

附录A　电缆工程项目开工联系单

序号：

工程名称：	
施工地点：	
建设单位：	
施工单位：	
工程性质：	工程账号：
开工日期：	竣工日期：
项目经理：	联系电话：
现场负责人：	联系电话：
工程概况说明及施工示意图（标明电缆名称）或附图（A4纸张）：	

施工填单人：　　　　　日期：　　　　　设备主人：　　　　　日期：

联系电话：

注　1. 此单据为开工7天前填写，施工方书面告知运行方进行中间验收的依据。

2. 无此单据工程将无法进入验收环节。

附录B　电缆工程施工计划周报表

序号：

<table>
<tr><td colspan="3">施工单位：</td></tr>
<tr><td>日期</td><td colspan="2">工程名称：</td></tr>
<tr><td rowspan="3"></td><td>施工地点：</td><td>工程账号：</td></tr>
<tr><td colspan="2">工作内容：</td></tr>
<tr><td>工作负责人：</td><td>联系电话：</td></tr>
<tr><td>日期</td><td colspan="2">工程名称：</td></tr>
<tr><td rowspan="3"></td><td>施工地点：</td><td>工程账号：</td></tr>
<tr><td colspan="2">工作内容：</td></tr>
<tr><td>工作负责人：</td><td>联系电话：</td></tr>
<tr><td>日期</td><td colspan="2">工程名称：</td></tr>
<tr><td rowspan="3"></td><td>施工地点：</td><td>工程账号：</td></tr>
<tr><td colspan="2">工作内容：</td></tr>
<tr><td>工作负责人：</td><td>联系电话：</td></tr>
<tr><td>日期</td><td colspan="2">工程名称：</td></tr>
<tr><td rowspan="3"></td><td>施工地点：</td><td>工程账号：</td></tr>
<tr><td colspan="2">工作内容：</td></tr>
<tr><td>工作负责人：</td><td>联系电话：</td></tr>
<tr><td>日期</td><td colspan="2">工程名称：</td></tr>
<tr><td rowspan="3"></td><td>施工地点：</td><td>工程账号：</td></tr>
<tr><td colspan="2">工作内容：</td></tr>
<tr><td>工作负责人：</td><td>联系电话：</td></tr>
<tr><td>日期</td><td colspan="2">工程名称：</td></tr>
<tr><td rowspan="3"></td><td>施工地点：</td><td>工程账号：</td></tr>
<tr><td colspan="2">工作内容：</td></tr>
<tr><td>工作负责人：</td><td>联系电话：</td></tr>
</table>

施工填单人：　　　　　　　　　日期：

注　1. 此单据为日计划周上报每周五交运行方进行中间验收的依据。

2. 无此单据工程将无法进入验收环节。

附录C 短 信 填 写 要 求

1. 进场施工日期：——要求开工前一天发消息，方便安排验收工作。
2. 工程名称和账号。
3. 施工地点：——要求具体位置描述清楚。
4. 施工单位和工作负责人：
5. 联系电话：
6. 投运送电日期：

注：以上6点信息都要，为顺利开展验收工作，请不要遗漏信息。

附录 D　电缆及附属设备中间验收单

序号：

<table>
<tr><td>工程名称</td><td colspan="3"></td></tr>
<tr><td>工程账号</td><td></td><td>工程编号</td><td></td></tr>
<tr><td>施工单位</td><td></td><td>验收日期</td><td></td></tr>
<tr><td rowspan="2">中间验收项目</td><td rowspan="2">单　　项</td><td colspan="2">评价</td></tr>
<tr><td>合格</td><td>不合格</td></tr>
<tr><td rowspan="3">按图施工</td><td>电缆走向及路径</td><td></td><td></td></tr>
<tr><td>电缆型号及截面</td><td></td><td></td></tr>
<tr><td>电缆穿越孔洞</td><td></td><td></td></tr>
<tr><td rowspan="5">敷设工艺</td><td>电缆、过路管敷设深度，沟槽宽度</td><td></td><td></td></tr>
<tr><td>电缆敷设弯曲率及半径</td><td></td><td></td></tr>
<tr><td>排管、电缆沟内电缆上支架情况</td><td></td><td></td></tr>
<tr><td>孔洞防水防火封堵</td><td></td><td></td></tr>
<tr><td>敷设综合质量</td><td></td><td></td></tr>
<tr><td>电缆附属设备</td><td>保护管、抱箍、夹头、分支箱、工作井等安装</td><td></td><td></td></tr>
<tr><td rowspan="6">接头工艺</td><td>交联电缆封头完好，接头前电缆潮气已校</td><td></td><td></td></tr>
<tr><td>接管压接工艺按规定压接</td><td></td><td></td></tr>
<tr><td>内外半导体连接处理符合要求，连接良好</td><td></td><td></td></tr>
<tr><td>电缆绝缘绕包操作规范，成型后坚实，表面光滑，尺寸达到要求</td><td></td><td></td></tr>
<tr><td>热缩、雨罩，密封无间隙，尺寸符合工艺要求，外观美观光滑，无焦痕</td><td></td><td></td></tr>
<tr><td>接地装置符合工艺要求接地端子用压接方法</td><td></td><td></td></tr>
<tr><td rowspan="7">排管项目</td><td>开工前办理施工绿卡</td><td></td><td></td></tr>
<tr><td>施工涉及电缆采取保护措施</td><td></td><td></td></tr>
<tr><td>工井排管施工符合土建标准</td><td></td><td></td></tr>
<tr><td>工井排管施工符合设计标准</td><td></td><td></td></tr>
<tr><td>疏通符合规定及孔洞封堵</td><td></td><td></td></tr>
<tr><td>接地及回路符合相关规程</td><td></td><td></td></tr>
<tr><td>工井内附件安装符合要求</td><td></td><td></td></tr>
<tr><td colspan="4">备注：</td></tr>
<tr><td colspan="4">工程验收情况（存在的质量问题）：</td></tr>
<tr><td colspan="4">整改情况：</td></tr>
<tr><td colspan="4">复验情况：</td></tr>
</table>

施工负责人：　　　　　　　　　　　　　　中间验收人：

注　此单一式三份：一份交施工单位，一份交项管中心，一份交运检部。

附录E　电缆及附属设备竣工验收单

序号：

<table>
<tr><td>工程名称</td><td colspan="3"></td></tr>
<tr><td>工程账号</td><td></td><td>工程编号</td><td></td></tr>
<tr><td>施工单位</td><td></td><td>验收日期</td><td></td></tr>
<tr><td rowspan="2">竣工验收项目</td><td rowspan="2">单　　项</td><td colspan="2">评价</td></tr>
<tr><td>合格</td><td>不合格</td></tr>
<tr><td rowspan="3">按图施工</td><td>电缆走向及路径</td><td></td><td></td></tr>
<tr><td>电缆型号及截面</td><td></td><td></td></tr>
<tr><td>电缆穿越孔洞</td><td></td><td></td></tr>
<tr><td rowspan="5">敷设工艺</td><td>电缆、过路管敷设深度，沟槽宽度</td><td></td><td></td></tr>
<tr><td>电缆敷设弯曲率及半径</td><td></td><td></td></tr>
<tr><td>排管、电缆沟内电缆上支架情况</td><td></td><td></td></tr>
<tr><td>孔洞防水防火封堵</td><td></td><td></td></tr>
<tr><td>敷设综合质量</td><td></td><td></td></tr>
<tr><td>电缆附属设备</td><td>保护管、抱箍、夹头、分支箱、工作井等安装</td><td></td><td></td></tr>
<tr><td rowspan="6">接头工艺</td><td>交联电缆封头完好，接头前电缆潮气已校</td><td></td><td></td></tr>
<tr><td>接管压接工艺按规定压接</td><td></td><td></td></tr>
<tr><td>内外半导体连接处理符合要求，连接良好</td><td></td><td></td></tr>
<tr><td>电缆绝缘绕包操作规范，成型后坚实，表面光滑，尺寸达到要求</td><td></td><td></td></tr>
<tr><td>热缩、雨罩，密封无间隙，尺寸符合工艺要求，外观美观光滑，无焦痕</td><td></td><td></td></tr>
<tr><td>接地装置符合工艺要求接地端子用压接方法</td><td></td><td></td></tr>
<tr><td rowspan="7">排管项目</td><td>开工前办理施工绿卡</td><td></td><td></td></tr>
<tr><td>施工涉及电缆采取保护措施</td><td></td><td></td></tr>
<tr><td>工井排管施工符合土建标准</td><td></td><td></td></tr>
<tr><td>工井排管施工符合设计标准</td><td></td><td></td></tr>
<tr><td>疏通符合规定及孔洞封堵</td><td></td><td></td></tr>
<tr><td>接地及回路符合相关规程</td><td></td><td></td></tr>
<tr><td>工井内附件安装符合要求</td><td></td><td></td></tr>
<tr><td colspan="4">备注：</td></tr>
<tr><td colspan="4">工程验收情况（存在的质量问题）：</td></tr>
<tr><td colspan="4">整改情况：</td></tr>
<tr><td colspan="4">复验情况：</td></tr>
</table>

施工负责人：　　　　　　　　　　　　竣工验收人：

注　此单一式三份：一份交施工单位，一份交项管中心，一份交运检部。

附录F 施工质量整改单

序号：

工程名称：					
施工地点：			施工日期：		
施工单位：			现场负责人：		
工程账号：			工程性质：		
整改内容					
敷设		接头		排管	
敷设位置与设计不符		交联电缆封头、校潮		开工前办理施工绿卡	
敷设深度未按规定		接管压接按规定		施工涉及电缆保护措施	
覆土工艺未按规定		内外半导体处理未按要求		排管施工符合土建标准	
过路管敷设深度及位置		热缩、密封未按要求		工井排管施工符合设计标准	
电缆弯曲半径符合规程		接地装置按要求		孔洞疏通及封堵	
平行敷设与其他管线间距		其他		接地及回路符合相关规程	
电缆保护板铺盖正确				工井内附件安装标准	
其他				其他	
整改意见：					
整改后情况：					
备注：					

检查人：　　日期：　　现场负责人：　　日期：

复查人：　　日期：　　现场负责人：　　日期：

附录G　电缆工程项目设备验收清单

工程名称：				
工程账号：				
设备清单				
编号	电缆或排管名称	长度	型号	截面

施工填单人：　　　　　　　　日期：　　　　　　　　设备主人：　　　　　　　　日期：

联系电话：

附录H　电缆线路和排管工程验收缺陷备案单

序号：

<table>
<tr><td colspan="3">工程名称：</td></tr>
<tr><td colspan="3">工程账号：</td></tr>
<tr><td colspan="3">施工单位：</td></tr>
<tr><td colspan="3">缺陷地址或位置：</td></tr>
<tr><td colspan="3">缺陷情况：</td></tr>
<tr><td colspan="3">采取措施：</td></tr>
<tr><td rowspan="2">工作负责人签名：

年　月　日</td><td>项管中心项目经理签名：

年　月　日</td><td>运行设备主任签名：

年　月　日</td></tr>
<tr><td>分管领导：

年　月　日</td><td>分管领导：

年　月　日</td></tr>
</table>

附录I　电缆导体最高允许温度

电缆导体最高允许温度

电缆类型	电压（kV）	最高运行温度（℃）	
		额定负荷时	短路时
聚氯乙烯	≤6	70	160
粘性浸渍纸绝缘	10	70	250
	35	60	175
不滴流纸绝缘	10	70	250
	35	65	175
交联聚乙烯	≤500	90	250

注　铝芯电缆短路允许最高温度为200℃。

附录J　电缆敷设和运行时的最小弯曲半径

35kV 及以下的电缆敷设和运行时的最小弯曲半径

项目	单芯电缆		三芯电缆	
	无铠装	有铠装	无铠装	有铠装
敷设时	$20D$	$15D$	$15D$	$12D$
运行时	$15D$	$12D$	$12D$	$10D$

注　1. “D”成品电缆标称外径。

2. 非本表范围电缆的最小弯曲半径按制造厂提供的技术资料的规定。

附录K 保电电缆资料

保电原因									
保电时间									
电压等级	线路名称	设备主人	用户名称	电缆型号	截面	长度	安装日期	图纸编号	备注
—	—	—	—	—	—	—	—	—	—
—	—	—	—	—	—	—	—	—	—
—	—	—	—	—	—	—	—	—	—
—	—	—	—	—	—	—	—	—	—
—	—	—	—	—	—	—	—	—	—

附录L 保电特巡记录单

"×××"保电特巡记录单-N　　　　日期：

保电时间		保电班组	
指挥中心电话		设备主人及电话	
车辆停泊点		取餐点，份数	
用户名称			

特巡要求：1. 巡视内容包括：电缆通道畅通且无障碍；电缆沿线施工工地情况；临近施工工地均不威胁电缆安全；附属设施正常且无缺陷。2. 巡视记录：将巡视完整条线路以打"√"表示，并由组长、组员签字。3. 按要求节点完成特巡任务。4. 若特巡过程中发现电缆沿线有工地或影响电缆安全运行的现象发生，应立即上前制止，同时立即汇报班长、专业工程师。在响应人员未到达现场前或未得到班长同意，运行人员应始终在现场，避免情况恶化。巡视周期：一级保电时段动态巡视（每条电缆及通道不少于每天 2 次）；二级保电时段动态巡视（每条电缆及通道不少于每天 1 次）。博览会期间除特级保电时段外，每日 8 时至 21 时为一级保电时段；其他时段为二级保电时段。

电缆名称	第一次	第二次	第三次
组长签字			
组员签字			

情况说明：